线阵列扬声器系统

王以真　编著

国防工业出版社

·北京·

内 容 简 介

本书从重新定义线阵列扬声器系统开始,对线阵列扬声器系统的理论进行了讨论,并对国内外数十家线阵列扬声器系统产品进行了分析、探讨。同时对线阵列扬声器系统的设计、制造、工艺、使用、测试等做了介绍和说明。

本书可供音响技术人员、大专院校师生学习、参考。

图书在版编目(CIP)数据

线阵列扬声器系统/王以真编著. —北京:国防工业出版社,2012.3
ISBN 978-7-118-07654-7

Ⅰ.①线... Ⅱ.①王... Ⅲ.①天线阵—扬声器系统 Ⅳ.①TN643

中国版本图书馆 CIP 数据核字(2012)第 032964 号

※

*国防工业出版社*出版发行
(北京市海淀区紫竹院南路 23 号 邮政编码 100048)
北京奥鑫印刷厂印刷
新华书店经售

*

开本 787×1092 1/16 印张 22 字数 533 千字
2012 年 3 月第 1 版第 1 次印刷 印数 1—3000 册 定价 42.00 元

(本书如有印装错误,我社负责调换)

国防书店:(010)88540777   发行邮购:(010)88540776
发行传真:(010)88540755   发行业务:(010)88540717

序言一 | 春风化雨　润物无声
◎ 汪杰

　　回想一下近年的喜事，似乎很多。国家经济发展了，大家手上的钱也多了，生活水平提高不少。但时间一长也就麻木了，找不到什么感觉。然而，数年来一次次地手捧王以真老师的新作，心中却是异样的甘甜与感动，从《实用扩声技术》、《实用扬声器技术手册》、《实用扬声器工艺手册》、《实用磁路设计》等，还有编译再版的《扬声器系统》，以及手中的这本《线阵列扬声器系统》，这些专著的宝贵在于技术的研究，在于技术的传承，更是一种精神的体现。

　　对于王以真老师所从事的工作，不同的人会有不同的理解。首先，众所周知，他是一位资深电声专家。然而人生的关键在于把握，就算是专家又能说明什么？君不见，有多少专家、学者几十年来缩身于院所的试验室，学术论文倒是写了不少，职称也不低，但能真正投入应用的成果却寥寥无几，转眼就成故纸一堆，却消耗了国家大量的科研经费。对于我这个从中国科学院出来的人来说，这样的人事看得太多了，只有两字：心痛！当然，也有一些专家，早早的投入社会，投身企业，投身商海，而多年来随着音响行业的起伏，也大多境况不佳，甚至打工于长三角、珠三角的私人企业，每日为温饱担忧，才高八斗又有何用？同样让人心痛！而在这个市场经济时代，在这个金钱至上的社会，又有多少专家拜倒在利益之下而身不由己，又有多少伪专家招摇于江湖？看来专家并不能解决现实问题，哪怕是个人方向与命运的基本问题。而王以真老师却很好地将自己的才华与社会的需求联系在一起，一直坚持自己的理想，不断地传道、授业、解惑，服务于社会，为中国电声事业做出了许多贡献，并通过大量的社会实践，以独特的角度看到了中国电声产业的现状与问题，并努力地去呐喊、去改变。

　　同时，王以真老师又是一位文人。提起文化人，争议更多。在现阶段的社会巨变中，文人如何保持操守是一个话题。可以看到，有多少"大家"、"名家"巧舌如簧，无病呻吟于社会，在炒作中唯利是图，而良知、道德所存无几，只是借文化之名谋一己之利而已。然而，对于王以真老师，我认为，最关键的是他有一种知识分子的责任感、使命感，一颗道德的心，而不仅仅是一个专家、文化人的称呼。因为他明白，电声技术是一个与实践密切联系的学科，而在中国，电声事业正处于一个起步与发展的阶段，需要长期积累与沉淀，需要一代代薪火相传，他需要做出自己的贡献，于是也就有了一系列专著，它引导了新一代的年轻电声工作者,它是电声实践的金钥匙与指南。仅凭这几本专集,王以真老师对于中国电声事业就功德无量。

关注社会,关注整个行业,是王老师的一个特点。他不封闭于故纸堆,也不唯蝇头小利是图,而是大眼界地看待整个行业。于是他常常大声疾呼,也循循善诱,希望这个行业更健康、更理性地发展,甚至有过振奋人心的"何日辉煌中国声"的呼喊!虽然,"中国声"还有漫长的路要走。

阅读经典,可以使人受益良多。王以真老师以其曾身为右派而不沉沦的人生信仰,历经十年浩劫而越加坚强的毅力与丰厚的人生体验,在改革开放数十年间,面对世界巨变而志向不改的执着,一直保持着中国传统知识分子的良知,在电声领域奉献着自己。本书不仅仅是技术,更是这种精神的鲜明体现,这也是本书的最高价值所在。

序言二 ◎ 沈伟星

王以真先生的著作《线阵列扬声器系统》即将出版。有幸给王以真先生写序言，心里感到很高兴。王以真先生是个多产的扬声器工作者，自 70 年代翻译山本武夫的《扬声器系统》后，文章及书籍发表了几百篇。对我国电声事业有一定的贡献，影响也比较大。

王以真先生从事电声事业已经有 50 多载，曾经搞过设计、工艺、技术管理、技术情报等工作，写过不少论文，还经常参加相关的各种电声技术活动，应该说知识是比较全面的。

我与王以真先生认识已经 30 多年了。他给我的印象是好学，几十年来没有停止过学习；知识不保守，诲人不倦；我们每次请教他什么事，他总是把知道的都告诉我们；他没有架子，有时候还把手头上的资料送给我们，因此他的朋友就多，被人们尊称为王老师。

我和王以真先生曾几度合作，写过一些有关扬声器的文章，在写作过程中又向他学习了不少知识。从 2006 年我们一起写《音箱研讨》系列文章的时候最有体会。每一篇文章要经过反复推敲、修改许多遍，才定下稿来。

许多电声界的老前辈退休后，就金盆洗手，在家享受天伦之乐。而年过 70 的王以真先生，退休后仍没有停止工作过，或走南闯北，学习、指导，或伏案写作。他是为了钱？不，一位享有国家津贴的高级工程师，钱够用了。倒是参加社会活动，伏案写作要花钱。写书要赔钱，尤其是写那些专业的科技书，读者只有数万，得到的稿费还不如用掉的钱多。可是他不是这样想的，能在有生之年，将自己的知识传授给别人，能帮助别人多了解和学习新的专业知识，是一件使人快乐的事，做自己喜欢做的事能让人健康。

今年夏天特别热，热的时间又长，记得那天杭州室内气温达 40℃，天津也有 35℃，我发了一个 E-mall 给他："王总，您在干什么？好好休息休息吧，年纪大了，多注意身体。"他回电说："我在写些东西，查阅一些资料，做这些事是我多年的习惯，从中得到不少乐趣，也是一种很好的休息。"

有人说："一个人事情做得越多，错误就越多，别人找他的毛病就越多，批评、攻击他的人也越多。要耳根清净，最好的办法是不做事情。"而王以真先生却不怕攻击。写的几本书被盗版。网上也偶有人攻击他，王先生一笑了之。我们欢迎善意的批评，这使人共同进步;但恶意的攻击,只能说明对方的嫉妒和弱智。当然,多数人还是称赞王以真先生的。从他那里间接或直接学习不少东西。去年,有不少城市请他去讲线阵列扬声器系统,就是一个很好的例子。

国内在开发、生产线阵列扬声器系统的单位不少,真正能做好的不多。这本《线阵列扬声器系统》的出版势必对生产企业有很大帮助。目前还没有一本比较完整的书,从理论和实践系统地介绍线阵列扬声器系列,对我们来讲此书是很有价值的。书中从理论上分析了线阵列扬声器系统,虽然这方面的理论还处于完善中,但已经有了实际的指导意义。然后,对国内外 30 几家著名公司的产品做了详细的分析、比较和研究,从而找到这些公司产品的特色、优点,对从事线阵列扬声器系统设计和制造的企业,有实际的指导作用。书中还介绍线阵列扬声器系统的安装、调整和现场测试,对应用者也有一定的指导作用。

期待《线阵列扬声器系统》能早日与读者见面。

序言三 ◎ 郭爱民

我在电声这个行业与王以真老师相识有近 30 年了,同事期间,他既是我的领导,也是我的老师。他那渊博、丰富的专业知识及耿直、豁达的人格魅力一直让我敬佩不已。最近得知王老师的新书《线阵列扬声器系统》将要出版,还希望我为新书写点序言,这令我有点惶惑,实在不敢多想。过往与王老师共事多年,一直是跟随着老师在学习,但是学艺不精一词用在我身上再为恰当不过。就算一直在努力,也不会成为青出于蓝而胜于蓝的学生。但老师出新书,无论本人撰写水平如何,也要上阵献丑了。

近年来,线阵列扬声器系统技术与应用已在迅速发展。线阵列扬声器系统作为高技术的产物,备受电声界专业人士的关注。线阵列扬声器系统在辐射声功率、投射覆盖距离、频率特性、垂直指向性、高重放分辨率、音质清晰度、失真和线性相位等有着独特的电声优势。因此,在大型的扩声场所被广泛应用。

线阵列扬声器系统技术发展源于 20 世纪 80 年代,从最早 L－Acoustics 的 Christian-Heil 研究生产,到法国 L－ACOUSTICS 公司于 1996 年首先推出了 V－DOSC 系统,21 世纪日本研制的 LOBO 线阵列扬声器专利高线性技术,直到 2004 年,德国 H. Kaudio 宣布推出了第三代线阵列音箱。

线阵列扬声器系统技术文献近年来在国内、外不断有零散的撰文介绍,但是到目前为止还没有一本较为系统的线阵列扬声器系统的专著出版。王以真老师编著的《线阵列扬声器系统》一书,是对中国电声行业技术发展的贡献。特别是中国经过几十年的快速发展,在扬声器技术、制造工艺上取得了可喜的成绩。扬声器制造技术的国际地位日趋提高,竞争力日益增强。中国已成为产量和出口量居世界第一位的扬声器产能大国。与扬声器相关的新工艺、新技术、新材料、新设备也有了长足的进步。因此,中国需要更多新的电声技术专著出版。

王以真老师作为扬声器技术研究方面的开拓者和国内少有的对扬声器技术几十年来不离不弃的钻研者,所编写《线阵列扬声器系统》一书,内容涉及理论、发展历史、国内应用系统的评述及介绍。对国外 JBL、L－ACOUSTICS、Meyer Sound、NEXO、Master Audio、EAW、Alcons、COHEDRA、DAS、CODA、QSC、Alcons、Renkus－Heinz、Martin Audio、K&F、

SLS、西班牙 ECLER、特宝声公司、E－V、Duran Audio、ATELS、Community 及中国锐丰等公司相关的线阵列扬声器系统技术特点作了详细的介绍,实是难能可贵,可节省电声行业技术人员大量搜集技术文献的宝贵时间。书中还就线阵列扬声器系统设计、制造与使用、测试、专利等作出了系统著述。

《线阵列扬声器系统》一书,可以认为是为制造企业、想学习与涉足线阵列扬声器系统技术领域的人员而编写的教科书,是便于工程技术人员随时阅读的一本工具书。

这本《线阵列扬声器系统》,可作为行业技术专著,书中内容详尽而充实,在技术方面作了系统性的介绍,可以说,这是一本公益性的技术教科书。每一个读者在读到这本书时,都会深感作者对扬声器技术的奉献。但是作为本书作者的王以真老师,多年来呕心沥血,只为电声技术撰写系列专著,特别是历经文革时期遭遇的坎坷,对前途充满迷茫的境况下,作者还在这一行业里坚守几十年,实在是难能可贵,令人肃然起敬。我将本书向读者推荐乃成为我对王以真前辈的最好报答方式。我忽然明白,王老师让我写序,其实也是为了让我练笔,以更多地对这个行业进行思考。也就是说,我们在一线的设计制造企业,比较关注市场、关注用户、关注生产,而对电声新技术的发展,新技术的开发与应用,如何赶超世界电声先进水平,不是不关注,而是关注得还不够。这一点正是我们要奋起直追的。

王以真老师的技术著作,在创作中取得如此成就,是与他广泛的技术基础和坚韧的创作意志和性格特点分不开的。有时我在想,王老师为什么还在努力工作、笔耕不辍,是为名? 在中国音响界、中国扬声器界王以真早已有知名度;是为利? 大家都知道,中国的稿费是相当微薄的,投入与稿费相比,肯定是不划算的。我想,这就是王老师那一代人的责任感与使命感吧!

每次见到王老师,他那炯炯有神的目光,乌黑发亮的头发,精力充沛的体力及敏锐的思维,任何人都不会猜出王老师已是致事之年。他的健康人生风采,豁达开朗的性格,使我浮想联翩。我突发奇想,王老师历年来为电声行业编著的文稿,已经不少了,是否应该再写一本养生方面的书籍,介绍自己健康养生之道。我真诚希望王老师更加健康长寿,让毕生所学贡献社会,产生更多社会效益。

我离开天津优越的生活环境来广州创办自己的公司,从事电声研发与制造业,王以真作为我的老师和前辈,我一直得到他的指引与帮助,特别是他的电声技术系列书籍,已成为我和我的团队手中的技术工具。王老师每年数次到广州,只要有机会,我和音响界的朋友都会与王老师欢聚,记得王老师曾引入王安石的诗句"浅浅杯盘供笑语、昏昏灯火话平生"。在欢声笑语、幽默风趣的气氛中,笑谈国内外音响大事、业界动态、天南海北、上下古今,收获的不仅是友情与欢乐,还有知识与智慧。在此我欢迎读者朋友同我交流对这部专著的看法。来信请邮E－mail:gamaudio@163.com,我期待着。

序言四

"太以真人"之线阵列

◎ 张金玉

　　线阵列是沿着一个或多个轴的一系列克隆;线阵列可以是任意对象,从一排树或车到一个楼梯、一列支柱式围栏、一段长链或一列笔直的长靴……

　　以真先生的一系列关于声学著作,都可以看做是线阵列;以真先生的一系列关于声物理、声文化、声哲学、声人文关怀思想及8年时间苦著,和对近30家国内、外著名公司逐家进行分析与调研的过程,也可以看做是线阵列;以真先生的《线阵列扬声器系统》大作,线条清晰,阵式缜密,列布严谨,仍然可以看做是线阵列。

　　线阵列扬声器系统以它独特的优势,在许多扩声领域正逐步替代传统扬声器阵列,由于线阵列扬声器具有水平覆盖均匀、垂直指向性强、辐射区内声能衰减较小等几个非常实用的特点,对于在相同的地方以相同的音量扩声时,线阵列扬声器系统可能体积更小、更轻便、更美观、更低碳……

　　以真先生的《线阵列扬声器系统》著作,是一个厚积薄发的印记,给我们呈现了线阵列扬声器系统的技术发展趋向、核心技术和实践方法。全书兼收并蓄、融会贯通,具有创造性、新颖性、实用性,是填补华夏空白的倾心力作,是中国演艺设备技术产业由制造大国向制造强国挺进的进军号。

　　我和我的同仁愿追随"太以真人"的步伐,以先生为标杆,结成紧密的、持续的、坚实的线阵列!

序言五 ◎曾山

最早读到王老师的文章是在 1995 年,王老师在《音响世界》连载的《扬声器纵横谈》系列文章,这也是我认识扬声器的启蒙文章。多年后,有幸认识了王老师本人,当面请教,更是获益良多。王老师让我这样的后辈为本书作序,实在是让我觉得自己僭越了。

今天的专业音响行业,大部分国产专业音箱品牌都推出了线阵列产品,但能与国际品牌抗衡,达到国际水平的线阵列产品仍然是凤毛麟角。几本行业技术杂志 10 年中几乎找不到几篇关于线阵列产品的研发技术文章,从中我们可以看出问题:说明从业的研发人员急需提高理论水平和了解最新的线阵列研发技术。王老师的这本《线阵列扬声器系统》可以说是及时雨,系统地阐述了线阵列的理论,全面介绍了国外各大品牌线阵列系统及其使用的技术,这些正是我国音箱研发者们急需的知识。关于线阵列研发的一些关键技术,或者说诀窍,一直都是各个音箱工厂秘而不宣的知识,能把大多数品牌的关键技术作一个全面而详细的剖析,这是非常不容易的,本书同时介绍了线阵列的设计、制造、使用和测试这些关键知识,等于为线阵列的研发做出了系统性的指导,必将大大促进我国线阵列产品研发水平的提高。

王老师在他的书中提到"教学相长"的作用,我深有同感。我从 2005 年开始至今,专注于扩声系统调试技术的研究和培训,培训中我一直抱着毫无保留的心态,其间有不少友人提醒我不能将关键的技术教给别人,我没有听从。其原因就是王老师说过的:教,然后"知困",通过教别人而知道自己的"困",从而继续去探索、思索,提高自己。王老师将自己掌握的知识毫无保留地汇集成书,以解众人之"困",我等后辈自当追随王老师,以传播音响知识为己任也!

前言 ◎ 王以真

这本《线阵列扬声器系统》的内容,原计划是《实用音箱手册》中的部分章节。由于《实用音箱手册》内容浩繁,著述出版尚待延以时日,而《线阵列扬声器系统》的内容新颖,电声界的关切程度又比较高,所以决定将其先单独出书。

一些同行朋友,得知我的写作计划,对我发出善意的劝告,认为写这本书难度太大、风险太大,而且容易引起争论。

我也深知难度不小,风险很大。线阵列扬声器系统的技术与产品,于 1996 年在法国出现后,也不过十几年光景。但是风起云涌,发展很快,全世界几乎没有一家专业音箱公司不在生产线阵列扬声器系统。

但是不管是在国内,还是在国外,目前都还没有一本较系统的线阵列扬声器系统的专著。线阵列扬声器系统以及于 2000 年出现的可控指向性声柱,是扬声器领域的尖端、前沿产品,有较强的技术性和复杂性。一本较全面论述其理论与实践、分析其设计与制作、介绍其性能与应用、指出其发展与局限的专著,是有价值、有实际意义的。

当然,写这本书确实是一个挑战,也有相当大的风险。

从好的方面讲,它填补了一个空白,可以满足各方面需求,也完成我的一个夙愿。

但也可能成为一个争议的话题,成为被指谪的对象。

对这些批评我表示真诚的欢迎,也有接受批评的气量。他们的意见也可更好地对有关内容进行修改、补充。

应该说我也为此书的写作,是做了一定准备的。

主要的系列准备有:

• 收集了国内外有关线阵列扬声器系统的大量文献资料。

• 撰写了 10 篇关于线阵列扬声器系统论文,并在专业期刊上发表,最早的一篇发表于 2002 年的《电声技术》杂志上。

• 主持设计了两套线阵列扬声器系统实用产品,并参与了很多公司线阵列扬声器系统产品的技术咨询。

• 在国内外观看和试听了多种线阵列扬声器系统产品。

• 直接参与线阵列扬声器系统在大型演出的扩声调试。

- 在国内多座大、中城市举行线阵列扬声器系统讲座。

这样就不全是纸上谈兵了。

这本书的写作，是从线阵列扬声器系统的理论介绍开始的。对线阵列扬声器系统的理论，有两位作者贡献很大。一位是美国 JBL 公司的 Mark S. Ureda 先生，他先后发表了 *Line Arrays: Theory and Applications*（《线阵列：原理与应用》，2001 年）等几篇论文。他从线声源着手分析，有理论、有实践。但是有一个难题，线阵列扬声器系统不是线声源，因为扬声器之间有间隔。线阵列扬声器系统顶多可算近似线声源。这样就为线阵列扬声器系统理论的完备与完善留下相当大的空间。

另一位作者是法国 Marcel Urban，他在 2003 年发表了文章 *Wavefront Sculpture Technology*（《波阵面修正技术》）。这篇文章总结了第一只线阵列扬声器系统的创造者，法国 L–ACOUSTIC公司的设计经验，并将光学的费涅尔原理引用到线阵列扬声器系统的理论分析中。涉及了线阵列扬声器系统中扬声器的间隔问题，但是目前的分析水平尚在半定量阶段。

本书的理论部分以上述两文章为主线，进行梳理、分析。但是直到今年，关于线阵列扬声器系统的理论还远不算完备。不过这也是一种正常现象。从自然科学到社会科学、从人生到社会，理论不完备、认识不彻底，倒是一种发展过程中的正常、主流现象。

而为了呈现线阵列扬声器系统的技术发展，在各项资料甚为不足的情况下，对近 30 多家国内外著名公司，逐家进行分析与调研。研究其线阵列扬声器系统产品，分析它公布的各种资料、数据、手册、文章等，找出其产品的特征、优点、亮点和与众不同之处及可借鉴可学习之处。也看出他们的技术实力和独特的智慧。这是一种从实践中提炼先进技术的方法。将各公司精华浓缩，对读者是有利的，可节省他们的宝贵时间。这里是一个厚积薄发的过程。对涉及的各音响公司，按某个"大导演"的观点，是植入广告的大好时机，很可惜，技术人员和他们生活在两个世界。

文化、科学技术的发展，创新是重要的。但是兼收并蓄、融会贯通、海纳百川、洋为中用，同样是重要的。中国古代的发展，中国改革开放 30 年的历史，都证明了这一点。

这本书的写作，前后历时 8 年。在写作过程中得到了许多朋友直接或间接的帮助。其中有专家、教授、技术人员、企业领导、刊物编辑、出版社编辑及各方朋友。对他们的帮助，我在此深表谢意。

同时也感谢一些批评过我的人，帮助纠正不足之处。增加我献身扬声器事业的决心与信心。

在现时去写一本有价值的技术书，那可是一件劳命、伤财、伤神之事。无任何项目基金支持。能在几年中断断续续写成，除了自己尽心努力以外，就是朋友们的直接、间接支持，有形、无形的帮助了。因为有了他们的支持，不但没有伤心，而且相当开心。所以我列了一长串心中的名单，以表示我的感激之情，感恩之心。还有不少朋友，包括电声界许多年轻的朋友（他们更有光辉的前程），还有其他非电声界的朋友，我的亲友，在此同样表示对他们的感谢。

朋友中的马剑、李允武、宋效增诸先生已先走一步了。在此再次感谢他们为中国声学界做出的贡献。

几位朋友为本书写了序言,他们是:

- 汪杰:《家庭影院技术》主编
- 沈伟星:杭州电声厂扬声器设计师
- 郭爱民:广州富禾电子科技公司总经理
- 张金玉:天津舞台技术研究所所长
- 曾山:广州声扬电子科技公司总工程师

他们的序言为本书增添光彩,从不同角度对人生和技术做了精彩的解读。他们的鼓励和肯定是我努力的方向。

也有朋友问,为什么要写这本书?

登山爱好者攀登一座高峰,要花钱花力充分准备,登山时不但费时费力,还有极大的危险。按实用主义者看来,峰顶没有官帽、没有金钱、没有美女,只有岩石、冰雪、稀薄的空气……,为什么还会有人乐此不疲?! 就是在于人应该有所追求,有精神上的追求。当战胜自然,登上又一个高峰,面对更宽更远的视野,其心情、心境体现的是一种诗意的生活。

在获取与付出方面,付出往往更有价值,也更为愉快。

本书的出版,希望可以给关注线阵列扬声器系统的人们一个深入研究的更好平台。这本书和我写的其他几本书定位相同,不是什么自成体系的高深理论,"不深不浅种荷花"。只是想说扬声器、音箱虽然是一个小产品,同样要有科学理论指导、遵循技术规律、付出艰辛努力,空话大话、坑蒙拐骗是无用的。

另外,本书部分图形应为彩色,由于印刷出版所限,现为黑白,望读者见谅。

书中引用的资料,已列于书后参考文献,在此向各位作者表示感谢。

尽管我做了很大的努力,不足和错漏之处还望大家指正,共同为我国的电声事业做出一点微薄的贡献。

有什么意见或建议,请按以下邮箱发电邮:yzwang1900@163.com。

目　录

第 1 章 线阵列扬声器系统的理论

近年来,线阵列扬声器系统在国内外得到广泛发展与应用,它以其独特的优势出现于大型运动会、大型演出现场,可以说没有一家音箱制造公司不在生产线阵列音箱,线阵列音箱受到音响界内外广泛的关注。因此,对线阵列的设计、生产、使用取得了很多经验,对线阵列音箱的认识也在不断深化,也在不断异化。同时也出现种种理论,未经实际测试验证的说法。在这里准备重新审视线阵列扬声器,追寻它的发展历程,研究线阵列扬声器系统的理论,探讨与线阵列有关的诸多技术问题,评述线阵列的优势与软肋,描述它的设计与结构,总结实际应用中的问题。也对一些似是而非的说法给予分析、澄清。

1.1 线阵列扬声器系统的定义

什么是线阵列扬声器系统? 首先要将概念弄清,大家才有共同语言。中国人讲"名不正者则言不顺",是一个大智慧。

参照奥尔森(Olson)的理论,对线阵列扬声器系统定义如下:

它是由一组排列成直线(或近似直线)、间隔紧密、振幅相同(同口径、同类型)、相位相同的若干扬声器单元及相应结构件等组成的,并具有某种特殊指向特性的系统。

此定义有两个要点:规定了线阵列的构成;指出了线阵列的目的,即改善指向性。特别是改善垂直平面的指向性。这个定义与奥尔森最初的定义有所不同,奥尔森在 1957 年对线阵列的定义是:"线阵列是一组振幅相等并同相紧密地排成一条直线的声辐射单元",与其他作者所提出的定义也有所不同,如沈勇教授的定义为:"辐射源呈线状、辐射声波在高频时能够形成均匀的线状波阵面,具有某种特殊指向特性的扬声器或扬声器组合,可称为扬声器阵列"。对我 2001 年提出的定义也予以修正:

(1)实际线阵列是稍有弯曲的,并不排列成直线。所以加上近似直线。

(2)线阵列中有高频、中频、低频扬声器。这三者的振幅是不可能相同的,加上同口径、同类型就无懈可击了。

(3)线阵列扬声器系统中,其他结构件、箱体等都是不可缺少的,也是一个完整的定义所不可缺少的。

(4)线阵列和线性阵列的含义是相通的。根据现代语言文字简洁的习惯,称线阵列是可以的。

(5)提出了"具有某种特殊指向特性",表明了线阵列的特色和存在的作用。

图 1.1.1 是两组线阵列扬声器系统结构及尺寸。图 1.1.2 所示为笔者主持设计的一种线阵列扬声器系统正在吊装。

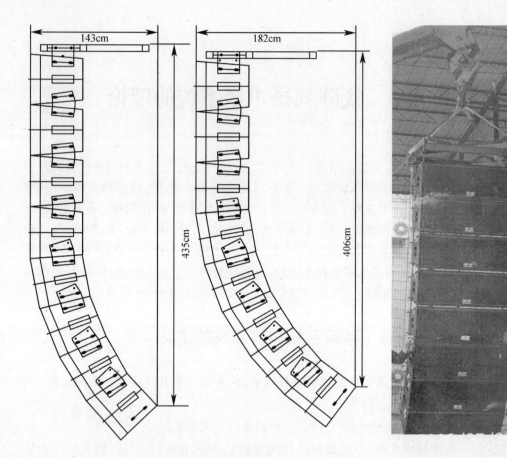

图 1.1.1　线阵列扬声器系统结构及尺寸　　　　图 1.1.2　作者主持设计的线
阵列扬声器系统组装场面

1.2　线阵列扬声器系统的发展历史

　　线阵列扬声器系统的发展,是理论研究的发展和制造技术的进展。而实际对扩声功能的要求和市场的推动,更是线阵列扬声器发展的动力。

　　作为扬声器的辐射,也是逐渐发展的,刚开始是直接辐射扬声器和号筒扬声器,陆续出现扇形号筒、多格号筒,等指向号筒及各种阵列,如图1.2.1所示。图1.2.2是几种扬声器阵列。

图 1.2.1　多格号筒

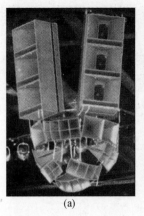

(a)   (b)

图 1.2.2　扬声器阵列

　　早在 1957 年,奥尔森就指出,线阵列特别适合远距离声辐射。这是因为线阵列能够提供非常良好的垂直覆盖面指向性,取得良好的声效果。

　　扬声器系统是一种声源,就声源类型可分为点声源、线声源、面(平面)线源、有线平面声源等。其特征、声压级的关系如图 1.2.3 所示。还可以细分成楔形线声源、不均匀分布直线声源、端射式直线声源、超指向性声源、曲线声源、圆环声源、圆形活塞平面声源、不均匀圆形平面声源、长方形平面声源、正方形平面声源、曲面声源等。

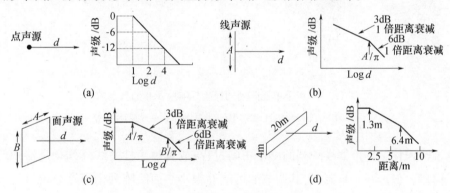

图 1.2.3　点声源、线声源、面声源

　　从图 1.2.3 可以看出,点声源的声压级当距离增加 1 倍,衰减 6dB;而线声源在近距离,距离增加 1 倍,声压级衰减 3dB,经一拐点,则距离增加 1 倍,衰减 6dB;而面声源,在近距离时衰减很小,而在中间阶段,当距离增加 1 倍,衰减 3dB,在远场,则距离增加 1 倍,衰减 6dB。

　　以上这些是线声源等的基本规则,具体将在后面章节详细说明。

1. 简单的线阵列

　　线阵列是从简单的线阵列开始的,德国学者库特夫(H. Kuttruff)在 1979 年以前就讨论过这种简单的线阵列,或称之为声柱。这种声柱的指向性函数为

$$R(\theta) = \frac{\sin\left(\dfrac{1}{2}Nkd\sin\theta\right)}{N\sin(kd\sin\theta)}$$

3

式中，N 为阵列中单元数；$k = 2\pi/f$；d 为阵列中单元的间隔；θ 为辐射角度。

有 4 个单元的阵列，如图 1.2.4 所示。其极坐标响应如图 1.2.4(a) ~ (d)所示，其指向性系数如图 1.2.4(e)所示，在一个平面内可获得较好的指向性。从图 1.2.4 可见，对 4 单元的阵列，当 d/λ 在 0.5 ~ 2 的范围内时，有较好的控制效果。在高频时指向性变窄。从图 1.2.4 也可看出，当有比 6 个单元更多的简单阵列时，指向性系数的起伏比较大，这也是不希望出现的。

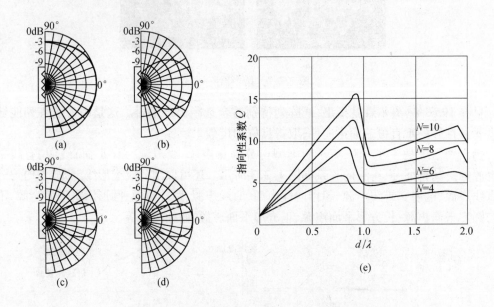

图 1.2.4　4 个单元阵列的极坐标响应及指向性系数

(a)200Hz；(b)350Hz；(c)500Hz；(d)1000Hz；(e) 指向性系数。

这说明声柱是扬声器线阵列的一个中间过程；或者说声柱是线阵列扬声器系统发展的初级阶段。但声柱一旦制成，其调节的可能性很小。而线阵列扬声器系统有许多可调节的元素。直到最近采用 DSP 等技术，对声柱垂直指向性控制，形成了新的可控指向性声柱。

2. 烛形线阵列

1962 年，美国的克里普(Klepper)和斯蒂尔(Steele)等研究指向性线阵列，由于线阵列外形酷似蜡烛燃烧的形状，故称为烛形线阵列(Tapering the Line Array)，如图 1.2.5 所示。图(a)为电频率烛形阵列，图(b)为声频率烛形阵列，图(c)为辐射合成烛形阵列。图 1.2.5(a)采用滤波、阻抗变化的方法来影响阵列的指向性。图 1.2.5(b)所示的烛形阵列，又称声负载线阵列，其中心部分的扬声器是全频辐射的，而两侧扬声器的高频部分被玻璃纤维吸收，吸收掉一部分相位相反的高频，使阵列指向性发生变化，得到改善。图 1.2.5(c)则是用不同方向辐射的合成来改变阵列的指向性。这种阵列又称为螺旋性阵列。

到 20 世纪 70 年代，常有大型摇滚乐的演出，一场演出观众多达几十万人，因此扩声

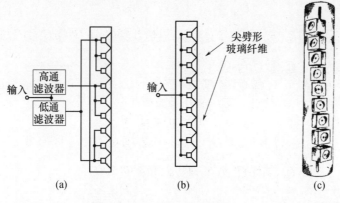

图1.2.5 烛形线阵列

是个大问题。当时音箱是用"声墙"方式,数十只甚至上百只音箱水平堆积,垂直叠放形成一面"声墙",而且号筒负载的音箱很流行。上万瓦的功率一开起来确实地动山摇、气势不凡。但人们很快发现了它的不足:不仅需要太多的音箱,而且音箱之间产生干涉,使得音质变坏,辐射指向性及其覆盖面都不理想,而且安装、调试相当麻烦。

图1.2.6是一个大型演奏会的音箱群。

图1.2.6 大型演奏会音箱群

3. Bessel 阵列

1983年在欧州 AES 会议上,飞利浦公司提出一种贝塞尔(Bessel)函数阵的概念,以及用一个加权因子来解决干涉问题,但由于一些原因,这个方法没有被推广。图1.2.7是贝塞尔板线性组合排列方式。

这种阵列单元的振幅特性取决于 Bessel 系数。简单的5单元阵列如图1.2.8所示。图(a)是单元的排列,而图(b)、图(c)表示单元的不同连接方式,图(d)则是指向性图。输入到扬声器 m 时有一个加权因子 $J_m(x)$,也就是 m 阶的贝塞尔函数。但是这种加权因子是分数式的,这样的系统需要一个复杂的模拟和数字电路,由于这一原因,此系统在商业化中难以启动。

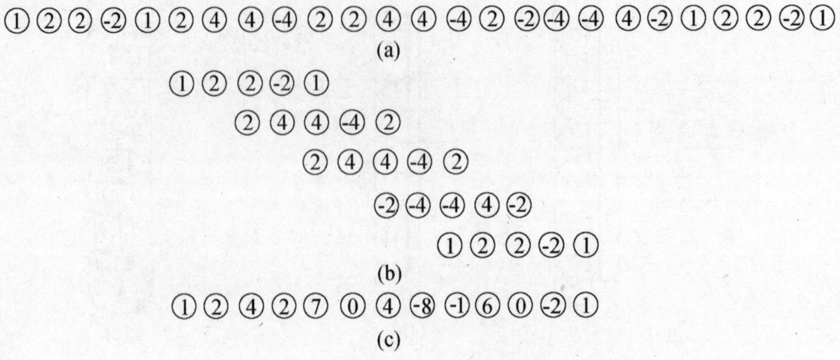

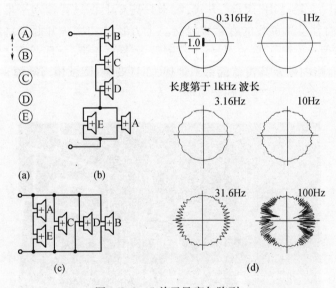

1 2 2 -2 1 2 4 4 -4 2 2 4 4 -4 2 -2 -4 -4 4 -2 1 2 2 -2 1
(a)
1 2 2 -2 1
2 4 4 -4 2
2 4 4 -4 2
-2 -4 -4 4 -2
1 2 2 -2 1
(b)
1 2 4 2 7 0 4 -8 -1 6 0 -2 1
(c)

图 1.2.7 贝塞尔板线性组合排列方式

A
B
C
D
E
0.316Hz
1Hz
1.0
长度第于 1kHz 波长
3.16Hz
10Hz
31.6Hz
100Hz
(a)
(b)
(c)
(d)

图 1.2.8 5 单元贝塞尔阵列

对于 5 只扬声器，它们的加权因子为

$$A:B:C:D:E = 1:2n:2n^2:-2n:1$$

各公司都在研究一种大功率、远射程的扩声系统。这时人们开始注意到声柱，声柱有较窄的垂直指向性，但功率不够大、投射不够远。

在这些基础上出现了线阵列扬声器系统。由于线阵列扬声器系统可以有相当大的输出功率、较远的辐射距离、较大的声场覆盖面积，可以控制指向特性，同时安装方便快捷，因此发展很快。在法国巴黎郊外，并不大的公司 L – ACOUSTICS 首先在 1993 年推出 V – DOCS线阵列扬声器系统，其实他们从 20 世纪 80 年代就开始研制，并逐步得到用户的欢迎和重视，这也提醒和启发了各大扬声器公司。随后各公司看到市场的需求、良好的商机，依据本身的技术基础，纷纷跟上，开发、研制、生产各自的线阵列扬声器系统。在本书第 2 章，将介绍国内外数十家音箱公司各自研制的线阵列扬声器系统，各有独特的优点，而又殊途同归。

线阵列扬声器系统的出观,并不全是出于时尚和简便。一个设计良好、配置精心的线阵列扬声器系统,在扩声范围内,可以提供更为均匀的水平面覆盖、可以预测甚至可以控制垂直覆盖,而且可以预测扩声效果。这些都是线阵列发展的实际推动力。当然也不是说线阵列扬声器系统会取代传统的扩声音箱和扩声方式。实际上,每种系统都有其优点和缺点,有方便和不足之处。各有其存在的空间和价值。

因此可以说,线阵列扬声器系统在扩声中有广泛的应用,但并非是必需的。例如,有些语言扩声系统,不一定用线阵列扬声器系统。

各公司的线阵列扬声器系统,虽然名称不同,但原理和特性却大同小异。其各自标新立异,或在结构、或在箱体工艺、或在单元选择等方面八仙过海、各显神通。既避免专利、模仿、抄袭的困扰,又独树一帜,成为公司的卖点,也是炫耀公司技术的一种标志。其中有 JBL 公司的 VLA 系列和 Vertical Technology、Meyer Sound 公司的 M3D 波束导向技术、SLS 公司的带式扬声器线阵列、Martin Audio 的 WBL 线阵列、NEXO 公司的反射式声波源技术、E - V 公司的 X 线阵列、SAL 公司的 GALEO 线阵列、ALCONS 公司的带式扬声器线阵列等。需要注意的是,有许多解释是有争议的,其正确与否要论证和验证。特别是有些解释是从市场出发而不是从科学出发。这种情况不仅在国内,在国际上也如此。如大家肯定 L - ACOUSTICS 公司用 V - DOSC 推动线阵列的发展,并且不否认其确有一个非常好的系统,但在 V - DOSC 工作方式后面出现的理论,并不是完全没有争议的。

但在实际的大型户外演出中,由于是一个很大的空间,众多的观众,种类繁多的乐器、演奏器材,各式各样的演出方式,因此扩声扬声器系统,不仅是一个线阵,而且是组成了一个大阵面,如图 1.2.9 所示。

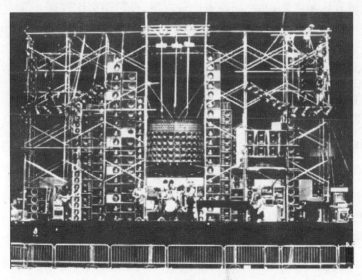

图 1.2.9 超大阵列实例

这样一个超大阵列是一个直接辐射墙,由线性阵列、面阵、弓形(弧形)阵组成。由若干各具特色的系统组成,以适合各种演出的扩声。

图 1.2.10 是一个实例。图 1.2.10(a) 是一个大的垂直阵列正面图;图 1.2.10(b) 是轴向和偏轴响应。它可以覆盖更宽的区域。但是产品在改进,认识在深入,理论在发展。实际

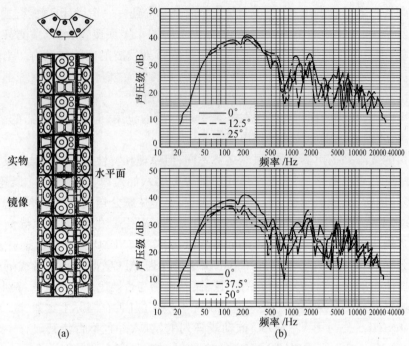

实物
镜像
水平面

(a)   (b)

图 1.2.10　大阵列实例

应用中又会提出新问题,产生新突破。线阵列扬声器系统之所以得到快速、广泛的发展,归纳起来有以下几点:

(1) 性能确有优越之处,如声场覆盖比较均匀,投射距离比较远。垂直指向角较窄。

(2) 性能可控性强。在扩声现场还可根据吊装数量、方式、位置、角度进行调节。

(3) 现场操作方便。

(4) 新颖。在商业中有时尚、科技、价高等元素,都有利于商业推广。

(5) 提高总体的声压级。

在近十几年间,陆续有一些线阵列扬声器系统的文章发表,其中有 Meyer Sound 公司的 CEO John Meyer 关于大声阵的论文,E – V 公司 Paul F. Fidlin 关于扬声器阵列指向性的论文,L – ACOUSTICS 公司的 Chrisian Hel 博士关于波阵面修正技术的论文,而 JBL 公司的 Mark S. Ureda 关于线阵列扬声器分析的两篇论文,用科学的态度对线阵列扬声器进行分析,具有充实、大气的特点,本书多有参考。在本书参考文献中列举作者收集到的论文及网页 100 多条。本文在引用他们的结论时,有些添加了逐步推导过程,以增加结论的可信度及加深认识。对理论正确与否的判断,要根据实践,还要看数学模型的建立和推论,是否经得起严格的逻辑推敲。

国内专家学者,如沈豪教授、赵其昌教授、沈勇教授等亦有不少有分量的论文。由于各公司的宣传资料、某些讲座鱼龙混杂、良莠不齐,真实与假想一色,因此对市面上的信息不可不信,亦不可全信。

图 1.2.11 是美国加利福尼亚州万人水晶大教堂的线阵列扬声器系统与管风琴。

8

图 1.2.11　美国加州万人水晶大教堂的线阵列扬声器系统与管风琴

1.3　线阵列扬声器系统的分析

研究线阵列扬声器系统,是要研究它近似是一个什么声源? 是点声源还是线声源? 它的指向性如何? 这是研究的根本,进而再研究其他。

1.3.1　多点声源阵

首先分析多点声源阵,再分析线声源阵(奥尔森、沈豪都做过分析)。

点声源阵是由 n 个点声源组成,排列在一条直线上,彼此距离为 d,如图 1.3.1 所示。

任一个点声源在距离 r 处的 A 点产生的声压为

$$p(r,t) = \frac{P_{0i}}{r_i}\mathrm{e}^{\mathrm{j}(\omega t - \frac{2\pi}{\lambda}r_i - \phi_i)} \tag{1.3.1}$$

式中,p 为某点声压;P_{0i} 为第 i 个点声源的灵敏度;r_i 为第 i 个点声源与 A 点的距离;λ 为波长;ϕ_i 为相位;t 为时间。

点声源阵在 A 点产生的声压,为各点声压相加的总合,即

$$p(r,t) = \sum_{i=1}^{n} \frac{P_{0i}}{r_i}\mathrm{e}^{-\mathrm{j}(\omega t - \frac{2\pi}{\lambda}r_i - \phi_i)} \tag{1.3.2}$$

如果 $r \gg d$,表示各个距离几乎相等,并等于一个常数,则

$$|p(r,t)| = \frac{1}{r}\left| \sum_{i=1}^{n} P_{0i}\mathrm{e}^{\mathrm{j}(\omega t - \frac{2\pi}{\pi}r_i - \phi_i)} \right|$$

再求其最大值,指数最大值为 1,因此可得

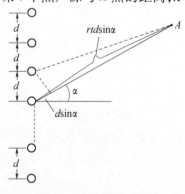

图 1.3.1　点声源阵

$$|p(r,t)|_{\max} = \frac{1}{r}\sum_{i=1}^{n}P_{0i}$$

根据指向性函数 R_a 为某一方向声压级与最大声压级之比,有

$$R_a = \frac{|p(r,t)|}{|p(r,t)|_{\max}} = \frac{\left|\sum_{i=1}^{n}P_{0i}\mathrm{e}^{\mathrm{j}(\omega t - \frac{2\pi}{\lambda}r_i - \phi_i)}\right|}{\sum_{i=1}^{n}P_{0i}} \tag{1.3.3}$$

对于 n 个同相位、等强度的点声源组有

$$P_{0i} = p_0$$
$$r_i = r + (i-1)d\sin\alpha$$
$$\phi_i = 0$$

代入式(1.3.3),可得

$$R_a = \frac{1}{n}\left|\sum_{i=1}^{n}\mathrm{e}^{\mathrm{j}[\omega t - \frac{2\pi}{\lambda}(r+(i-1)d\sin\alpha)]}\right| \tag{1.3.4}$$

经过数学转换,式(1.3.4)转为简洁形式,即

$$|R_a| = \frac{\sin(\frac{n\pi d}{\lambda}\sin\alpha)}{n\sin(\frac{\pi d}{\lambda}\sin\alpha)} \tag{1.3.5}$$

式中,R_a 为指向性函数,是 α 处声压与 $\alpha=0$ 处声压之比,$\alpha=0$ 的方向是垂直点声源阵的方向;n 为点声源的数量;d 为相邻两声源的距离;λ 为点声源辐射的波长。

点声源阵的指向性是 n 的函数、距离和波长的函数。当 $n=2$ 时,点声源阵处在无限大障板中,其指向性如图 1.3.2 所示,是距离和波长的函数,在频率较低时呈单一波瓣,频率越高,波瓣越多。

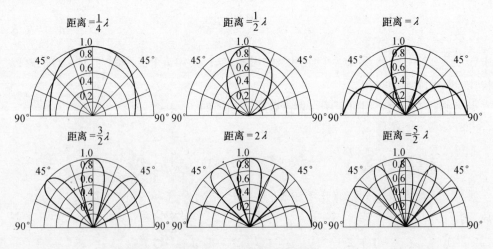

图 1.3.2　两声源指向性图

从数学模型角度来讲,这是一种求和模型。将阵列中各个声源看成是无指向的点声源,指向性用点声源叠加而成。

1.3.2 线声源

人们最关注的是线声源和线声源的指向性。线声源是一个数学表述、一个数学模型。它表示沿一直线、由很多无穷小的辐射体连续组成;而线阵列则是一个实体、一个实物,是一个扬声器排成线阵列。它可能具有线声源的一些特性,近似于连续的线声源。但线阵列不是线声源,线声源可以说是线阵列的理想,是线阵列追求的目标。

一个长度为 t 的线声源如图 1.3.3 所示。

当然这也是一种简化、抽象状况,只是为了便于分析。线声源也是处于无限大障板之中,只考虑一面的辐射状况。线声源如图1.3.3所示,说明分析的仅是垂直方向的指向性,水平方向指向性不受影响。

从线声源辐射的声压为

$$p = \int_0^l \frac{A(x)}{r(x)} e^{-j[kr(x)+\phi(x)]} dx \tag{1.3.6}$$

式中,p 为辐射声压;$A(x)$ 为线长的振幅函数;r 为到观察点的距离;x 为纵坐标变量;α 为角度;ϕ 为声源的相位;k 为系数,$k = 2\pi/\lambda$。

如果距离比较远,每个距离相差就比较小,即近似有

$$\frac{1}{r(x)} \approx \frac{1}{r(0)} \approx \frac{1}{r(l)} \approx \frac{1}{r}$$

从图 1.3.3 可以看出其几何关系,即

$$r(x) = x\sin\alpha$$

代入,得

$$p(\alpha) = \frac{1}{r}\int_0^l A(x) e^{-j[kx\sin\alpha+\phi(x)]} dx$$

$$\tag{1.3.7}$$

进而可求指向性函数,即某一点声压与最大声压之比为

$$R(\alpha) = \frac{|p|}{|p_{max}|}$$

根据指数特性

$$p_{max} = \frac{1}{r}\int_0^l A(x) \, dx$$

代入并整理得

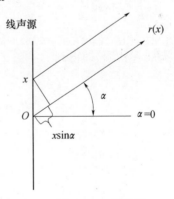

图 1.3.3 线声源

$$R(\alpha) = \frac{\left|\int_0^l A(x) e^{-j[kx\sin\alpha+\phi(x)]} dx\right|}{\left|\int_0^l A(x) dx\right|} \tag{1.3.8}$$

为进一步简化，可取 $\phi(x) = 0$，而 $A(x) = A$。

式(1.3.8)就可以简化成

$$R(\alpha) = \frac{1}{l} \int_0^l e^{-jkx\sin\alpha} dx \qquad (1.3.9)$$

设常数 $b = -jk\sin\alpha$，则有 $\int e^{bx} dx = \frac{1}{b} e^{bx} + C$，根据此公式可求定积分。

根据欧拉公式，$e^{jx} = \mathrm{con}x + j\sin x$，因而可得

$$\int_0^l e^{-jk\sin\alpha \cdot x} dx$$

$$= \frac{1}{-jk\sin\alpha} e^{-jk\sin\alpha \cdot x} \Big|_0^l$$

$$= \frac{j}{k\sin\alpha} (e^{-jk\sin\alpha} - 1)$$

$$e^{-jkl\sin\alpha} = \mathrm{con}(-kl\sin\alpha) + j\sin(-kl\sin\alpha)$$

$$R(\alpha) = \frac{1}{l} \left| \int_0^l e^{-jx\sin\alpha} dx \right| = \left| \frac{j}{lk\sin\alpha} \right| \cdot |\mathrm{con}(-kl\sin\alpha + j(-kl\sin\alpha) - 1)|$$

令 $u = kl\sin\alpha$，则

$$R(\alpha) = \frac{1}{u} |\mathrm{con}u - j\sin u - 1| = \frac{1}{u} \sqrt{(\mathrm{con}u - 1)^2 + \sin u^2} = \frac{1}{u} \sqrt{2(1 - \mathrm{con}u)}$$

$$= \frac{1}{u} \sqrt{4\sin^2 \frac{u}{2}} = \frac{2\sin\frac{2}{u}}{u} = \frac{\sin\frac{u}{2}}{\frac{u}{2}}$$

再以 $u = kl\sin\alpha$ 代回，即得到

$$R(\alpha) = \frac{\sin\left(\frac{kl}{2}\sin\alpha\right)}{\frac{kl}{2}\sin\alpha} \qquad (1.3.10)$$

代入，$k = 2\pi/\lambda$，则可写成

$$R(\alpha) = \frac{\sin\left(\frac{\pi l}{\lambda}\sin\alpha\right)}{\frac{\pi l}{\lambda}\sin\alpha} \qquad (1.3.11)$$

由此公式可以描述线声源的指向性图，如图1.3.4所示。

公式(1.3.11)和此极坐标指向性图是线阵列扬声器系统作用的基础。从数学角度讲，这是用积分模型研究扬声器线阵列。积分模型即运用定积分及相关理论建立数学模型。积分模型常描述对象连续变化的效果，表明线声源有一种集中声辐射的作用。当线声源长度一定时，高频集束作用明显。线声源越长，集束的高频频率越高。而高频出现的波瓣是各声源干涉造成的。有人说，线阵列没有干涉，是不对的。

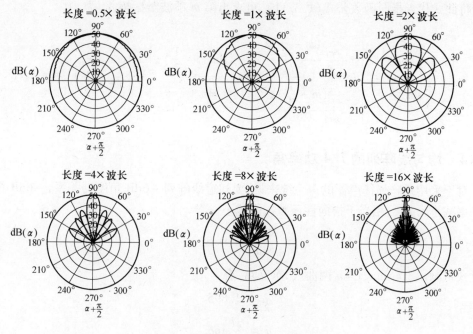

图 1.3.4　线声源的极坐标指向性图

1.3.3　准线阵列的波瓣和零值

图 1.3.4 所描述的线声源和线阵列是有区别的,可称之为均匀线阵。从图 1.3.4 中可看出,在波长($\lambda > l$)准线阵极坐标响应曲线的全貌。在波长较短时,极坐标响应曲线出现波瓣和零值。它们的位置和数值是不难计算的。

注意:指向性函数公式(1.3.11)在 $\alpha = 0$,即在轴向会出现一个悖论,即会出现 0/0 的局面。这时要作求极限处理,即

$$\lim \frac{\sin u}{u} \to \cos(0) \to 1$$

从图 1.3.4 可见,这也是主波瓣的位置。根据指向函数,当 $\sin(u)/u$ 为零时,图上出现零值。从下式可看出,当公式成立时,会出现零值,而且会出现多个零值,即

$$\frac{\pi l}{\lambda} \sin\alpha = m\pi$$

式中,m 是一个整数,还可以写成

$$|\sin\alpha| = m\frac{\lambda}{l} \quad m = 1,2,3,\cdots$$

而波瓣的位置正好在两个零值之间,因此波瓣位置关系式为

$$|\sin\alpha| = \frac{3\lambda}{2l}, \frac{5\lambda}{2l}, \frac{7\lambda}{2l}, \cdots$$

由此可以写一个通式

$$|\sin\alpha| = \frac{(m+\frac{1}{2})\lambda}{l} \quad m = 1,2,3,\cdots$$

13

将此式代入指向函数公式(1.3.11),可求出第 m 项波瓣振幅 A_m 为

$$A_m = \left| \frac{\sin(\frac{\pi l}{\lambda}\sin\alpha)}{\frac{\pi}{\lambda}\sin\alpha} \right| = \left| \frac{\sin(\frac{\pi l}{\lambda}\frac{(m+\frac{1}{2})\lambda}{l})}{\frac{\pi l}{\lambda}\frac{(m+\frac{1}{2})\lambda}{l}} \right| = \left| \frac{\sin(m+\frac{1}{2})\pi}{m\pi+\frac{1}{2}\pi} \right| = \left| \frac{\cos(m\pi)}{m\pi+\frac{1}{2}} \right| \quad m = 1,2,3,\cdots$$

1.3.4　均匀线阵列的 1/4 功率角

对于采用线阵列扬声器的声系统来说,要知道线阵列 -6dB 角度的关系, -6dB 相当于功率减小为 1/4,相当于指向性函数振幅减小一半。

$$\frac{\sin u}{u} = 0.5$$

解此式可画出 $y = \sin u$、$y = u$ 两曲线,求交点,有

$$u = 1.895$$

而

$$u = \frac{\pi l}{\lambda}\sin\alpha$$

这样就可以求出均匀线阵列 1/4 的功率角为

$$\theta_{-6dB} = 2\alpha = 2\arcsin\frac{1.895\lambda}{\pi l} = 2\arcsin\frac{0.6\lambda}{l}$$

根据此公式,描绘出 1/4 功率角与线阵列长度和波长的关系,如图 1.3.5 所示。

由曲线可见,当 $1/\lambda$ 值较小时,1/4 功率角度较大,当线阵列长/波长($1/\lambda$)大于 4 以后, -6dB 角度变化趋缓。也就是在高频,此角度是较小的。

对于一个波瓣,在较小角度内(如在 30° 范围内),可以近似看成 $\sin(u) \approx u$(当然这种近似有误差,相当于波瓣内振幅一样高)。

这时线阵列的角度关系可写成

$$\theta_{-6dB} = \frac{1.2\lambda}{l} \tag{1.3.12}$$

若换成度,则

$$\theta_{-6dB} = \frac{1.2\lambda}{l} \times 57.32 = 68.8\frac{\lambda}{l}(°)$$

如果将波长换成频率(Hz),长度(m),公式可近似写成

$$\theta_{-6dB} \approx \frac{24000}{fl} \tag{1.3.13}$$

可见线阵列 1/4 功率角与频率成反比。也就是说,频率增加 1 倍,覆盖的角度减少一半。

公式(1.3.13)成为线阵列常用公式。对于均匀线阵列的指向性响应,与长度的关系如图 1.3.6 所示。

14

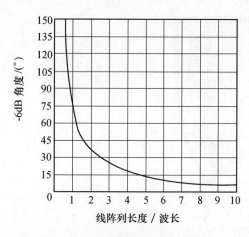

图 1.3.5 均匀线阵列 1/4 功率
角与长度和波长的关系

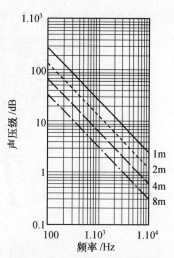

图 1.3.6 均匀线性阵列长度为
1m、2m、4m、8m 时的指向性响应

由图 1.3.6 可见,对于大线阵阵,其 1/4 功率角在高频是相当窄的。例如,对于 4m
长的线阵列,在 10kHz 时,-6dB 角只有 0.6°。实际上这种尺寸的线阵列是相当常见的。
当然,在声系统设计中使用这些线阵列时,还要认真、仔细考虑。实际上只用在远距离场
合,且线振列系统要对准辐射目标,因为其主波瓣太窄了。

1.3.5 线阵列的外在形式

在悬挂线阵列扬声器系统中,根据阵列的结构和实际放声的需求,有多种多样的形
式,常见的形式有直线式(图 1.3.7(a))、弓形(弧形)(图 1.3.7(b)),J 形(图 1.3.8
(a)),渐进式(图 1.3.8(b))。

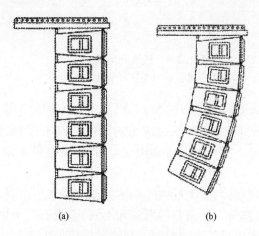

(a)   (b)

图 1.3.7 线阵列的外在形式一
(a)直线式;(b)弓形。

直线式线阵列是一种最简单的排列方式。这种方式在前面已经进行了分析,它有窄
的高频辐射角,辐射频率与阵列长度成正比。但高频覆盖角度窄,控制困难。因为直线式

15

排列将辐射声音集束,相当于随距离的衰减放慢。

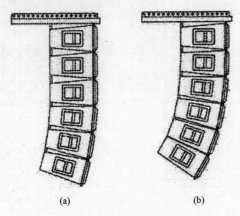

图1.3.8　线阵列的外在形式二

(a) J形;(b) 渐进式。

弓形线阵列:此时阵列的各个箱体排列成半径设定的圆弧。同直线式阵列相比,它辐射覆盖的面积要更宽一些。图1.3.9(a)是弓形排列形式示意图。它的辐射特性与半径R与张角θ有关,相对辐射较为均匀。

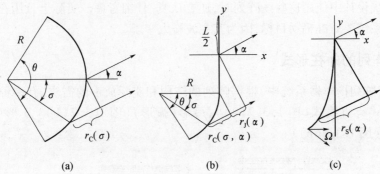

图1.3.9　线阵列形式

(a) 弓形;(b) J形;(c) 渐进式。

J形线阵列:这种线阵列是一种直线式与弓形的组合。它的形成来自演出的现场。为了照顾看台下方的观众,将线阵列下方适当转弯。它具有了弧线式辐射均匀的优点,同时又有直线式辐射随距离衰减较小的优点。但同时也带来缺点,转折处的不连续会带来相应的问题。

渐进式线阵列:渐进式线阵列是J形线阵列的改进与发展。渐进式线阵列由上向下弯曲,没有严格意义的直线部分。但又与弓形阵列不同,它没有一个固定的曲率半径,或者说它是由无穷多不同曲率半径组成的曲线。其结果是指向性较为均匀。

1.3.6　梳状滤波效应

在讨论线阵列扬声器系统的工作状况时,会提到梳状滤波效应。当一个很强的反射声叠加到直达声上,导致信号频谱上出现频率间隔相等的极大值和极小值,呈梳状滤波现

16

象,或称梳状滤波器现象。它对音乐的干扰效应较大。

一个声源向空间距离 r 处辐射的声压可用下式表示,即

$$p = p_a\cos(\omega t - kr) = p_a\cos\left[\omega\left(t - \frac{r}{c_0}\right)\right]$$

式中,p_a 为声压的幅值;ω 为角频率;c_0 为声速(m/s);r 为与声源的距离。

从式中可以看出,r 处接收到的声压比声源滞后$\frac{r}{c_0}$,相位滞后 $\omega\frac{r}{c_0} = \frac{2\pi fr}{c_0}$。

如果两个声源对空间某点辐射,即

$$p_1 = p_{1a}\cos(\omega t - \phi_1)$$
$$p_2 = p_{2a}\cos(\omega t - \phi_2)$$

有关两个波的叠加等的推算,杜功焕教授、赵其昌教授早已做过,即

$$p = p_1 + p_2 = p_a\cos(\omega t - \phi)$$

式中

$$p_a^2 = p_{1a}^2 + p_{2a}^2 + 2p_{1a}p_{2a}\cos(\phi_2 - \phi_1)$$

$$\phi = \arctan\frac{p_{1a}\sin\phi_1 + p_{2a}\sin\phi_2}{p_{1a}\cos\phi + p_{2a}\cos\phi_2}$$

$$\phi_2 - \phi_1 = k(r_2 - r_1) = \omega(t_2 - t_1)$$

r_1 和 r_2 表示两个声源到某接收点距离不同,因传播距离不同而产生相位差,有相位差就会产生干涉,干涉的结果可用下式表示,即

$$p_a = \sqrt{p_{1a}^2 + p_{2a}^2 + 2p_{1a}p_{2a}\cos\left[\left(\frac{2\pi}{\lambda}\right)(r_2 - r_1)\right]}$$

也可以认为两个声源到某接收点的时间分别为 t_1 和 t_2,由于传播时间不同而产生相位差,有相位差就会产生干涉,干涉的结果可用下式表示,即

$$p_a = \sqrt{p_{1a}^2 + p_{2a}^2 + 2p_{1a}p_{2a}\cos\left[\omega(t_2 - t_1)\right]}$$

按照余弦函数的规律,余弦项随声程差 $\Delta r = (r_2 - r_1)$ 或时间差 $\Delta t = (t_2 - t_1)$ 而改变,出现最大值或最小值。

$$(r_2 - r_1) = \begin{cases} \left(n + \frac{1}{2}\lambda\right)\text{时},p_a \text{ 为极小值} \\ n\lambda \text{ 时},p_a \text{ 为极大值} \end{cases}$$

或

$$(t_2 - t_1) = \begin{cases} \left(n + \frac{1}{2}\right)/f \text{时},p_a \text{ 为极小值} \\ n/f \text{ 时},p_a \text{ 为极大值} \end{cases}$$

当 Δt 一定时,余弦值随频率而改变,在不同频率出现极大值和极小值。

当 $f = \left(n + \frac{1}{2}\right)c_0/(r_2 - r_1)$ 或 $f = \left(n + \frac{1}{2}\right)/(t_2 - t_1)$ 时,p_a 为极小值;当 $f = nc_0/$

$(r_2 - r_1)$ 或 $f = n/(t_2 - t_1)$ 时，p_a 为极大值。这样就出现梳状滤波现象，当频率发生变化时，声压在一定间隔内出现极大值和极小值，或者说出现一系列的峰和谷，画在图上有点像梳子状，因此被形象地称为梳状滤波效应。图 1.3.10 是一个典型的梳状滤波曲线。图 1.3.11 是频率轴为线性的梳状滤波曲线。

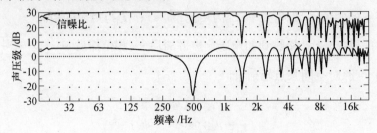

图 1.3.10 典型的梳状滤波曲线

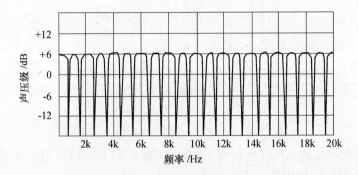

图 1.3.11 频率轴为线性的梳状滤波曲线

罗伯特·麦卡锡(Robert L. Mccarthy)还将梳状滤波有关数值算出并列表。表 1.3.1 为第一个零值出现的频率与时间差 Δt 的关系以及相邻两零点的频率间隔与 Δt 的关系。

表 1.3.1 第一个零值出现的频率与时间差 Δt 的关系以及
相邻两零点的频率间隔与 Δt 的关系

第一个零点出现的频率 /Hz	Δt/ms	相邻两点或两零点的频率间隔 /Hz	Δt/ms	第一个零点出现的频率 /Hz	Δt/ms	相邻两点或两零点的频率间隔 /Hz	Δt/ms
20	25.000	20	50.000	800	0.625	800	1.250
25	20.000	25	40.000	1000	0.500	1000	1.000
31.5	15.873	31.5	31.746	1250	0.400	1250	0.800
40	12.500	40	25.000	1600	0.313	1600	0.625
50	10.000	50	20.000	2000	0.250	2000	0.500
63	7.937	63	15.873	2500	0.200	2500	0.400
80	6.250	80	12.500	3150	0.159	3150	0.317
100	5.000	100	10.000	4000	0.125	4000	0.250
125	4.000	125	8.000	5000	0.100	5000	0.200
160	3.125	160	6.250	6300	0.079	6300	0.159
200	2.500	200	5.000	8000	0.063	8000	0.125
250	2.000	250	4.000	10000	0.050	10000	0.010
315	1.587	315	3.175	12500	0.040	12500	0.080
400	1.250	400	2.500	16000	0.031	16000	0.063
500	1.000	500	2.000	20000	0.025	20000	0.050
630	0.794	630	1.587				

18

图 1.3.12 是两扬声器在不同位置点的梳状滤波效应。

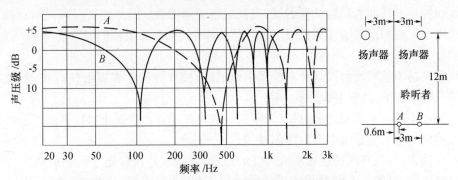

图 1.3.12　两扬声器在不同位置点的梳状滤波效应

综上所述,梳状滤波效应有下述特点:

（1）当两声源声程差或时间差很小时,峰谷出现在较高频率处,峰谷之间间距也宽。

（2）当两声源声程差为零时,是原来的不新增峰谷的频响曲线,从另一个角度验证了中间位置为最佳听音位（皇帝位）。

（3）当两声源声程差或时间差增大时,峰谷出现在较低频率处,峰谷之间间距也窄。

（4）当两声源强度相当时,干涉产生的峰谷明显,频响起伏大。当两声源强度相差较大时,干涉产生的峰谷不明显,频响起伏小。

（5）测量到的梳状滤波效应起伏是大的,但实际上聆听到的响应不会变化那么快。

图 1.3.13 是梳状滤波效应实测和主观聆听的比较。

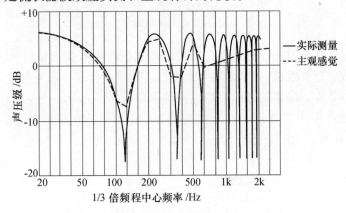

图 1.3.13　梳状滤波效应实测和主观聆听的比较

梳状滤波效应通常是由反射声引起的。线阵列扬声器系统可减小垂直面的投射角,也可减少梳状滤波效应的影响。

1.4　球面波与柱面波

1.4.1　柱面波与球面波的分界距离

在线阵列扬声器系统中讨论最多的一个问题,是球面波与柱面波的问题。

球面波为同心球面的波。球面波的波阵面在 3 个维度传播,距离加倍时声压级衰减

6dB,或者说声压与球面波半径成反比。

柱面波是波阵面为同轴柱面的波,只在二维空间传播。距离加倍时声压级衰减 3dB,或者说声压近似与距离的平方根成反比。严格来讲,只有无限长的线声源才能产生真正的柱面波。

线阵列扬声器系统的设计者都希望采取措施,使线阵列能够辐射柱面波,距离加倍,声压级只衰减 3dB,岂非绝妙好事。

但是柱面波并非等闲之波,只有无限长的线声源才能产生真正的柱面波。因此,一般的线阵列扬声器系统是难以产生柱面波的。

不可讳言,在线阵列扬声器系统兴旺的初期,有些宣传仅仅出于市场的销售,而不顾及科学的依据,再加上人们对线阵列接触时间不长,认识不深。"线阵列能形成柱面波,距离增加 1 倍衰减只有 6dB"的说法,一度引起混乱。其中最典型的图形如图 1.4.1 所示。

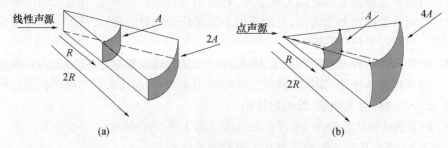

图 1.4.1　对线阵列的一种不妥解释

（a）柱面波;（b）球面波。

在 2003 年,对这个说法进行了修正。将线阵列扬声器系统的辐射分为近场和远场,近场可近似看成辐射柱面波,远场是辐射球面波。声辐射经过一段近似柱面波后,逐渐过渡到球面波。但是在近场辐射柱面波的论据与解释尚不够充分。

辐射过程如图 1.4.2 所示。对于圆柱形波,只有水平方向扩展;在 $2R$ 时,表面积增加 2 倍,3dB 衰减。对于球形波,在水平和垂直方向扩展;在 $2R$ 时,表面积增加 4 倍,6dB 衰减。

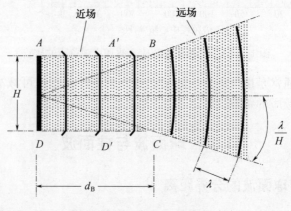

图 1.4.2　近场、远场图

图中近场到远场有一个分界点,因此有一个分界距离。当然这个分析是有条件的,首先近场只能说近似是一个柱面波,由柱面波过渡到球面波也不会泾渭分明。厄本(Urban)曾给过一个分界距离的公式。在这里选用分界距离这个名词,比较确切,是有所考虑的。有的作者选用临界距离这一名词,当然不能算错。但是却与声学中另一临界距离混淆(房间中直达声与混响声声能相等的距离,称为临界距离)。

$$d_B = \frac{3}{2}fH^2 \sqrt{1 - \frac{1}{(3fH)^2}} \tag{1.4.1}$$

式中,d_B 为分界距离;f 为频率(kHz);H 为线阵列长度。

厄本没有给出公式来源。从公式可见,频率 f 越高、H 越长,则分界距离越大。而频率 f 越高,也相当于 H 越长。

为了更具体、形象地看一下近场柱面波有多长,设有一个长 5.4m 的线阵列,求出不同频率的分界距离,如图 1.4.3 所示。

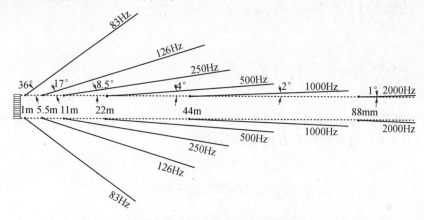

图 1.4.3 不同频率的分界距离

图 1.4.3 的好处是,可以看到,对于低频柱面波的范围是很小的。对于 1000Hz,分界距离是 44m。柱面波更多存在于高频区。

可见,频率为 83Hz 的分界距离是 1m;126Hz 的分界距离是 5.5m;250Hz 的分界距离是 11m;500Hz 的分界距离是 22m;1000Hz 的分界距离是 44m;2000Hz 的分界距离是 88m。

1.4.2 分界距离的公式

厄本虽然给出了分界距离的公式,但是不知其来源。赵其昌教授也推导出分界距离的公式。妙的是厄本和赵其昌教授的文章几乎同时在美国和中国发表,思考方向有共同之处,结论却不尽相同。

如图 1.4.4 所示,可假设有限长线阵列源在无限大障板上,向半无限大空间辐射。设有限源长度为 l,采用柱坐标$(r、\phi、z)$。线元 dz 到接收点的距离为 ξ,dz 的面元为

$$ds = ad\phi dz$$

式中,a 为线源的半径(这里假设,有限长线源是不能辐射柱面波的,这里已假设它近似辐射柱面波)。

21

面元 $\mathrm{d}s$ 在 ξ 处产生的声压为

$$\mathrm{d}p = \mathrm{j}\frac{k\rho_0 c_0}{2\pi\xi}U_\mathrm{a}\mathrm{e}^{\mathrm{j}(\omega t-k\xi)}\mathrm{d}s \tag{1.4.2}$$

式中，ρ_0 为空气密度；c_0 为空气中声速；k 为波数；U_a 为面元 $\mathrm{d}s$ 的振动幅值。

假设线声源为均匀的直线源，则整个线源在 r 处产生的总声压为

$$p = \mathrm{j}\frac{k\rho_0 c_0}{2\pi}\int_0^\pi\int_{-\frac{l}{2}}^{\frac{l}{2}}\frac{U_\mathrm{a}}{\xi}\mathrm{e}^{\mathrm{j}(\omega t-k\xi)}a\mathrm{d}\phi\mathrm{d}z \tag{1.4.3}$$

考虑到 $\xi\gg l$，$\dfrac{1}{\xi}\approx\dfrac{1}{r}$，以及 $\xi\approx r+z^2/2r$，代入式 (1.4.3)，有

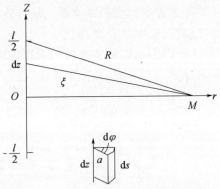

$$p \approx \mathrm{j}\frac{k\rho_0 c_0 U_\mathrm{a}}{2\pi}\int_0^\pi\int_{-\frac{l}{2}}^{\frac{l}{2}}\frac{a}{r}\mathrm{e}^{\mathrm{j}(\omega t-kr-k\frac{z^2}{r})}\mathrm{d}\phi\mathrm{d}z =$$

$$\frac{\rho_0 c_0 kaU_\mathrm{a}}{2r}\mathrm{e}^{\mathrm{j}(\omega t-kr+\frac{\pi}{2})}\int_{-\frac{l}{2}}^{\frac{l}{2}}\mathrm{e}^{-\mathrm{j}\frac{z^2}{2r}}\mathrm{d}z \tag{1.4.4}$$

研究远场的情况，远场可视 $\xi\to\infty$，相应 $\xi=r$，代入式 (1.4.4)，得到线声源在远场辐射的声压为

图 1.4.4　柱面波向四周传播发散成球

$$p_\mathrm{f} = \frac{\rho_0 c_0 lkaU_\mathrm{a}}{2r}\mathrm{e}^{\mathrm{j}(\omega t-kr+\frac{\pi}{2})} \tag{1.4.5}$$

这是球面波的通常表示式，说明线声源在远场是球面波。

下面讨论近场的情况。设 $\omega=\sqrt{\dfrac{2}{\lambda r}}z$，$\mathrm{d}\omega=\sqrt{\dfrac{2}{\lambda r}}\mathrm{d}z$，做这个假设是为了后面的积分运算简洁。代入式 (1.4.4)，有

$$p_\mathrm{n} = \frac{\rho_0 c_0 kaU_\mathrm{a}}{2r}\mathrm{e}^{\mathrm{j}(\omega t-kr+\frac{\pi}{2})}\sqrt{\frac{\lambda r}{2}}\int_{-\frac{1}{2}\sqrt{\frac{2}{\lambda r}}}^{\frac{1}{2}\sqrt{\frac{2}{\lambda r}}}\mathrm{e}^{-\mathrm{j}\frac{\pi}{2}\omega^2}\mathrm{d}\omega$$

根据欧拉公式，有

$$\mathrm{e}^{\mathrm{j}x} = \mathrm{con}x + \mathrm{jsin}x$$
$$\mathrm{e}^{-\mathrm{j}x} = \mathrm{con}(-x) + \mathrm{jsin}(-x) = \mathrm{con}x - \mathrm{jsin}x$$

故 p_n 可写成

$$p_\mathrm{n} = \frac{\rho_0 c_0 kaU_\mathrm{a}}{2r}\mathrm{e}^{-\mathrm{j}(\omega t-kr+\frac{\pi}{2})}\sqrt{\frac{\lambda r}{2}}\Big[\int_{-\frac{1}{2}\sqrt{\frac{2}{\lambda r}}}^{\frac{1}{2}\sqrt{\frac{2}{\lambda r}}}\mathrm{con}\big(\frac{\pi}{2}\omega^2\big)\mathrm{d}\omega - \mathrm{j}\int_{-\frac{1}{2}\sqrt{\frac{2}{\lambda r}}}^{\frac{1}{2}\sqrt{\frac{2}{\lambda r}}}\mathrm{sin}\big(\frac{\pi}{2}\omega^2\big)\mathrm{d}\omega\Big]$$

$$= \frac{\rho_0 c_0 kaU_\mathrm{a}}{2r}\mathrm{e}^{\mathrm{j}(\omega t-kr+\frac{\pi}{2})}\sqrt{\frac{\lambda r}{2}}(A-\mathrm{j}B) \tag{1.4.6}$$

22

其中

$$A = \int_{-\frac{1}{2}\sqrt{\frac{2}{\lambda r}}}^{\frac{1}{2}\sqrt{\frac{2}{\lambda r}}} \text{con}\left(\frac{\pi}{2}\omega^2\right) d\omega, B = \int_{-\frac{1}{2}\sqrt{\frac{2}{\lambda r}}}^{\frac{1}{2}\sqrt{\frac{2}{\lambda r}}} \sin\left(\frac{\pi}{2}\omega^2\right) d\omega$$

从公式(1.4.6)可以看出,在近场线声源声压与距离开方成反比,可以说接近柱面波的形式。

但是这个推论也有一个悖论,因为这里有一个前题,$\xi \gg l$,什么算大于 l 呢? 如果大 4 倍、l 长 4m,则在 20m 近场的条件下,上述结论不成立。也就是一个有限线声源近距离辐射波型未知,中距离为柱面波,远距离为球面波。

有限长线阵列,在近场可以看成辐射柱面波,在远场为球面波。这种散开式的变化是一个逐步过程,不存在确定的界限。但是人们又希望了解一个分界距离。这就是各种分界公式产生的原因,明知它是糊糊的过渡过程,却又希望有一个准确的数据。

根据赵教授的求法,分界距离由误差决定。当要求柱面波扩散成球面波,其分界距离由误差而定。误差越小,如在 0.5dB 以内,分界距离就小。误差越大,如在 2dB 以内,分界距离就越大。

令 $\Delta = \frac{p_n}{p_f}$,求出 $\Delta = \frac{1}{l}\sqrt{\frac{\lambda r}{2}}\sqrt{A^2 + B^2}$,再求出临界距离 r 为

$$r = k\frac{\pi l^2}{\lambda} \tag{1.4.7}$$

式中,l 为线阵列长度(m);λ 为波长;k 为误差常数,由表 1.4.1 决定。

表 1.4.1　误差常数

误差/dB	0.5	1.0	1.5	2.0
k	0.23	0.16	0.14	0.12

设线阵列长为 4m,1000Hz($\lambda = 0.34$m),可算出

$$r_{0.5} = 34\text{m}, r_{1.0} = 23.6\text{m}, r_{1.5} = 20.7\text{m}, r_{2.0} = 17.7\text{m}$$

如果以 1dB 的 r 为参考,分界距离为 23.6m。

而根据法国人提供的式(1.4.1),在 1000Hz 的分界距离为 44m。两种计算有一定差别。

当然式(1.4.7)也是有条件的。频率在 10000Hz 以上同样不能满足柱面波条件。

以上的分析都没有考虑线声源之间的干涉,而干涉实际是存在的。

1.4.3　第三种分界距离公式

在 JBL 公司的资料中可以看到第三种分界距离的公式,即

$$r = \frac{l^2 f}{690} - \frac{1}{43}f \approx \frac{l^2 f}{690} \tag{1.4.8}$$

式中,r 为分界距离;f 为频率。

在另一份国内资料中,将 690 写成 680,也许是笔误。

在 SLS Loudspeakers Inc 的资料中,分界距离的公式为 $r = \dfrac{L^2 f}{636}$(众多的相似公式,说明有关线阵列的理论正处于发展期,真正的权威尚未形成)。

如果阵列长 4m,在 1000Hz 的分界距离,由式(1.4.8)计算得 23.18m。

对于同样 4m 线阵列在 1000Hz 的分界距离:法国厄本公式,得出 44m;赵其昌公式,得出 23.6m;JBL 公式,得出 23.18m。可见,后两个公式还是比较接近的。这种分界距离计算的不一致,说明对分界距离认识的不准确与模糊。

线阵列能辐射柱面波,已被国内外音响界所否定,除了少数人以外,有限长线阵列,在远场辐射球面波,这也是音响界的共识。在近场近似辐射柱面波,这似乎也被大家所接受,但一是缺乏严格的理论推导,二是缺乏试验数据的佐证。

1.4.4　第三种分界距离公式的来源

在分析线阵列的远场时,假设到观察点 P 的距离大于线阵列的长度。所谓远场是指当距离增加 1 倍,声压级下降 6dB;而在近场距离增加 1 倍,声压级大约下降 3dB。这个远场距离也就是分界距离,是可以确定的。依据 JBL 公司的观点,即当 P 点到线阵列中点的距离为 P 点到线阵列末端距离减去 $\lambda/4$ 时,就到达了远场。参照图 1.4.5,分界距离为

$$r = r' - \frac{\lambda}{4}$$

式中,r 是 P 点到中心的距离;r' 是 P 点到边端的距离,且

$$r' = \sqrt{\left(\frac{l}{2}\right)^2 + r^2}$$

式中,l 为线阵列长度。

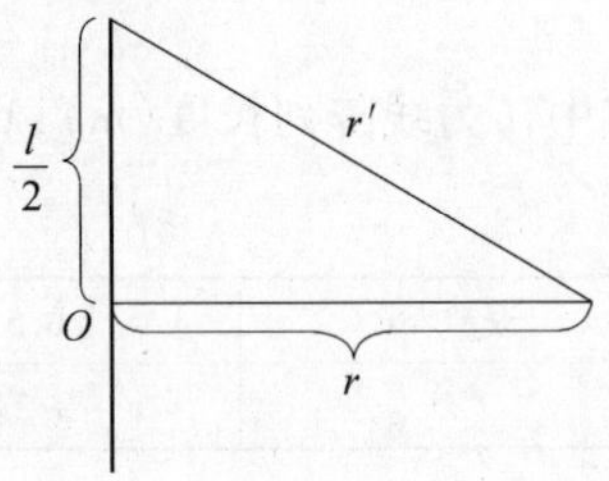

代入可求出

$$r = \frac{l^2}{2\lambda} - \frac{\lambda}{8}$$

因为是在远场,当 $l \geqslant \lambda/2$ 时后一项可忽略,即有

$$r \approx \frac{l^2 f}{690} \qquad\qquad (1.4.9)$$

图 1.4.5　分界距离的几何图形

这与式(1.4.8)是相同的,这样就简单地推出了分界距离的公式。但这里仅是一种数学运算,并没有证明柱面声源的存在,也没有证明柱面声源和球面声源分界的存在。

1.5　线阵列衰减模拟

上节提到的线阵列衰减,缺乏试验数据的佐证。事实上准确的、精确的测试是极为困难的。这是因为:

(1)必须考虑环境对测试可能产生的影响,而这种影响是无法排除的。

(2)不能不考虑音箱与音箱、单元与单元之间的干涉对测试结果的影响。

(3)我们关注的是几十米甚至更远的声场,在空气中声波传播在不断衰减,特别是高声频的衰减更为严重,这种衰减还与温度、湿度、风向等有关。这种衰减会反映到测试结果中。

大家都理解这个难题。迈耶声频公司(Meyer Sound)搞了一个模拟数据,如表 1.5.1 所示。利用贝塞尔函数摸拟出相隔 25.4mm 的 100 个声源组成的阵列在不同距离产生的衰减(可惜不清楚他具体是如何模拟的)。从 500Hz 开始,在环境温度为 20℃、相对湿度为 11% 的条件下,列出空气吸收对声压产生的衰减。如果表 1.5.1 模拟是正确的,总的距离增加 1 倍,衰减 3dB 的情况亦不存在。

表 1.5.1　模拟衰减值

距离 项目	2m	4m	8m	16m	32m	64m	128m	256m
125Hz	0	5.5	11	17	23	29	35	41
250Hz	0	5	11	17	23	29	35	41
500Hz	0	2.3	7.2	13	19	25	31	37
水/空气吸收								38
1kHz	0	1.3	3.2	8.2	14	20	26	32
水/空气吸收					15	21	28	35
2kHz	0	3	5.2	7	12	18	24	30
水/空气吸收				8	13	21	29	41
4kHz	0	2.7	6.3	9	11	16	21	27
水/空气吸收		3.1	7.1	11	14	23	35	59
8kHz	0	2.8	5	8.6	11	13	18	24
水/空气吸收		3.5	6	12	17	25	42	72
16kHz	0	3.1	6.6	8.2	12	14	16	21
水/空气吸收		4.1	8.6	12	20	33	49	88
3dB 倍数增加	0	3	6	9	12	15	18	21
6dB 倍数增加	0	6	12	18	24	30	36	42

1.6　渐变式线阵列

对于线声源的 1/4 功率角度,可以用其长度调节。而有一种渐变式线阵列,同均匀线阵列相比,在相同长度条件下,有较宽的中心波瓣。这种渐变式线阵列中间最宽,两端渐渐变到零。对于任意的最大振幅 A,此振幅函数可写成

$$\begin{cases} A(x) = \dfrac{2Ax}{l} + A & -\dfrac{l}{2} \leqslant x \leqslant 0 \\ A(x) = \dfrac{-2Ax}{l} + A & 0 \leqslant x \leqslant \dfrac{l}{2} \end{cases}$$

此函数相位为零。振幅函数 $A(x)$ 如图 1.6.1 所示。

将振幅函数代入公式(1.3.8),就可以求出渐变式线源的指向性系数,即

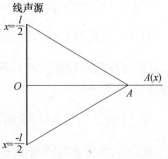

图 1.6.1　渐变式线阵振幅函数图

25

$$R(\alpha) = \frac{\int_{-\frac{l}{2}}^{0} A\left(1 + \frac{2x}{l}\right) e^{-jx\sin\alpha} dx}{\int_{-\frac{l}{2}}^{0} A\left(1 + \frac{2x}{l}\right) dx} + \frac{\int_{0}^{\frac{l}{2}} A\left(1 - \frac{2x}{l}\right) e^{-jkx\sin\alpha} dx}{\int_{0}^{\frac{l}{2}} A\left(1 - \frac{2x}{l}\right) dx}$$

$$= \frac{\sin^2\left(\frac{kl}{4\pi}\sin\alpha\right)}{\left(\frac{kl}{4\pi}\sin\alpha\right)^2} \tag{1.6.1}$$

此渐变式线阵列的极坐标指向性如图 1.6.2 所示。

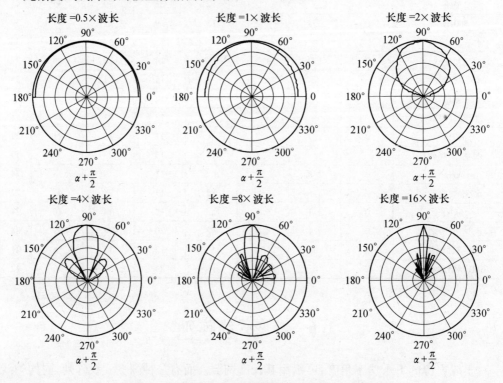

图 1.6.2 渐变式线阵列极坐标指向性图（dB(α)）

对于一个均匀的线阵列,指向角的宽度与长度与波长比有关。从图 1.6.2 可见,波瓣减小。

渐变式线阵列的指向性函数为 $\frac{\sin^2 u}{u^2} = \frac{kl}{4\pi}\sin\alpha$。这与指向性函数为 $\frac{\sin u}{u}$ 的线阵列相比,其指向角通常较宽。为了确定渐变式线阵列 1/4 功率的角度,可采用早先的方法,令指向性函数等于 0.5。

解方程式 $\frac{\sin^2 u}{u^2} = 0.5$, 利用作图法可求出 $u = 1.393$。

置换 u,渐变式线阵列 1/4 功率角为

$$\theta_{-6dB} = 2\alpha = 2\arcsin\frac{1.393 \times 4}{kl} = 2\arcsin\frac{0.9\lambda}{l}$$

利用小角度的近似方法,1/4 半功率角为

$$\theta_{-6dB} = \frac{1.8\lambda}{l} \qquad (1.6.2)$$

可见,渐变式线阵列的1/4 功率角,要比均匀线阵列1/4 功率角大50%。图1.6.3 显示了这种状况。

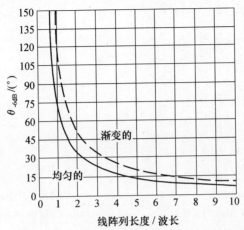

1.6.3　均匀线阵列、渐变式线阵列1/4 功率角

渐变式线阵列以及后面出现的弓形线阵列、J形线阵列,说明线阵列形式发生了变化,促使人们对线阵列认识的深化。在实际使用中,又可对近场、远场的观众均匀辐射。

1.7　线声源的轴向响应

1.7.1　线声源的轴向响应初步分析

线声源的轴向声压响应是可以求得的,改写式(1.3.6)即可。其几何图形如图1.7.1 所示。

$$p(r) = \int_{-\frac{1}{2}}^{\frac{1}{2}} \frac{A(x)\,e^{-j[kr'(x)+\phi(x)]}}{r'(x)}dx$$

这里,根据图1.7.1,有

$$r'(x) = \sqrt{r^2 + x^2}$$

对于均匀的线声源,$A(x)=1$,$\phi(x)=0$,则声压可写成

$$p(r) = \int_{-\frac{1}{2}}^{\frac{1}{2}} \frac{e^{-jk\sqrt{r^2+x^2}}}{\sqrt{r^2+x^2}}dx$$

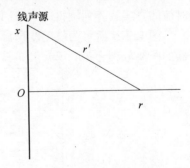

图1.7.1　轴向响应的几何图形

人们希望看到随着离线声源距离增加和频率增加,声压级发生变化。图1.7.2 所示为在10kHz 时,3 个线声源的轴向响应。特别值得注意的是,在近场,距离增加1 倍,衰减3dB,在远场,距离衰减1 倍,衰减6dB。这个近场与远场的分界距离可根据式(1.4.1)等求出。

图 1.7.3 提供了一个 4m 长线声源,在 100Hz、1kHz、10kHz 的轴向响应。从图 1.38 中可以看到远场距离增加,频率变化的影响。

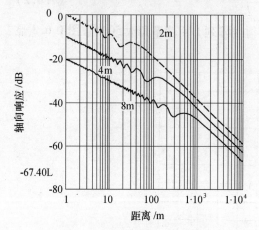

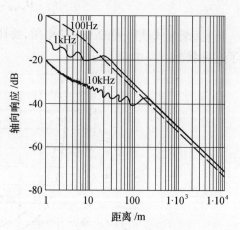

图 1.7.2　2m、4m、8m 长线声源在
10kHz 的轴向响应
(4m、8m 的阵列各有 10dB、20dB 的偏置)

图 1.7.3　4m 长均匀线声源在 100Hz、
1kHz、10kHz 的轴向响应
(1kHz 及 10kHz 响应有 10dB、20dB 的偏置)

1.7.2　线阵列系统的中、高频响应

线阵列系统的中、高频响应如何? 它如何随着频率和距离而变化,为此曾有作者对此进行了分析和测试。

这里提到的中频和高频主要指 1kHz ~ 10kHz 的频率响应。对于线阵列在听众区的声压频率响应,直接计算是困难的。但是可以对由若干点声源组成阵列的声压来近似计算。可以推算出相应的公式,这个声压与多个因素和变量有关:每个点声源之间的角度;水平波束宽度;垂直波束宽度;模拟箱体高度;顶部坐标;底部坐标;投影坐标;灵敏度;输入电压;时间延迟;相对湿度等。

不同参数配组可以组成 4 组线声源(近似线阵列),画出其中、高频频率响应曲线,与对应的真实线阵列测得的中、高频频率响应曲线相比较。

图 1.7.4 所示为设定线声源 1 预测的当传声器在不同距离时的频响曲线。图中传声器的距离分别为 7m、12m、17m、22m 和 27m。

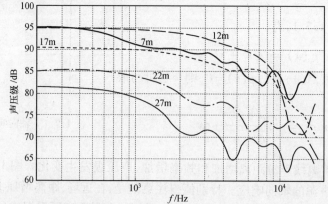

图 1.7.4　设定线声源 1 预测的当传声器在不同距离时的频响曲线

28

图 1.7.5 是设定线声源 2 预测的当传声器在不同距离时的频响曲线。其中,传声器为 7m 和 27m 时有两条曲线,上面一条曲线相对湿度为 60% ,下面一条曲线相对湿度为 25% 。由此可见,相对湿度较大时,高频衰减相对减小。

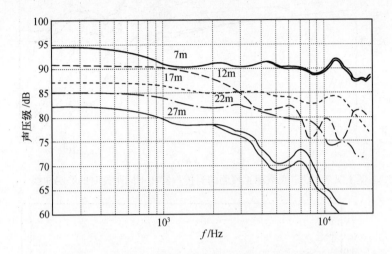

图 1.7.5　设定线声源 2 预测的当传声器在不同距离时的频响曲线

图 1.7.6 是设定线声源 3 预测的当传声器在不同距离时的频响曲线,传声器距离分别为 20m、40m、60m、80m 和 100m。图 1.7.7 是设定线声源 4 预测的当传声器在不同距离时的频响曲线,传声器距离分别是 20m、40m、60m、80m 和 100m。其中传声器为 20m 和 100m 时有两条曲线,上面一条曲线相对湿度为 60% ,下面一条曲线相对湿度为 25% 。而设定模拟的方法是采用英国玛田公司设件的软件。

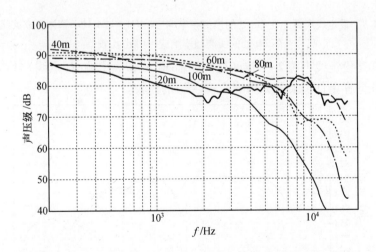

图 1.7.6　设定线声源 3 预测的当传声器在不同距离时的频响曲线

图 1.7.8 是设定线声源 2 在 2m 处的模拟频率响应(点线)与 4 只小箱体组成的线阵列在 2m 处的实测频率响应(实线)的比较。从曲线有一致性还是比较好的。

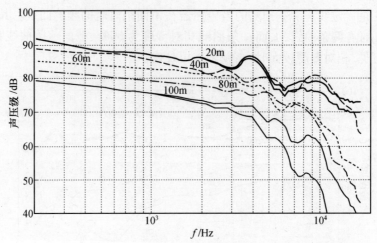

图 1.7.7 设定线声源 4 预测的当传声器在不同距离时的频响曲线

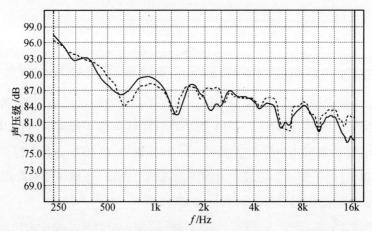

图 1.7.8 设定线声源 2 在 2m 处的模拟频率响应(点线)与 4 只小箱体组成的线阵列
在 2m 处的实测频率响应(实线)比较

图 1.7.9 是设定线声源 2 在 12m 处的偏轴 30°模拟频率响应(点线)与 4 只小箱体组成的线阵列在同样条件下实测频率响应(实线)的比较。

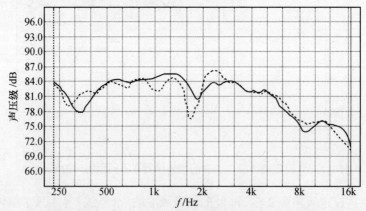

图 1.7.9 设定线声源 2 在 12m 处的偏轴 30°模拟频率响应(点线)与 4 只小箱体组成的线阵列在同样条件下实测频率响应(实线)的比较

此处测量采用 MLSSA 软件和 BK2012 测试仪。测量是在室内进行的。换了一个更特殊的条件,一致性还是比较好。

上述的分析有可能证实,在中、高频范围,线声源在一定程度上可以代替线阵列。其误差在 8kHz 时为 ±3dB ~ ±4dB,在更高频率约为 ±6dB。

1.8　线阵列的缝隙

一般叙述线阵列时,都有一个假定——沿其长度振幅和相位都是均匀的。但实际上这种状况是不可能存在的。线阵列通常由若干扬声器或扬声器系统堆叠而成。而线阵列组成单元(如音箱)之间的缝隙是没有辐射的,线阵列这部分只有零振幅。仍然可以利用式(1.3.8)求指向性函数,在积分时除去不辐射的部分,如图 1.8.1 所示。线阵列两个辐射单元之间的不辐射部分为 Δ。

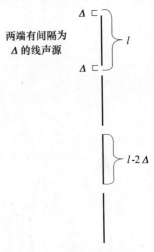

两端有间隔为 Δ 的线声源

这时,有 n 个长度为 l 的线阵列单元的指向性函数为

$$R(\alpha) = \sum_1^n \frac{\left| \int_{(n-1)l+\Delta}^{nl-\Delta} A(x) e^{-j\{kx\sin\alpha+\phi(x)\}} dx \right|}{\left| \int_{(n-1)l+\Delta}^{nl-\Delta} A(x) dx \right|}$$

一般说来,这个缝隙还是比较小的,因而对于主波瓣的影响比较小。但对偏轴响应还会有一定影响。

图 1.8.1　4 只线阵列单元长为 l,非辐射部分为 Δ

图 1.8.2 ~ 图 1.8.4 是 4 单元的阵列指向函数与辐射比的变化。每个单元长 1m,总长为 4m。从图可以看到,当辐射比从 100% 、90% 、75% 、50% ,而阵列单元分别为 1 倍、2 倍、4 倍波长时变化的影响。在低频缝隙长度与波长比相当小,因此缝隙影响很小。在高频波瓣结构的变化与缝隙长度有关,使波瓣宽度和位置发生变化。

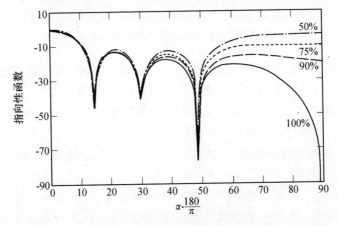

图 1.8.2　辐射比为 100% 、90% 、75% 、50% 、单元长度
等于波长的 4 单元阵列指向性函数

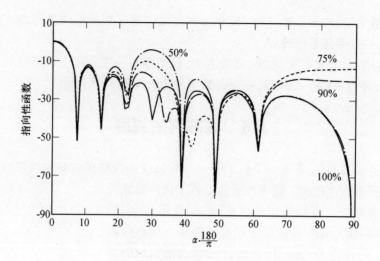

图 1.8.3　辐射比为 100%、90%、75%、50%、单元长度
等于 2 倍波长的 4 单元阵列的指向性函数

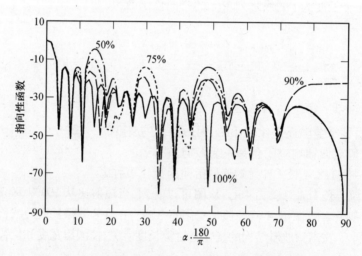

图 1.8.4　辐射比为 100%、90%、75%、50%、单元长度
等于 4 倍波长的 4 单元阵列的指向性函数

　　线阵列的缝隙来源于线阵列实际的使用。在实际使用中,大多数情况下,线阵列音箱之间紧密排列,两只音箱之间是没有缝隙的,但有时也会出现缝隙。

　　一种情况如图 1.8.5 所示,两只音箱水平张开一个角度。另一种情况如图 1.8.6 所示,线阵列音箱在悬挂时垂直张开一定缝隙。

　　有的作者认为缝隙的存在是不允许的、有害的。但从上述分析来看,影响是有限的,在高频时更严重一点儿。

　　Meyer Sound 公司对水平缝隙的阵列进行频响测试,如图 1.8.7 所示,3 只音箱水平放置,两条频响曲线。上面一条曲线为音箱紧靠时所测,下面一条曲线为张开 330mm 宽度时所测,有一定影响。图 1.8.8 为另一种情况,上面一条曲线是在缝隙前加一插板时所测,下面一条曲线是未加插板所测。

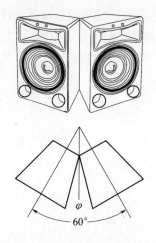

图 1.8.5　水平张开的缝隙

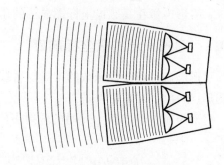

图 1.8.6　垂直张开的缝隙

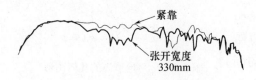

图 1.8.7　水平缝隙测试示意图

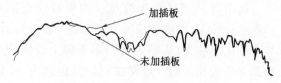

图 1.8.8　加和未加插板的测试

1.9　弓形声源和弓形线阵列

在实际使用中,很多扬声器线阵列并不完全是一条直钱,而是呈曲线状。这是因为纯粹的直线阵列,其垂直面极坐标指向响应在高频时是相当窄的,这样窄的高频波束会使阵列前的听众听不到或听得较差。而适当弯曲的阵列可以覆盖更大的面积。其中一种重要类型是弓形线阵列。图 1.9.1 是作者设计的一种弓形线阵列外形。

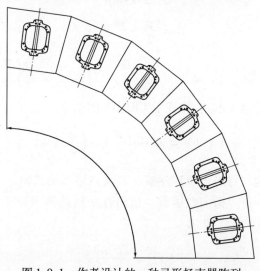

图 1.9.1　作者设计的一种弓形扬声器阵列

33

从弓形声源入手,来进一步理解弓形扬声器阵列,弓形声源的组成是辐射元件按弓形线排列(也有人称为弧形声源,但容易与 J 形声源混淆,显然 J 形也是一段弧,因此用弓形声源似更为妥帖)。与同样长度的直线阵列相比,弓形声源在所有频率都有较宽的指向响应。弓形声源在高频极坐标图显示的角度相应增加。

1.9.1 弓形声源的极坐标响应

弓形声源的指向性函数的推导与直线声源推导方式相同。图 1.9.2 是弓形声源的几何图形,半径为 R,张角为 θ。

弓形声源在轴向角为 α 时的辐射声压为

$$p_A(x,y) = \int_{-\frac{\theta}{2}}^{\frac{\theta}{2}} \frac{A(\phi)e^{-j[kr_A(x,y,\phi)+\varphi(\phi)]}}{r_A(x,y,\phi)} Rd\phi$$

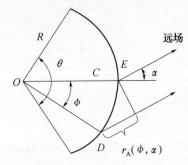

图 1.9.2 弓形声源的几何图形

这个等式可进一步简化。如果假设观察点 P 的距离足够远,在这种情况下,P 点距离与弓形声源长度相比足够大,从 P 点到弓形声源上任何两点距离都是近似相同的。这样在积分范围之内,r_A 的倒数都近似相等,则

$$\frac{1}{r_A\left(\frac{\theta}{2}\right)} \approx \frac{1}{r_A\left(-\frac{\theta}{2}\right)} \approx \frac{1}{r_A}$$

而 r_A 在声压函数、指向函数中的意义重要,这是因为 P 点到弓形声源两端任何不同,同波长相比都不是一个小数值。可根据图 1.9.2 求出 r_A 的进一步表示式。

设弓形弦长 $DE = b$,根据弓形弦长公式 $b = 2R\sin\frac{\phi}{2}$,设 DE 与 r_A 夹角为 β,则

$$r_A = b\cos\beta$$

$$\beta = \frac{\pi}{2} - \frac{\phi}{2} - \alpha$$

$$\cos\beta = \cos\left(\frac{\pi}{2} - \frac{\phi}{2} - \alpha\right) = \cos\frac{\pi}{2}\cos\left(\frac{\pi}{2} - \frac{\phi}{2} - \alpha\right) + \sin\frac{\pi}{2}\sin\left(\frac{\pi}{2} + \alpha\right) = \sin\left(\frac{\phi}{2} + \alpha\right)$$

这样就可以得出 r_A 的表示式,验证了 UREDA 的结论。

$$r_A(\alpha,\phi) = 2R\sin\left(\frac{\phi}{2}\right)\sin\left(\frac{\phi}{2} + \alpha\right)$$

式中,α 是弓形声源基线与弓形声源到观察点 P 交点连线的夹角。

进一步可求弓形声源的指向性函数。指向性函数是指声源在某角度 α 的声压级与其最大声压级之比的绝对值。即

$$R(\alpha) = \frac{|p(\alpha)|}{|p_{max}|}$$

可得

$$R_A(\alpha) = \left| \frac{\displaystyle\int_{-\frac{\theta}{2}}^{\frac{\theta}{2}} A(\phi) e^{-j[kr_A(\alpha,\phi)+\varphi(\phi)]} Rd\phi}{\displaystyle\int_{-\frac{\theta}{2}}^{\frac{\theta}{2}} A(\phi) Rd\phi} \right|$$

如果假设振幅是固定的,相位也为零,则 $A(\phi)=0,\phi(\phi)=0$,指向性函数可进一步简化为

$$R_A(\alpha) = \frac{1}{R\theta} \left| \int_{-\frac{\theta}{2}}^{\frac{\theta}{2}} e^{-jkr_A(\alpha,\phi)} Rd\phi \right|$$

注意,这个积分没有像线阵列那样有一个简单的表示式。Wolff 和 Malter 是用点声源求和的方法,得到指向性函数为

$$R(\alpha) = \frac{1}{2m+1} \left| \sum_{n=-m}^{n=m} \cos\left[\frac{2\pi R}{\lambda} \cos(\alpha+n\phi) \right] \right| + $$
$$j\sum_{n=-m}^{n=m} \sin\left[\frac{2\pi R}{\lambda} \cos(\alpha+n\phi) \right]$$

式中,m 是一个整数,$2m+1$ 是点声源数;ϕ 是弓形声源任意两点之间的角度。图 1.9.3 是极坐标方向图,保持弓形声源为 60°,不同的半径与波长比。由图可见,在 R/λ 较低时,角度比较宽。在 R/λ 较大时,近似于弓形声源的角度。

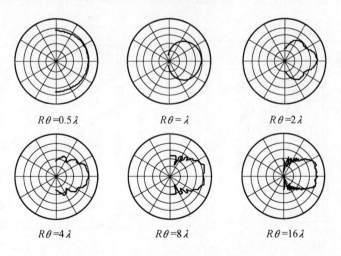

图 1.9.3　弓形声源的指向性图

图 1.9.3 中,沿半径每格为 10dB,角度间隔为 30°,可以看出,弓形声源的指向角随着频率的升高而变窄,而且维持一定宽度。这一点有时正是所需的。从这个图还可以得

到启示:影响和改变线阵列的指向性,不仅与箱体结构、单元排列有关,还与阵列形式有关。

1.9.2 弓形声源的轴向声压特性

弓形声源的轴向声压特性,其表示方式与直线声源表示方法类似。图1.9.4是弓形声源的几何结构,半径 R 的张角为 θ。在距离 x 处弓形声源的声压为

$$p_A(x) = \int_{-\frac{\theta}{2}}^{\frac{\theta}{2}} \frac{A(\phi)\,\mathrm{e}^{-\mathrm{j}[kr_A(x,\phi)+\varphi(\phi)]}}{r_A(x,\phi)} R\mathrm{d}\phi$$

从图1.9.4所示图形的几何图形关系可得出

$$r_A(x,\phi) = \sqrt{[x+R(1-\cos\phi)]^2 + R^2\sin^2\phi}$$

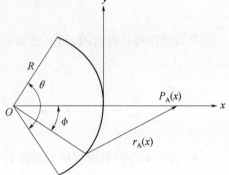

图1.9.4 对于轴向声压特性
弓形声源的几何结构

将不同距离的声压描述出来,得到图1.9.5。图1.9.5表示的是相同长度的直线声源与弓形声源的声压响应的比较,频率为4kHz,弓形声源角度为45°,直径为4m;直线声源长度等于弓形声源长度,为3.14m。尽管弓形声源角为30°,但是其轴向响应与直线声源相比,在近场曲线更为平滑一些。从变化起伏较小来看,弓形声源有一定优势。

与直线声源类似,弓形声源的声压响应也随弓形长度和频率而改变。图1.9.6显示的是3个不同长度弓形声源的轴向响应,相应弓形声源的长度近似等于1m、2m和4m。曲线间间隔为10dB~20dB,频率为8kHz。当保持半径不变(4m),改变长度,其相应角度也发生变化。

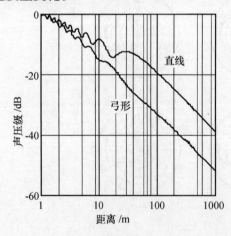

图1.9.5 弓形声源和直线声源的轴向声压特性

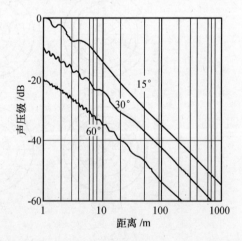

图1.9.6 3个弓形声源($\theta=15°$、30°和60°)
在 $R=4$m 的轴向声压响应

从这组曲线不难理解,角度越大,曲线越平滑。

图1.9.7表示弓形声源在不同频率下的声压响应,弓形声源长度近似为2m。2kHz～8kHz曲线的间隔为10dB～20dB。值得注意的是,弓形声源与直线声源相比,在不同长度、不同频率时,从近场到远场响应转换是比较平滑的。

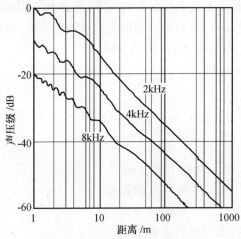

图1.9.7　弓形声源在不同频率的
轴向频率响应($\theta = 30°$, $R = 4m$)

1.10　J形声源和J形线阵列

在实际使用中还有一种J形扬声器线阵列。图1.10.1是笔者主持设计的一种J形线阵列。这里仍然从J形声源开始分析研究,首先分析它有什么优点与不足。J形声源可以看成是弓形声源和直线声源的合成。通常它是由一段直线声源和一段弓形声源构成,以期得到较满意的极坐标指向性图。而弓形部分主要覆盖声源的下部和前部,同时会在垂直面产生不对称的极坐标响应。

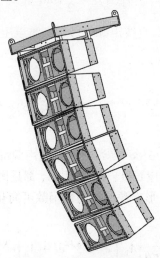

图1.10.1　J形扬声器线阵列

1.10.1　J形声源的极坐标响应

J形声源的指向性函数是由直线性声源和弓形声源指向性函数组合而成。图1.10.2是J形声源的几何结构,其中 L 是直线部分的长度,而 R 和 θ 则取决于弓形声源。这里假设弓形部分与直线部分连接良好,弓形声源的交点连线与直线声源相互垂直。

假设线性部分的中心点不变,则线性部分在远场辐射的偏轴 α 角的声压为

$$p_{\mathrm{L}}(\alpha) = \frac{1}{r}\int_{-\frac{L}{2}}^{\frac{L}{2}} A_{\mathrm{L}}(l)\,\mathrm{e}^{-\mathrm{j}[\,kr_{\mathrm{L}}(\alpha,l)+\phi_{\mathrm{L}}(l)\,]}\mathrm{d}l$$

根据前面线声源图1.3.3,可得 $r_{\mathrm{L}} = l\sin\alpha$。

这里 $A_{\mathrm{L}}(l)$、$\phi_{\mathrm{L}}(l)$ 为直线声源部分的振幅和相位函数。现在必须将弓形声源部分 $\theta/2$ 与水平面对应。改变积分项,则弓形声源在远场的辐射声压为

$$p_{\mathrm{A}}(\alpha) = \frac{1}{r}\int_{0}^{\theta} A_{\mathrm{A}}(\phi)\,\mathrm{e}^{-\mathrm{j}[\,kr_{\mathrm{A}}(\alpha,\phi)\,]}R\mathrm{d}\phi$$

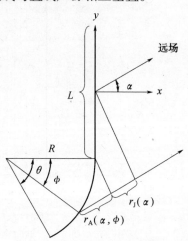

图1.10.2　J形声源的几何结构

式中,$A_{\mathrm{A}}(\phi)$、为弓形声源的振幅。根据上节对弓形声源的描述,有

$$r_{\mathrm{A}}(\alpha,\phi) = 2R\sin\left(\frac{\phi}{2}\right)\sin\left(\frac{\phi}{2}+\alpha\right)$$

这里是想求出直线声源部分和弓形声源部分辐射声压之和,并要求注意到它们之间距离不同。参看图1.10.2,可得

$$r_{\mathrm{J}}(\alpha) = \frac{L}{2}\sin\alpha$$

J形声源在远场的辐射声压,直线声源与弓形声源声压之和为

$$p_{\mathrm{J}}(\alpha) = p_{\mathrm{L}}(\alpha) + p_{\mathrm{A}}(\alpha)$$

$$= \frac{1}{r}\Big[\int_{-\frac{L}{2}}^{\frac{L}{2}} A_{\mathrm{L}}(l)\,\mathrm{e}^{-\mathrm{j}[\,kr_{\mathrm{L}}(\alpha,l)+\phi_{\mathrm{L}}(l)\,]}\mathrm{d}l + \int_{0}^{\theta} A_{\mathrm{A}}(\phi)\,\mathrm{e}^{-\mathrm{j}[\,kr_{\mathrm{A}}(\alpha,L)+r_{\mathrm{J}}(\alpha)+\varphi_{\mathrm{A}}(\phi)\,]}\mathrm{d}\phi\Big]$$

式中:$\varphi_{\mathrm{A}}(\phi)$ 为相位函数。假设弓形声源部分和直线声源部分单位长度都是相同的,而相位为零,使相应声强度对应于相应长度。取 A_{L} 和 A_{A} 都是固定振幅,相应于线性和弓形声源部分的单位长度,分别列式,J形声源的指向性函数可简化为

$$R_{\mathrm{J}}(\alpha) = \frac{1}{A_{\mathrm{L}}L + A_{\mathrm{A}}R\theta}\left| A_{\mathrm{L}}\int_{-\frac{L}{2}}^{\frac{L}{2}}\mathrm{e}^{-\mathrm{j}kr_{\mathrm{L}}(\alpha,l)}\mathrm{d}l + A_{\mathrm{A}}\int_{0}^{\theta}\mathrm{e}^{-\mathrm{j}k[\,r_{\mathrm{A}}(\alpha,\phi)+r_{\mathrm{J}}(\phi)\,]}R\mathrm{d}\phi\right|$$

指向性函数为某点声压与声压最大值之比。弓形声源、线性声源和由同样结构组成

的 J 形声源的极坐标指向性图如图 1.10.3 所示,径向每格为 10dB,角度每格为 30°。由图 1.10.3 可见,线性声源部分的极坐标指向图是一个长波瓣,而弓形声源部分的极坐标指向图角度较宽,并朝下辐射。而 J 形声源的响应则是两者的组合。

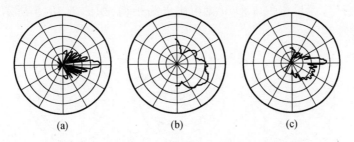

(a)   (b)   (c)

图 1.10.3   线性声源、弓形声源、J 形声源极坐标响应图

(a) 线性声源;(b) 弓形声源;(c) J 形声源

由图形和公式可知,J 形声源的极坐标响应与下列因素有关:线性声源部分的长度;弓形声源部分的半径和夹角;两组声源的相对振幅;频率。图 1.10.4 是一种 J 形声源的极坐标响应,其中线性声源长为 2m,弓形声源半径为 1m、角度为 60°,单位长度有相同的振幅,径向每格为 10dB,角度每格为 30°。由此极坐标指向图可见,J 形声源的直线部分对响应起主要支配作用,它产生很窄的波束,特别是在高频。而弓形声源部分则改变了线性声源部分高增益的平衡。

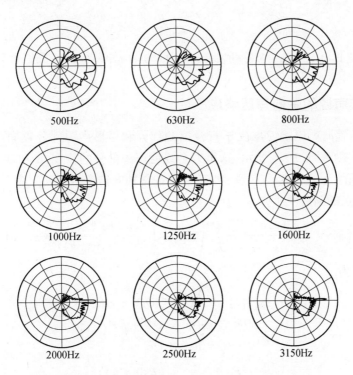

500Hz   630Hz   800Hz

1000Hz   1250Hz   1600Hz

2000Hz   2500Hz   3150Hz

图 1.10.4   J 形声源的响应曲线 $(L=2\text{m}, R=1\text{m}, \theta=60°, A_\text{L}=1, A_\text{A}=1)$

更多的改进方法会产生更为平衡的响应。其中一个办法是减小线性声源部分的长度,使增益减小。第二种办法是相对 A_L 增加 A_A。例如,J 形声源可有 1m 长的直线部分(对应的是以前的例子中长度为 2m),设定 $A_A=2A_L$(代替 $A_A=A_L$)。这种修正后的 J 形声源的极坐标响应,与过去的 J 形声源相比更为平衡,如图 1.10.5 所示,径向每格为 10dB,角度每格为 30°。

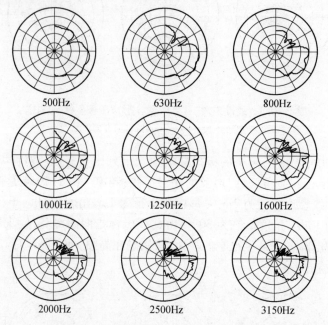

图 1.10.5　J 形声源的响应曲线($L=2\mathrm{m}, R=1\mathrm{m}, \theta=60°, A_L=1, A_A=2$)

1.10.2　J 形声源的轴向声压响应

J 形声源的轴向声压响应取决于直线声源部分和弓形声源部分轴向声压响应的组合。其几何结构如图 1.10.6 所示,这里 L 是线性声源部分的长度,R 和 θ 是弓形声源部分的半径和张角。从此图可注意到弓形声源末端是轴向响应的起点。基于这样的几何位置,J 形声源 P 点的辐射声压为

$$p_{\mathrm{J}}(x) = \int_0^L \frac{A_L(l)\,\mathrm{e}^{-\mathrm{j}[k_L(x,l)+\varphi_L(l)]}\mathrm{d}l}{r_L(x,l)} + \int_0^\theta \frac{A_A(\phi)\,\mathrm{e}^{-\mathrm{j}[kr_A(x,\phi)+\varphi(\phi)]}}{r_A(x,\phi)}R\mathrm{d}\phi$$

求式中 $r_L(x,l)$ 为

$$r_L(x,l) = PE = \sqrt{OP^2 + OE^2}$$
$$OP = x, OE = OD + DE$$
$$OD = R\sin\theta, DE = l$$
$$r_L(x,l) = \sqrt{x^2 + (R\sin\theta + l)^2}$$
$$r_A(x,\phi) = PB = \sqrt{AP^2 + AB^2}$$
$$AP = PO + OA$$

40

$$PO = x, OA = FD - FC = R - R\cos\phi$$

$$AB = AC - BC = R\sin\theta - R\sin\phi$$

$$r_A(x,\phi) = \sqrt{[x + R(1 - \cos\phi)]^2 + R^2(\sin\theta - \sin\phi)^2}$$

图 1.10.7 是相同长度的线性声源与 J 形声源轴向声压响应的比较。在这里 $A_A(\phi)$ = A。J 形声源的响应主要取决于直线声源部分,在近场出观的起伏与线性声源非常类似。若将 J 形声源的孔隙按等长度线性声源比例缩小,则远场距离范围会变短。可见,J 形声源在近场向远场转换得比较平滑。

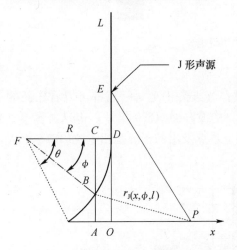

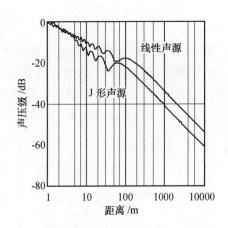

图 1.10.6　J 形声源轴向声压响应的几何结构　　　　图 1.10.7　4m 的线性声源与 J 形声源
在 2kHz 处的轴向声压响应比较
$(L=2\text{m}, R=2\text{m}, \theta=60°, A_L=1, A_A=1)$

总的看来,J 形声源是直线声源和弓形声源的优势互补。对远距离直线声源投射好,对近距离弓形声源覆盖较好。

1.11　波阵面修正技术

1.11.1　波阵面修正技术的提出

波正面修正技术是 Marcel Urban 等提出的,是对线阵列扬声器系统的一种理论分析和方法。一般提到的线声源分析,线声源指的都是连续的,而实际线阵列扬声器系统却是不连续的,每个声源都以一定间隔在辐射。按目前的电动式扬声器结构、箱体结构等的形式,存在这种间隔几乎是不可避免的。法国的 Marcel Urban 等在过去研究的基础上,采用数学分析和方法,在菲涅耳分析的基础上进一步研究,因而对分离声源阵列的实际状况有了更深入的理解。通过这些分析,可以将分离的线阵列近似看成一个连续的阵列。

菲涅耳分析是光学理论。从光的衍射现象开始,提出惠更斯—菲涅耳原理。图 1.11.1 为光的衍射现象。光通过障碍物,会出现相交的条纹。

（1）光的衍射现象。当障碍物的线度接近光的波长,衍射现象尤其显著。$a <$ 0.1mm。

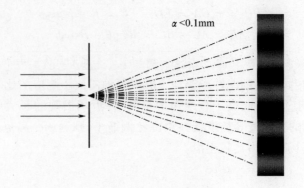

图 1.11.1　光的衍射现象

图 1.11.2 是惠更斯—菲涅耳原理示意图。

（2）惠更斯—菲涅耳原理。惠更斯曾经过："光波阵面上每一点都可以看作新的子波源,以后任意时刻,这些子波的包迹就是该时刻的波阵面(1690 年)"。但这解释不了光强分布! 之后菲涅耳又补充道:"从同一波阵面上各点发出的子波是相干波(1818 年)"。

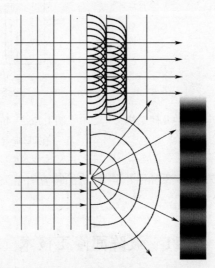

图 1.11.2　惠更斯—菲涅耳原理示意

图 1.11.3 是菲涅耳衍射和夫琅禾费衍射示意图。

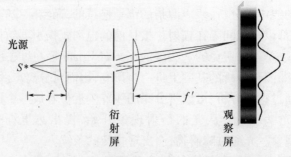

图 1.11.3　菲涅耳衍射和夫琅禾费衍射示意图

（3）菲涅耳衍射和夫琅禾费衍射。当 $\begin{Bmatrix} r \to \infty \\ R \to \infty \end{Bmatrix}$ 为夫琅禾费衍射，否则为菲涅耳衍射。

将光学理论引入线阵列扬声器系统分析是一个创举，使线阵列扬声器系统的探讨多了一把钥匙。由于光和声从本质上讲都是一种波动，借用不无道理。但目前多是定性分析或半定量分析。

1.11.2　菲涅耳方法用于连续线声源

用菲涅耳方法用于连续线声源是一种类比的方法。在一个观察点看线声源，正好与菲涅耳方法形式相同，视角相反。图 1.11.4 是观察线声源的情形。

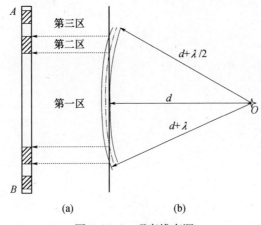

图 1.11.4　观察线声源

（a）正面；（b）侧面。

以观察点 O 为中心，辐射半径以 $\lambda/2$ 增加。在线声源 AB 形成菲涅耳区域的模式。或者说用这种菲涅耳区域的模式来代表有间隔的线声源。

观察点在侧面的情形如图 1.11.5 所示。

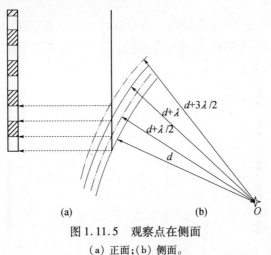

图 1.11.5　观察点在侧面

（a）正面；（b）侧面。

观察点在侧面是不占优势的区域，非优势区域辐射很小。观察点的第一半径等于线声源的切线距离。

从图1.11.4中可以看出,在第一区域辐射最强。而在其他区域距离相近而相位不同,有部分抵消。线声源的辐射相当于第一区域的辐射。

在图1.11.4、图1.11.5表现的菲涅耳现象是限于单个频率。此效应随频率和同轴聆听位置的关系如图1.11.6所示。上部为改变频率的图形。当频率降低,则位于线声源第一优势区域菲涅耳区域尺寸加大,相反频率增加,则位于线声源第一优势区域尺寸减小。

图1.11.6下部为改变聆听位置的图形。如果保持频率不变,如将聆听位置靠近阵列,则位于线声源内的第一优势区域的曲率增加,如将聆听位置远离阵列,则第一优势区域全在线声源之内。

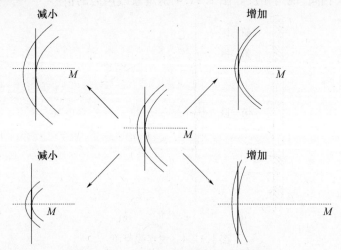

图1.11.6 改变频率和聆听位置的效应

1.11.3 线声源的不连续效应

实际的线阵列扬声器系统是由若干扬声器箱垂直安装而成,由于箱体板厚度等原因,这些扬声器间是有间距的。

这里提出一个方法:将不连续的线声源分解成两个虚拟声源,如图1.11.7所示。尺寸为D的声源彼此有间隔STEP组成一个实际阵列(左),可以等效为分裂的栅格,再加上一连续的理想线声源(右)。

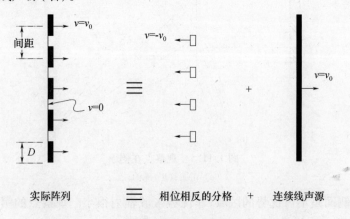

图1.11.7 不连续线声源分解成两个虚拟声源示意图

分析时假定扬声器辐射平面波。

1.11.4 栅格的声压级角

栅格产生的声压级大小与箱体厚度成一定比例。图1.11.8表示给定方向、给定频率的栅格的效应。

对于远的观察点,菲涅耳环转换不同。图1.11.8(a)为当观察角为 θ_{notch} 时,一半声源相位与另一半声源相位相反,声压抵消为零的情形。图1.11.8(b)为当移动偏向轴向时,声源相位相同,结果声压增加的情形。

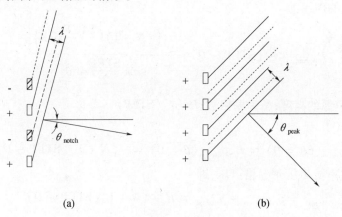

(a)   (b)

图1.11.8　给定方向、给定频率的栅格效应

栅格生成的虚拟声源干涉是不能忽略的。应用菲涅耳方法分析远观察点,在这种情况下,交叉处的栅格成为实线。考虑到干涉图是角度的函数,对于轴向($\theta=0$)所有声源具有相同相位。而在 θ_{notch},一半声源的相位与另一半声源相位相反,它们相互抵消,使声压级变小。而在 θ_{peak} 所有声源都是背向的,所以其声压级与轴向声压级同样大。

因此不连续的线阵列会产生主瓣外的副瓣,并与不连续的尺寸成一定比例。我们希望得到一个尽可能好的线声源。因此可以明白,由于栅格效应出现第二个波瓣。对于中等的峰和中等的谷可以得出下述关系,即

$$\text{STEP}\sin\theta_{peak} = \lambda, \text{STEP}\sin\theta_{notch} = \frac{\lambda}{2}$$

为了避免中等谷出现在辐射声场, $\theta_{notch} = \frac{\pi}{2}$, $\sin\theta_{notch} = 1$ 是一种选择,如此可得

$$f \leqslant \frac{1}{6\text{STEP}}$$

式中,f 为频率(kHz);STEP 为间距(m)。同时可选择

$$\text{STEP} \leqslant \frac{\lambda}{2}$$

换句话说,最大的空隙或间隔必须低于个别声源的 $\lambda/2$,这里频率是个别声源的实际带宽的最高频率,大的副波瓣可以偏离轴向。而在线阵列扬声器系统的设计中,间隔小于 $\lambda/2$,成为设计的依据之一。由此可确定工作频率的上限。

1.11.5 有效辐射系数

一个理想的线声源在远场的声压为

$$p_{\text{continuous}} \propto H \frac{\sin\left(k \dfrac{H}{2}\sin\theta\right)}{k \dfrac{H}{2}\sin\theta}$$

式中，H 为线声源长度；θ 为偏轴角度。

而栅格产生的声压为

$$P_{\text{disrupt}} \propto -(\text{STEP} - D) \frac{\sin\left|\left((N+1)k\dfrac{\text{STEP}}{2}\sin\theta\right)\right|}{\sin k \dfrac{\text{STEP}}{2}\sin\theta}$$

式中，D 为单个声源的高度；N 为栅格数；$H = N(\text{STEP})$。

在轴向（$\theta = 0$），有

$$p_{\text{continuous}}(\theta = 0) \propto H, p_{\text{disrupt}}(\theta = 0) \propto -(N+1)(\text{STEP} - D)$$

而总声压等于线声源声压 + 栅格声压，即

$$p_{\text{real}} = p_{\text{continuous}} + p_{\text{disrupt}} \propto H - (N+1)(\text{STEP} - D)$$

将 $H = N(\text{STEP})$ 代入，得

$$p_{\text{real}}(\theta = 0) \propto (N+1)D - \text{STEP}$$

在中等峰值时

$$\text{STEP}\sin\theta_{\text{peak}} = \lambda, k\frac{H}{2}\sin\theta_{\text{peak}} = \frac{2\pi}{\lambda}\frac{N\text{STEP}}{2}\frac{\lambda}{\text{STEP}} = N\pi$$

$$p_{\text{continuous}}(\theta_{\text{peak}}) = H\frac{\sin(N\pi)}{N\pi} = 0$$

$$p_{\text{real}}(\theta_{\text{peak}}) = p_{\text{disrupt}}(\theta_{\text{peak}}) = p_{\text{disrupt}}(0) = -(N+1)(\text{STEP} - D)$$

对于线阵列扬声器系统，具有一个轴向的主波瓣，再加上一个中等程度的副波瓣，应该是可以接受的。在理想情况下，连续线声源在远场产生的中等副瓣，比主波瓣低 13.5dB，此 -13.5dB 的副波瓣对辐射的影响是很小的。

因此，必须

$$\frac{p_{\text{real}}^2(\theta = \theta_{\text{peak}})}{p_{\text{real}}^2(\theta = 0)} \leqslant \frac{1}{22.4}, \left[\frac{-(N+1)(\text{STEP} - D)}{(N+1)D - \text{STEP}}\right]^2 \leqslant \frac{1}{22.4}, \frac{1 - \dfrac{D}{\text{STEP}}}{\dfrac{D}{\text{STEP}} - \dfrac{1}{N+1}} \leqslant \frac{1}{4.73}$$

定义有效辐射系数 ARF（Active Radiating Factor）为

$$\text{ARF} = \frac{D}{\text{STEP}} \quad \text{或} \quad \text{ARF} \geqslant 0.82\left[1 + \frac{1}{4.73(N+1)}\right]$$

因此当 N 加大时，为保证中等副波瓣低于主波瓣 13.5dB，ARF 应大于 82%。这就是在设计线阵列扬声器系统时，要求"阵列的各独立声源产生的波阵面表面积之和，应大于

46

填充目标表面积之和的80%"的由来,如果要求降低一点,中等副波瓣比主波瓣低 10dB,ARF 则等于 76%。

当 N 值较大时,实用的 ARF 公式可用中等副波瓣的衰减值的分贝数表示。即

$$ARF = \frac{1}{1 + 10^{-\text{Attent(dB)}/20}}$$

假设 θ_{peak} 在 0 与 $\pi/2$ 之间,我们可注意到频率与 ARF 公式没有什么关系,如果频率足够低,中等波瓣就不会产生,频率关系就会呈现到公式中。

1.11.6 第一个波阵面修正技术标准和线阵列

假设线阵列是由平面等相位声源组成,正好重新定义两个标准,必须调整到接近连续的线声源。下面两个条件称为波阵面修正技术(Wavefront Sculpture Technology,WST),或 WST 标准:各个辐射面积的总和应大于阵列结构的 80%,或此频率范围的限度是 $f < 1/6$STEP,STEP 是单个声源之间声中心的距离,低于 $\lambda/2$。此 WST 标准可进一步解释。

如果栅格宽度比较小,则 D、ARF、D/STEP 都比较大。若遇到圆形声源,ARF 的平均值为 $\pi/4 = 75\%$。因此不可能满足 WST 标准的第一条。经过详细论证,圆形声源仅有一种方法可以避免中等副波瓣,即圆形活塞直径小于 $1/6f$,或最高工作频率低于 $1/6D$。如果要求辐射高频为 16kHz,则希望圆形声源直径只有几毫米。

这说明:①对于线阵列扬声器系统,辐射高频是困难的,再加上高频信号在传播中快速衰减,8kHz 以上的高频重放是困难的;②采取有利的相应措施。其中一个解决办法:在高频部分采用矩形号筒组合,边缘直接连接。另外,还要保证辐射平面相位一致的波形。垂直号筒阵列如图 1.11.9 所示。这个辐射波呈现的涟波为 S,即图1.11.9中波前的弯曲为 S。根据菲涅耳原理,对于远场聆听点辐射波前弯曲为 S,不大于半个波长。相当于在 16kHz 时为 10mm。

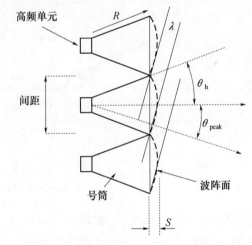

图 1.11.9 垂直排列的矩形号筒将不产生平面波

图中,θ_h 是单个号筒垂直张角的一半。聆听位置无限远,菲涅耳环切线的直线,切点在 θ_{peak} 处。当菲涅耳环间隔为 λ 时,θ_{peak} 意味着 SPL 达到峰值。

从图 1.11.9 中可以看到切线的波前、切线之间的间隔为 λ,在 θ_{peak} 处 SPL 最大。如果 θ_h 是单个号筒垂直张角的一半,则没有在此点生成切线的可能性。

如果 $\theta_{peak} > \theta_h$ 或 $\sin\theta_{peak} > \sin\theta_h$,由 1.11.4 节可知

$$\sin\theta_{peak} = \frac{\lambda}{\text{STEP}}$$

参照图 1.11.9 可得出

$$\sin\theta_h = \frac{\frac{STEP}{2}}{R} = \frac{STEP}{2R}$$

式中,R 是波阵面辐射的半径,则

$$\frac{\lambda}{STEP} > \frac{STEP}{2R} \rightarrow \frac{STEP^2}{2R} < \lambda$$

对于波前,弯曲 $S = STEP^2/8R$,根据以上两式,有

$$S < \frac{\lambda}{4}$$

图 1.11.10 显示了线声源和线阵列 SPL 计算值同频率、距离的关系,线阵列有 30 个号筒,每个号筒高 0.15m,相互产生的曲面波阵面为 0.3m。

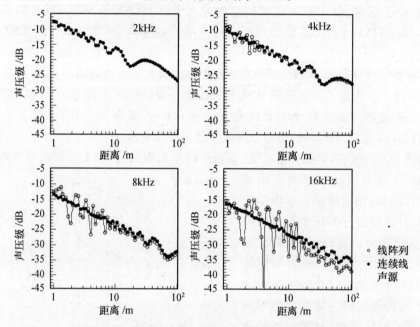

图 1.11.10　30 只垂直阵列号筒扬声器(总高 4.5m,波阵面曲率 $S = 10$mm)
声压级和距离的关系

线声源同线阵列相比较,在 2kHz ~ 4kHz 线阵列同线声源还是比较接近的。从 8kHz 开始,随着频率的增加,线阵列曲线出现了混乱。在 16kHz 从 10m ~ 100m 约有 4dB 的损失。

图 1.11.11 显示了连续线声源与同等线阵列在垂直截面声压级与波束宽度、频率关系的相互比较,可以看到在近场(20m)8kHz,线阵列会呈现二次强峰,出现较强的副波瓣,在 16kHz 则副波瓣更加严重。

因此必须将这些峰减少,调节波阵面到一半($S < 5$mm),使线阵列类似于线声源。实际上,在图 1.11.11 看到的是波瓣观察数据,在图 1.11.10 看到的是轴向观察数据。

距离 30 只号筒扬声器垂直阵列(总高 4.5m,波阵面曲率 $S = 10$mm)20m 处,声压级

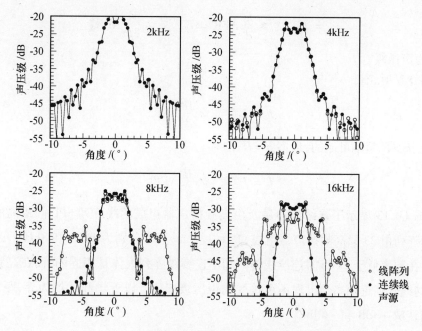

图 1.11.11　连续线声源与同等线阵列在垂直截面声压
级与波束宽度、频率关系的相互比较

垂直分布,计算频率分别为 2kHz、4kHz、8kHz、16kHz。横坐标为垂直轴向上、下角度,再一次说明线阵列扬声器系统高频重放上限到 8kHz 是一个界限。

1.11.7　平面线阵列的辐射声场

　　下面讨论线阵列系统在近场(类似圆柱波)、在远场(类似球面被)的状况,并用菲涅耳原理分析两种距离之间的状况。通常线阵列由 N 个分离的单元组成,在给定频率工作,观察点在主轴辐射方向,如图 1.11.12 所示。

　　第一个菲涅耳圈高为 h。这个高度随距离 d 增加,直到 $h = H$。在更远的距离,辐射功率不会再增加。移动观察点,使线阵列中在最佳区域的声源数 N_{eff} 增加,直到最大值($h = H$)。当移至更远距离,声源数不再增加。总的声压 p_{eff} 可写成

$$p_{eff} \propto \frac{N_{eff}}{d} ARF \times STEP$$

在 $H = h$ 时,利用弦的几何关系可求出

$$N_{eff} STEP = h = \sqrt{4\lambda \left(d + \frac{\lambda}{4} \right)}$$

对于 $\lambda \ll d$,两个简化公式可派生出声压级(SPL)同尺寸 h 的关系。当 $h < H$ 时,有

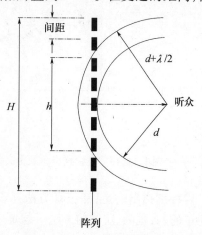

图 1.11.12　辐射与距离的函数

49

$$I = I_{\text{flat}}^{\text{nearfield}} \propto \frac{h^2}{d^2}\text{AFR}^2 \Rightarrow I_{\text{flat}}^{\text{nearfield}} \propto \frac{4}{3fd}\text{AFR}^2$$

式中,I 为声压级。

当 $h > H$ 时,有

$$I = I_{\text{flat}}^{\text{nearfield}} \propto \frac{H^2}{d^2}\text{AFR}^2$$

但是 $h > H$ 是不可能的,最多 $h = H$,即有

$$I = I_{\text{flat}}^{\text{nearfield}} \propto \frac{H^2}{d^2}\text{AFR}^2$$

图 1.11.13 显示了连续线声源及由高频扬声器组成的线阵列 SPL 同距离的函数关系,此线阵列由 23 只高频扬声器组成,高为 1.76m,频率分别为 1kHz 和 8kHz。从图中可以看到,在频率低于 2kHz 时连续线阵列和不连续线阵列大体是相同的,而在高频时对于不连续的线阵列近距离会出现不可接受的声压级起伏。以近场和远场为界,距离增加 1 倍,分别衰减 −3dB 和 −6dB。

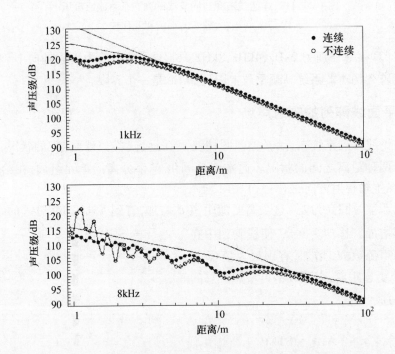

图 1.11.13 连续线声源及由高频扬声器组成的线阵列 SPL 同距离的函数关系

需特别指出的是,菲涅耳方法并没有给出一个关于 SPL 精确的函数关系,但它是一个简单的、直觉的、定性的方法。这是一个理解物理概念的方法。

1.12 线阵列扬声器系统与语言清晰度

1.12.1 语言清晰度的基本概念

随着线阵列扬声器系统在厅堂扩声系统的应用,人们从实践和理论上逐步认识到,线阵列扬声器系统能改善和提高厅堂扩声系统的语言清晰度。对于大空间、长混响的厅堂,如体育馆、候机厅、大报告厅、教堂、车站等,扩声系统的清晰度具有重要的意义。

最早的语言清晰度研究,是 1978 年由荷兰声学家 V. M. A. Peutz 首先提出的。经过10 年的研究,提出了语言辅音清晰度损失率的概念,作为可懂度的单项指标。

例如,$D_2 \leqslant D_L$,且 $D_L = 3.16D_C$,语言辅音清晰度损失率的公式为

$$AL = \frac{200D_2^2 \cdot T^2 \cdot n}{V \cdot Q \cdot M} + \alpha \qquad (1.12.1)$$

式中,D_2 为扬声器到最远听众的距离(m);

D_C 为临界距离(从声源到直达声强等于混响声强的距离)(m);

D_L 为扬声器到听众的极限距离(m);

AL 为语言辅音清晰度损失率(%);

T 为混响时间(s);

n 为声源功率比(若所有声源功率相同,则为声源数);

V 为房间体积(m^3);

Q 为指向性因数(在自由场条件下,在某一给定频率或频带,在指定的参考轴上选定的测试点处所测得的扬声器声强与在同一测试点处测得的点声源声强之比);

M 为临界距离修正值,通常取 1;

α 为与听力有关的系数,听力良好者为 0,一般为 1.5% ~ 12.5%(清晰度显然与听力有关)。

为了寻找与清晰度高度相关的客观参数,又提出采用调制转移函数(Modulation Transfer Function,MTF)在房间里由传递干扰中的失真(调制因子的降低)来表达清晰度损失的情况,通过 MTF 导出语言传递函数(Speech Transmission Index,STI)与清晰度相关的参数。

另外,还有快速语言传输指数(Rapid Speech Transmission Index,RASTI)用中心频率500Hz 和 2000Hz 倍频带内 9 个调制指数计算得到语言传递函数。

STIPA(STI for Public Address Systems)扩声系统语言传输指数是语言传输指数的简化形式,适用于评价包括扩声系统房间声学的语言传输质量。

现在已证明 STI、RASTI 与 AL 高度相关。

$$RASTI = 0.9482 - 0.1485 \times \ln AL \qquad (1.12.2)$$

$$STI = \frac{\ln\left(\dfrac{AL}{170.54}\right)}{-5.42} \qquad (1.12.3)$$

由此可证明 RASTI 越高,AL 值越小,语言清晰度就越高。

当 RASTI > 0.60,则 AL < 6.6%,有相当好的清晰度。

当 RASTI > 0.50,则 AL < 11.4%,有较好的清晰度。

当 $RASTI > 0.45$,则 $AL < 15\%$,是工作下限的清晰度。

1.12.2　线阵列扬声器系统对语言清晰度的改进

由上述分析可以看出,要保证庭堂扩声系统有很高的语言清晰度,就要降低 AL 值,要降低 AL 值可以从建声、电声两方面着手。从建声常识和 AL 公式可以看出,要降低 AL 值,就要减小房间的混响时间。从电声方面看,AL 公式有一 n 值, n 为声源功率比,当功率相同时可认为是声源数。对于线阵列扬声器系统, $n = 2$,是小的。

在线阵列扬声器系统出现以前,对一个体育馆而言,不论是集中扩声还是分散扩声, n 通常都大于2,从这个角度讲,线阵列扬声器系统出现就为提高语言清晰度做出了贡献。

另外也可以看出,在厅堂内设置过多的音箱,不经意中会带来一个严重的缺点,就是使语言清晰度下降。只要留意,这在扩声系统现场使用中完全可以感受出来。而线阵列扬声器系统的 Q 值远大于点声源的 Q 值,而且阵列中音箱数量越多, Q 值越高。

从这两点看线阵列扬声器系统,对提高厅堂扩声系统的语言清晰度是极为有利的,而且是顺理成章的。

1.13　可控指向性声柱

1.13.1　可控指向性声柱的兴起和发展

线阵列扬声器系统目前得到广泛的发展。各国生产专业扩声类扬声器的公司,几乎毫无例外地生产不同型号的线阵列扬声器系统。尽管各有不同的解读,但总体都在推动线阵列技术的发展。

与此同时,一种可控指向性声柱悄然登台,它以靓丽的外观、修长的外形、独特的性能引起了人们的注意。这种声柱特别适合具有长混响时间和空间的扩声,如教堂、会议室、候机厅、车站等,也有用于多功能厅。语音清晰是一个很大的优点。

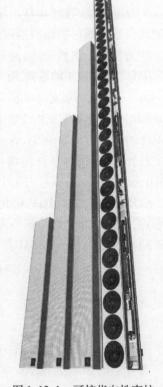

图 1.13.1 是一组这样的指向性声柱。从线阵列扬声器系统的发展历程看,声柱是其中的一个段落。声柱亦可以看成是一个线性声源,最早被人们研究。其中,奥尔森研究了线性声源、利用相移方法的声束偏转、楔形线声源、不均匀分布的线声源、端射式线声源、超指向性声源。这些都是当今可控指向性声柱研究开发的理论基础。曹水轩教授、沙家正教授、徐伯龄教授也对声柱研究做出了贡献。特别是沙家正教授20多年前的研究,预先指出线阵列的许多问题,如现在提到的柱面波和球面波问题、分界距离问题,沙家正教授皆有所涉及。令人惊叹的是,对于这些问题,中国音响界经过一个过程,认识才趋近统一。

2000 年以后,可控指向性声柱出现。这是因为,尽

图 1.13.1　可控指向性声柱

管线阵列扬声器系统垂直指向角小,适合大功率、大面积传输,安装调试也比较方便。但相对而言体积较大、外形特殊,在一些场合就不太适用,如在教堂、会议厅、候机厅等,其风格很难与建筑风格协调,只能将扩声系统融入建筑之中。由于可控指向性声柱体形细长,外部可涂以不同颜色,可不显山露水般地摆放。用于教堂、会议厅、候机厅、地铁、购物场等场合相当适合;也可用于演艺场所。与线阵列扬声器系统各得其所。

图 1.13.2 是笔者在法兰克福一座教堂内,拍下的指向性声柱照片。

可控指向性声柱一方面继承了传统声柱用扬声器保证声柱的音质,用物理、声学的方法改变其指向性;另一方面又采用了电子的方法,即用 DSP(数字信号处理)、内置放大器来改善声柱的指向性和性能。当然这在于技术人员打开了新思路,也得益于电子技术(D类放大器、DSP)的发展与掌握。

这种声柱是双管齐下,两种方法优势互补、相得益彰。因此,这种声柱受到欢迎,又有相当大的发展前途。

1.13.2 可控指向性声柱的理论与技术基础

下面几小节分析可控指向性声柱的理论与技术基础。指向性声柱外形接近于线声源,如图1.13.3所示,它要比线阵列扬声器系统更接近线声源。

图 1.13.2 法兰克福教堂的指向性声柱

图 1.13.3 可控指向性声柱

1.13.3 声柱的基本性能

声柱是由多个同相工作的扬声器按一定结构组成(排成曲线、直线等),并与相关附件构成一个系统等。声柱的工作原理如图1.13.4所示。

图 1.13.4 是声柱在垂直平面的工作原理。在轴向,声压叠加,偏轴方向声压抵消,在垂直平面形成一个波束,这正是所希望的。而在水平面的指向性与单只扬声器大体相同。

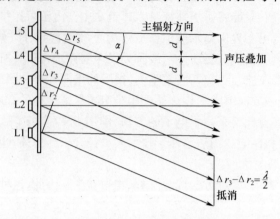

图 1.13.4　声柱的工作原理

声柱的优点是结构简单、效率较高、功率易于控制、频率范围满足一般要求,指向性较好。但声柱也有一些不足和缺陷。

对声柱的性能已有一些深入的研究,了解到各相关参数之间的关系。

(1) 指向性与频率有关。

(2) 声柱较长时,在特定的距离处,会产生高频衰减。这是由于两端扬声器和中部扬声器干涉造成的。

(3) 指向性图不但有主波瓣,而且还有副波瓣。而副波瓣往往是对扩声是有害的。

(4) 经研究,声柱的谐振频率不仅与组成扬声器的谐振频率有关,还与扬声器单元数 N 有关,大约每增加一个单元,系统谐振频率会增加几赫兹。

一方面,声柱的谐振频率关乎声柱的低频重放,而声柱的谐振频率与声柱中扬声器数目有关,另一方面,声柱中扬声器数目又与声柱的长度成正比。因此,可以说声柱长度制约了声柱的低频重放。

(5) 扬声器中心距离越近,越接近线声源。

1.13.4　利用相移方法的声束偏转

在可控指向性声柱使用中,希望波束产生一个偏转角度,如图 1.13.5 所示。在实际使用中,指向性声柱是与墙平行悬挂的。希望波束下倾指向观众,而利用相移法可使声束偏转。

当一列排列整齐的士兵转弯时,靠内的士兵慢转、靠外的士兵快转,中间士兵的速度介于两者之间。一列士兵便可成扇形整齐地转过来。

一个线声源亦可以用这种原理使波束偏转。速度快慢可以在声源中引入延迟装置。这种结构的一例如图 1.13.6 所示。图中,x 为距离(cm)。

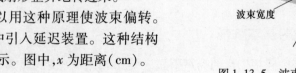

图 1.13.5　波束偏转

$$x = ct \qquad (1.13.1)$$

式中,c 为声速(cm/s);t 为延时(s)。

偏转角度为

$$\theta = \arcsin \frac{x}{d} \qquad (1.13.2)$$

式中,d 为单元间距离。

指向性声柱实际使用的状况如图 1.13.7 所示。这时偏转角可表达为

$$\theta_0 = \arctan\left[\frac{(z_c - z_{li})}{D_2}\right] \qquad (1.13.3)$$

式中,θ_0 为偏转角;z_c 为声柱高度;z_{li} 为聆听面高度;D_2 为焦点与声柱平面距离。

不难看出式(1.13.2)、式(1.13.3)等同。

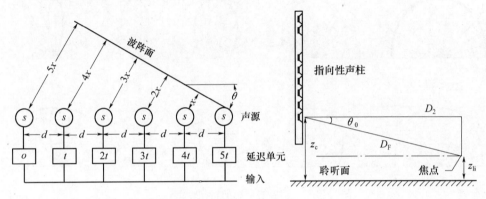

图 1.13.6　波束偏转系统　　　　图 1.13.7　使用中的指向性声柱

1.13.5　减少副波瓣的理论基础

从线性声源指向性图中可以看出,指向性图有主波瓣和副波瓣。一般来讲,总希望减少副波瓣,避免主投方向以外的各个方向的反射。

理论研究表明,有一种楔形线声源,其副波瓣最小。所谓楔形线声源,是各部分同相振动,但其强度从中央的给定数值作线性变化到两端为零。其指向特性为

$$R_\alpha = \frac{\sin^2\left(\dfrac{\pi l}{2\lambda}\sin\alpha\right)}{\left(\dfrac{\pi l}{2\lambda}\sin\alpha\right)^2} \qquad (1.13.4)$$

式中,R_α 为 α 方向声压和 $\alpha = 0$ 方向声压的比值($\alpha = 0$ 方向垂直于线声源);l 为线声源长度(cm);λ 为波长(cm)。

图 1.13.8 是这种楔形线声源的指向特性。

由此理论可知,现存的可控指向性声柱大多属于楔形线声源,目的是减少副波瓣。而达到楔形线声源有 4 种办法:

(1)覆盖法。参见图 1.2.5(b),采用尖劈形吸声材料。对两端扬声器强烈吸收,造成近似楔形线声源模式。

(2)旋转法。参见图 1.2.5(c),两端的扬声器旋转一个角度。相对于正面来说,相当于两端扬声器辐射衰减。

（3）分布法。如图1.13.3所示，在一端的扬声器分布，越靠端点越疏。降低了端部的辐射。近似形成楔形线声源。

（4）DSP法。用DSP方法，更容易均匀调节，中部扬声器辐射最强，到端部逐渐减小。

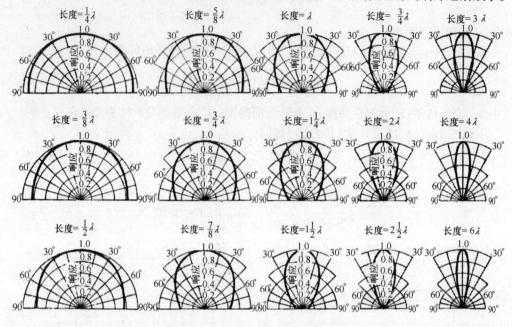

图 1.13.8　楔形线声源的指向性图

1.13.6　控制阵列的高度

分析证明，声控的长度限制声柱的低频重放。声柱的辐射功率增加，要求有更多的扬声器单元，声柱也就变得更长。但这样声柱谐振频率变高，声柱低频特性变差。沙家政教授具体研究了 $\phi165mm$ 扬声器组成的声柱，求出扬声器单元数与谐振频率的关系，如图1.13.9所示。

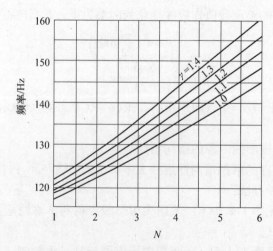

图 1.13.9　声柱谐振频率与扬声器单元数 N 的关系（γ 为质量定压热容与质量定容热容的比值）

由图可见,随着 N 的增加,声柱谐振频率也增加。可控指向性声柱每一个扬声器通道有一个放大器和 DSP。利用 DSP 中的滤波器对声柱两端扬声器高频衰减,这就相当于减少了声柱的长度。

1.13.7 声柱中扬声器的间距

依照惯性思维,声柱都是等间距的。但早在 1979 年,沙家正教授提出一种不等间隔的声柱概念,用于分析阶梯形声柱,如图 1.13.10 所示。现在看到 AXYS 公司、BOSCH 公司也采用不等间隔声柱,已距沙家正教授文章发表 20 余年。

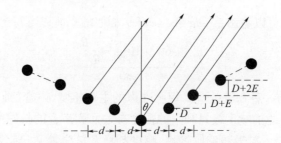

图 1.13.10 不等间隔阶梯形声柱

根据理论分析和实验结果,不等间隔阶梯形声柱有以下优点:

(1)能改善高频指向性在 0°附近的凹谷,因而可以在比较宽的频带内得到恒定的指向性。

(2)频率响应特性得到改善。

(3)可以抑制指向性副瓣。

1.13.8 用指向性声柱降低厅堂内的有效混响时间

指向性声柱可降低厅堂内的有效混响时间。因为这种指向性声柱有很强的垂直指向性,主声束指向听众区,加强直达声,减少了房间的声强比。声强比是在室内某点的混响声强与直达声强之比,直达声加强,声强比减少。对于一个固定的房间,混响时间是固定的,但是由于直达声加强,有效混响时间则可缩短。可简单分析如下:

在室内扩散声场,达到观众区某点的声能密度为

$$\varepsilon = \varepsilon_1 + \varepsilon_2$$

式中,ε 为总声能密度;ε_1 为直达声能密度;ε_2 为混响声能密度。

$$R = \frac{\varepsilon_2}{\varepsilon_1} = \frac{混响声能密度}{直达声能密度}$$

$\varepsilon_0 = 2.94 \times 10^{-15} \mathrm{J/m^3}$,为闻阈声能密度,可知

$$\varepsilon = \varepsilon_1(1 + R) = \varepsilon_2 \frac{1 + R}{R} \qquad (1.13.5)$$

用声级表示式(1.13.5),两边除 ε_0 取对数,则

$$10\lg \frac{\varepsilon}{\varepsilon_0} = 10\lg \frac{\varepsilon_2}{\varepsilon_0} + 10\lg \frac{1 + R}{R} \qquad (1.13.6)$$

可以调节声柱的声功率,使稳态的声级超过闻阈的声级 60dB,即

$$10\lg \frac{\varepsilon}{\varepsilon_0} = 60\mathrm{dB} \qquad (1.13.7)$$

断开声源,如果直达声不占主要成分,则厅内混响时间为 T。如果直达声占主要成分,当直达声消失时,$\varepsilon_1 = 0$,总声能密度突然降到 ε_2,则室内相对声能密度降到 $10\lg\dfrac{\varepsilon_2}{\varepsilon_0}$。根据式(1.13.6)、式(1.13.7),有

$$10\lg\frac{\varepsilon_2}{\varepsilon_0} = 60 - 10\lg\frac{1+R}{R} \tag{1.13.8}$$

混响时间变化如图 1.13.11 所示。声能密度沿 $abcf$ 先跳跃下降,再斜线下降,此混响时间为 T',是到达听众区的混响时间。这个时间小于厅堂的混响时间 T,这从图 1.13.11 中可以看出。

从图 1.13.11 也可以看出 $\triangle bdg$ 和 $\triangle cdf$ 是相似的。所以可得出

$$\frac{T'}{T} = \frac{60 - 10\lg\dfrac{1+R}{R}}{60} \tag{1.13.9}$$

研究表明,人耳有一种积分效应。短脉冲声的主观感觉,声音(纯音或噪声)的延续时间在0.2s以上,主观感觉的响度级只和它的强度有关而和声音的长短无关。响度不但和强度有关,也和长短有关。对极短的脉冲声,响度和声音的总能量(强度×时间长度)有关。这些结果说明听觉有一个积分作用;或者说听觉是积累的结果。最夸张的说法就是"余音绕梁,三日不绝"。

根据这个人耳积分效应,听众对声柱重放信号感觉到的有效混响时间,应满足 $\triangle bde$ 和 $\triangle cdf$ 面积(强度×时间长度)相等的条件。

可得

$$60T_{\text{eff}} = \left(60 - 10\lg\frac{1+R}{R}\right)T' \tag{1.13.10}$$

代入式(1.13.9)得有效混响时间为

$$T_{\text{eff}} = T\left(1 - \frac{1}{6}\lg\frac{1+R}{R}\right)^2 \tag{1.13.11}$$

此式表明有效混响时间与声学比的关系,其曲线如图 1.13.12 所示。

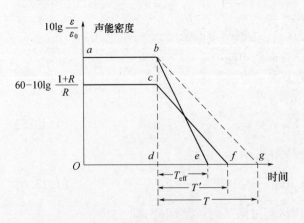

图 1.13.11　混响时间变化

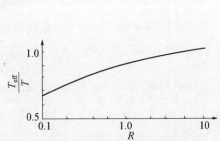

图 1.13.12　有效混响时间与声学比 R 的关系

58

由此可见,当 $R<1$,有效混响时间与混响时间 T 有明显差别。当 $R>1$ 时,有效混响时间与混响时间 T 只有 10% 的差别,这种差别是人耳感受不到的。要降低 R,要求声柱的指向性强,指向性因数要大。而这正是可控指向性声柱的特点。因此可以说,采用可控指向性声柱可以降低有效混响时间。指向性声柱还可以提高语言清晰度。

1.13.9　用可控指向性声柱抑制厅堂内声反馈

当声柱与传声器在同一区域时就容易产生声反馈。有扩声经验的人都知道,采用强指向性的声柱和传声器都可以有效地抑制声反馈。

从以上分析可以看出:

(1) 可控指向性声柱是在声柱的基础上发展而来,它保留了声柱的若干优点。

(2) 可控指向性声柱,也可近似看成线声源,可参照分析线阵列扬声器系统的理论。

(3) 可利用相移法使波束偏转。

(4) 可利用楔形声源改善指向性,减少副波瓣。

(5) 可控制声柱的有效高度,改善低频。

(6) 可控制声柱扬声器间隔,改善指向性。

(7) 声柱可降低有效混响时间。

(8) 声柱可抑制反馈。

1.13.10　可控指向性声柱的声性能指标

下面对可控指向性声柱的各项指标定义解读与分析,其指标特性可分为声特性、电特性、一般特性。

声性能指标如下:

(1) 有效频率范围。定义与一般扬声器、音箱相同。

例如,某声柱有效频率范围为 120kHz ~ 18kHz。低频下限并不很低,这是因为声柱采用的扬声器单元多为 ϕ100mm 左右。再加上声柱谐振频率会随声柱中扬声器单元的增加而增加。但是作为语音重放是足够的。如果感到低频不够,可另加低频箱。上限是在 1m/1W 条件下测得。在远距离重效,高频会衰减。

(2) 水平覆盖角。声柱的水平覆盖角,和单只扬声器的水平覆盖角相似,是比较宽的。一般在 120° ~ 150° 范围内。

(3) 垂直覆盖角。指向性声柱的关键在于控制垂直覆盖角。一般在 10° ~ 20° 之间。甚至可达 5°。也可用软件来设计、控制垂直覆盖角。

(4) 投射距离。扬声器单元数越多,则投射距离越远。一般在 20m ~ 80m 之间。

(5) 目标角度。它指声柱垂直辐射覆盖的角度,如 −30° ~ +30°。

(6) 扬声器单元数及规格。目前各国实际推出的指向性声柱,其单元数为 8 只 ~ 32 只,以 ϕ100mm 扬声器居多。

(7) 声压级。通常标 1m/1W 的声压级。也可标 30m/1W 的声压级。用声级计 A 计权可测连续声压级和峰值声压级。

1.13.11 可控指向性声柱的电性能指标

1. 输入

名义电平:如 0dBV(有效值、线性输入)。

最大电平:如 +19dBV(峰值、线性输入)。

类型:如双线性输入,平衡变压器。

阻抗:如 6008Ω。

2. DSP

类型:如 900 浮点 MFLOPS(每秒百万个浮点操作),32bit。

存储:如 64 MB SDRAM(动态存储点内存 64MB) + 永久 3MB。

AD 与 DA 转换:如 24bit sigma – delta 128 × 超采样。

辅助处理器:如 200ns,信号周期 RISC 处理器。

样品等级:如 48.8kHz(默认)。

信号数据处理:如 21s(前/延迟) +20s(输入通道延迟)、均衡器和补偿滤波、压缩器、音量、环境噪声级自适应增益(失效/保护)、输出滤波 + 延迟缓冲器、双输入结构。

3. 放大器功率及电压

型号:D 类放大器 PWM(脉宽调制)。

功率:如 40W(4Ω)。

电压:电源电压。

保护:如果接点温度大于 150°,则自动关机。输出电流限制。

1.13.12 可控指向性声柱的一般特性

(1)单元组成:8 只、12 只、16 只、32 只。

(2)外观颜色:多种颜色。

(3)安全标准:IEC 60065 BC 第 7 版。

(4)电磁兼容 EMC:EN55103(欧州标准)(对于音频/视频设备)。

(5)认证:CE(欧州安全认证);CSA/UL(加拿大/美国);CCC(中国强制认证)。

1.14 线阵列扬声器系统的数字几何辐射综合控制

线阵列扬声器系统说到底是对声辐射的控制。最初的线阵列主要是采用声学控制或几何学的控制方法。法国 L – Acoustic 公司根据这一原理,制成称为 VDOSC 的线阵列扬声器,并很快在全球掀起一股线阵列扬声器的热潮。1996 年,Van der Wal 开始采用 DSP(数字信号处理),用于处理线阵列扬声器垂直面的辐射特性。被称为电控阵列或电阵列。

之后进一步研究了数字和几何方法对线阵列辐射控制,被称为 DGRC(Digital and Geometric Radiation Control)(数字几何辐射控制),而 R – H 公司和 ALCONS 公司等根据类似的原理制成有源线阵列扬声器系统、有源声柱等产品。也就是综合了数字技术和几何学对线阵列指向性控制,综合了电子学和声学的各自优势。

1.14.1 数字几何辐射控制原理

图 1.14.1 所示为数字几何辐射控制原理示意图。

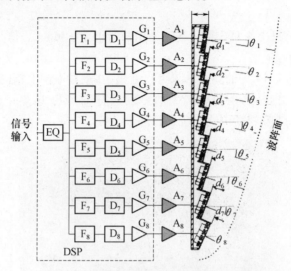

图 1.14.1　数字几何辐射控制原理示意图

EQ—均衡；F_i—滤波；D_i—延时；G—增益；A_i—功率放大器。

图 1.14.1 中的均衡、滤波、延时、增益完全可由 DSP 来完成。每一路可以控制一只扬声器或一组扬声器系统。DSP 和功率放大器可以外置，更可以放入扬声器系统之中。

利用 DGRC 可以改变线阵列的垂直面指向角，Xavier 利用一个实验实际测试证明了这一点。图 1.14.2 是对一个声柱(由 8 只 3 英寸扬声器紧靠在一起组成)的垂直面指向性的测试结果。

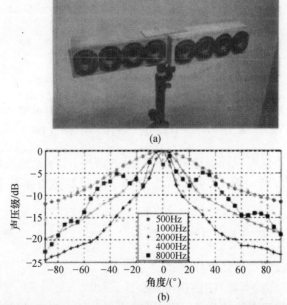

图 1.14.2　对一个声柱(由 8 只 3 英寸扬声器紧靠在一起组成)的垂直面指向性的测试结果

(a) 声柱布置；(b) 每倍频程的指向性(测量距离在垂直平面 1.5m)。

为了验证 DGRC,图 1.14.3 是对采用 DGRC 两个替代声柱的垂直指向性测试的测试结果,与图 1.14.2 所示的情况不同。它是由两个声柱(每个声柱由 4 只 3 英寸扬声器组成)组成,两声柱间有 36mm 的间隔。按照通常情况,两者之间的垂直平面指向性不会一致。

两个替代声柱(每只由 4 只 3 英寸扬声器组成)间隔为 36mm。信号从左边到右边替代声柱时间会延迟 104μs。

由图 1.14.2 和图 1.14.3 的测量结果可以看出,在垂直平面上指向性是相当一致的,特别是在高频一致性更好,两条曲线最大的差别只有 1.5dB,这是一种反证法,证明用 DGRC 可以改变声柱、线阵列扬声器系统的指向性。

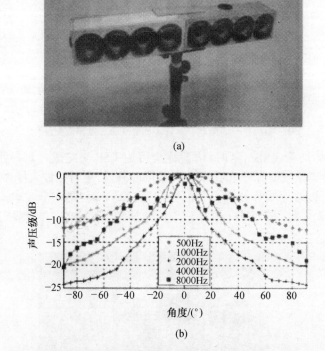

(a)

(b)

图 1.14.3 对采用 DGRC 两个替代声柱的垂直指向性的测试结果
(a)声柱的布置;(b)每倍频程的指向性(测量距离在垂直平面 1.5m)。

当然这种 DGRC 不仅可以控制这种比较简单的声柱,实际上也可以控制每通道有不同数量扬声器组成的阵列。图 1.14.4 就是这样一个每通道有不同数量扬声器组成的 DGRC 阵列。

1.14.2 数字几何控制方法的优点与局限

数字几何控制方法的主要优点如下:

(1)电通道(DSP 和放大器)的数量可减少。

(2)通道的数量与扬声器的数目无关,可以使用大量小型宽带扬声器,有良好的高频辐射,并减少副波瓣。

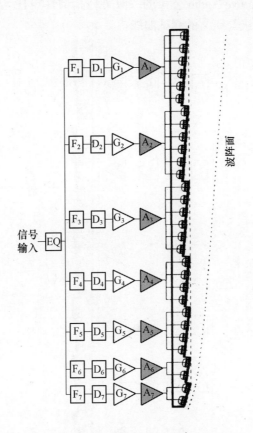

图 1.14.4　每通道有不同数量扬声器组成的 DGRC 阵列

EQ—均衡；D_i—延时；F_i—滤波；G_i—增益；A_i—功率放大器。

（3）扬声器的功率是均匀分布的，每个响应都可很好地匹配。当输入最大功率时，可输出最大声压级。

（4）这种控制技术不仅可用于线阵列扬声器系统，而且可用于其他大功率的扩声系统。在这种情况下可以不用机械悬吊系统，可赋予更多的调整空间。

凡事有一利必有一弊，DGRC 方法也不例外。DGRC 方法也有一定局限性：

由于 DGRC 通道的数量有限，同一只扬声器只有一个 DSP 通道的相比，DGRC 阵列调节的灵活性不够，如 DGRC 阵列不可能任意生成多个波瓣。

总的来说，DGRC 还是一个不错的设计方法与思路，特别是对处理声柱垂直面指向性问题。

1.14.3　DGRC 方法的验证

一种软件一种控制方法是否正确？要通过实际测试来验证。图 1.14.2 和图 1.14.3 是一种验证。Xavier 所在的公司 Active Audio 是法国一家生产可控指向性声柱的公司。该公司利用该厂产品进行测试验证。图 1.14.5 是一个信号进入 6 个通道的示例。

这个实例实际上是 Active Audio 公司的一只可控指向性声柱 SA250P。而图 1.14.6 是 SA250P 每倍频程声压级与距离的测试曲线。

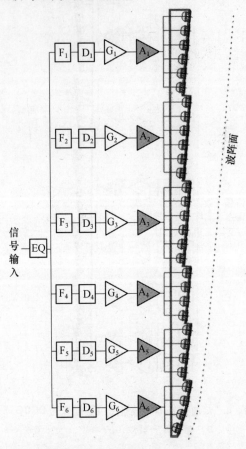

图 1.14.5　一个信号进入 6 个通道示例

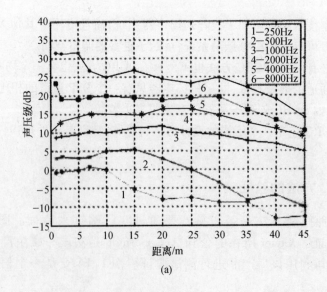

(a)

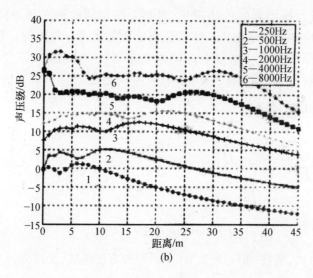

图 1.14.6　SA250P 每倍频程声压级与距离的测试曲线

（a）实测；（b）模拟。

SA250P 是一只长 2.5m 的 DGRC 声柱。声柱顶部离地面 2.5m，传声器离地面 1.5m，正对声柱。地面有反射。

由两组曲线看出，一致性还是比较好的。除了 500Hz 有 2.4dB 的偏差以外，一般误差不大于 1.2dB。

产生偏差的主要原因如下：

（1）模拟方法没有考虑地面的反射。

（2）房间会对测量有一定影响，周围的目标还会有一些绕射。

1.15　贝塞尔扬声器阵列

贝塞尔（1784—1846）是德国的数学家和天文学家。他将贝塞尔函数系统化，并用于他的日心说研究中。此后，贝塞尔函数得到广泛应用，在扬声器领域，分析振膜的振动、扬声器箱的设计与分析等，都会用到贝塞尔函数。

在线阵列扬声器系统大规模使用前，还出现过一种贝塞尔扬声器阵列。这是由 Philips 公司在 1983 年研制成功的，并拥有该产品的专利权。该系统主要可用于语言扩声系统。

1.15.1　贝塞尔板的应用

图 1.15.1 是贝塞尔扬声器阵的一个实例。

这个贝塞尔扬声器阵是由若干贝塞尔板组成，贝塞尔板可由若干只普通扬声器组成。若干扬声器组成的阵会使声音集成一束，频率越高，波束越窄。

根据贝塞尔函数的特性，可以改善扬声器

图 1.15.1　贝塞尔扬声器阵的一个实例

的辐射特性。贝塞尔扬声器阵的原理是,对每个扬声器的输入信号,乘以一个权因子 $J_m(x)$,即得到 m 阶的贝塞尔函数。实践证明这个方法是有作用的,但这个加权因子是分数式的,这样的系统需要一个复杂的模拟电路和数字电路,真正变成实际产品很困难。但作为一种解决问题的方法与思路,有其可取之处。

1.15.2　贝塞尔板的实例

图 1.15.2 是一个 5 单元组成的贝塞尔板。

对于 5 个扬声器,它们的加权因子为

$$A : B : C : D : E = 1 : 2n : 2n^2 : -2n : 1$$

$n = 1$ 则有

$$A : B : C : D : E = 1 : 2 : 2 : -2 : 1$$

每个扬声器间距为 d_1,可按图 1.15.2(b)、(c)两种方法连接,流过 E、A 扬声器的电流,为流过 B、D、C 电流的一半。

图 1.15.3 是一个 7 单元组成的贝塞尔板。

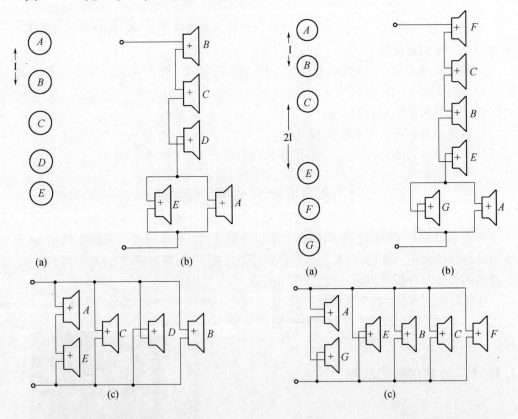

图 1.15.2　一个 5 单元组成的贝塞尔板

(a) 扬声器排列;(b)接线图 1;(c)接线图 2。

图 1.15.3　一个 7 单元组成的贝塞尔板

(a) 扬声器排列;(b) 接线图 1;(c) 接线图 2。

对于 7 个扬声器单元的系统,加权因子为

$$A : B : C : D : E : F : G = 1 : 2n : 2n^2 : n^3 - n : -2n^2 : 2n : -1$$

当 $n=1$ 则有
$$A : B : C : D : E : F : G = 1 : 2 : 2 : 0 : -2 : 2 : -1$$
式中加权因子为零,则扬声器 D 可省略,这也在图1.15.3中有所体现。也有图1.15.3 (b)、(c)所示的两种连接方式。

这些贝塞尔板还可以按一定方式组合起来,用以改变垂直平面的指向性。图1.15.4 是3个贝塞尔板的排列。

图1.15.4中扬声器位置的数字表示它的加权因子。图1.15.5是5个贝塞尔板的 排列。

图1.15.5中,扬声器位置的数字表示它的加权因子。这种贝塞尔扬声器阵列方法, 由于操作繁难,故没有实用产品。但也提供一种思路,即有多种方法可以改变扬声器系统 的指向性,符合殊途同归原则。

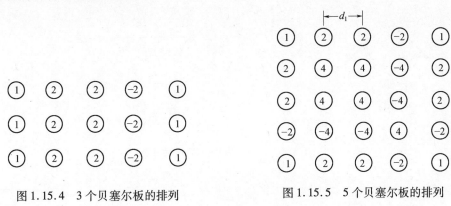

图1.15.4 3个贝塞尔板的排列　　　　图1.15.5 5个贝塞尔板的排列

1.16 水 平 阵 列

下面讨论的线阵列扬声器系统是垂直排列的,但在扬声器系统实际使用中常有水平 排列,而且有不同形式的水平阵列。在20世纪90年代,世界许多音箱公司研究水平阵列 扬声器系统的性能、特点、指向性及测量,其中有JBL公司、Bose公司、E-V公司、Meyer Sound公司,他们各有独到的研究成果。Meyer Sound公司还对水平阵列进行了综合 分析。

1.16.1 水平阵列的形式

水平阵列有多种形式,图1.16.1是E-V公司的水平阵列。

图1.16.2是Meyer Sound公司的水平阵列。最简单的水平阵列就是两只音箱并列在 一起。

从图1.16.2(b)可以看出,两音箱电压
$$p_1 = p_{1a}\cos(\omega t - \phi_1)$$
$$p_2 = p_{2a}\cos(\omega t - \phi_2)$$

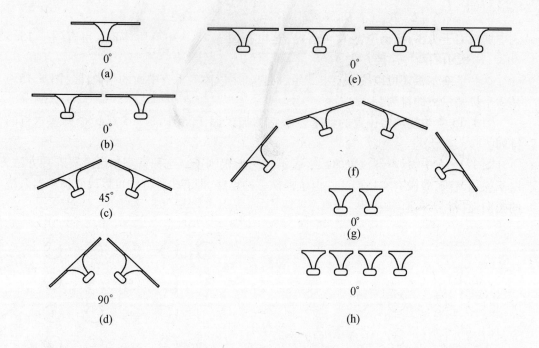

图 1.16.1　E - V 公司的水平阵列

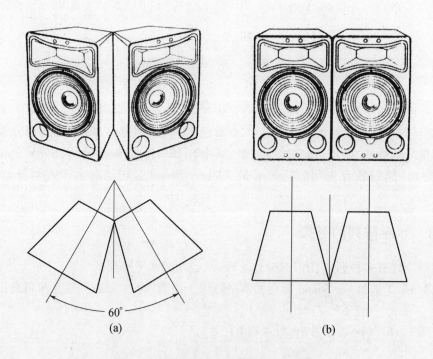

图 1.16.2　Meyer Sound 公司的水平阵列

当两波叠加,则有

$$p = p_1 + p_2 = p_a \cos(\omega t - \phi)$$

式中

$$p_a^2 = p_{1a}^2 + p_{2a}^2 + 2p_{1a}p_{2a}\cos(\phi_2 - \phi_1)$$

$$\phi = \arctan \frac{p_{1a}\sin\phi_1 + p_{2a}\sin\phi_2}{p_{1a}\cos\phi_1 + p_{2a}\mathrm{con}\phi_2}$$

当两音箱振幅相同,即 $p_{1a} = p_{2a}$,相位差为零,即 $\phi_2 - \phi_1 = 0$ 时,则

$$p_a^2 = p_{1a}^2 + p_{2a}^2 + 2p_{1a}p_{2a} = (p_{1a} + p_{2a})^2 = (2p_{1a})^2$$

$$L_{p_a} = 10\lg\left(\frac{p_a}{p_0}\right)^2 = 10\lg\left(\frac{2p_{1a}}{p_0}\right)^2$$

$$= 10\lg\left(\frac{p_{1a}}{p_0}\right)^2 + 10\lg 4 = L_{p_{1a}} + 6\mathrm{dB}$$

说明两只并列音箱声压级增加6dB。图1.16.3是两并列音箱合成的声压级及覆盖图。

当然这只是一种形象的示意,实际的声波是在不断波动之中。图1.16.3中两只音箱的水平覆盖角都是如此,两只音箱同时作用时,在它们共同轴线上的声压级会增加6dB。这在前面的公式计算中已经计算出。其覆盖角仍是100°。

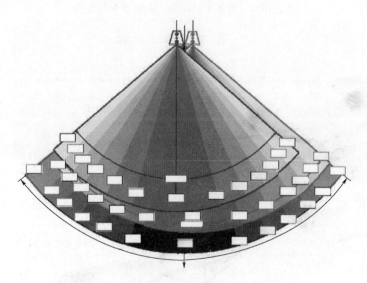

图1.16.3 两并列音箱合成声压级及覆盖图

但在偏离轴线的方向,两只音箱的声波就会产生时间差或路程差,根据1.3.6节梳状滤波效应中所述,会出现梳状滤波效应,图1.16.4是有4个时间差或路程差点的实例。

图1.16.4中4个点 A、B、C、D 都有时间差或路程差,图1.16.5是 A、B、C、D 4点由于两音箱干涉产生的脉冲响应和频率响应。

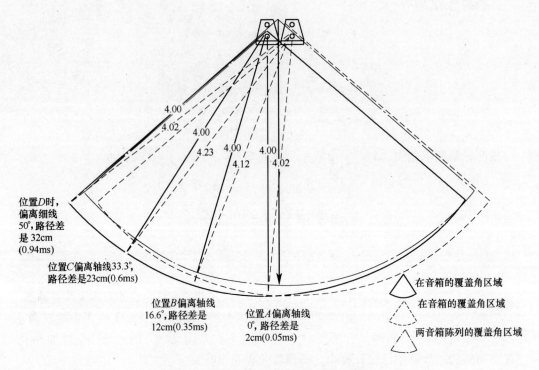

位置D时，
偏离细线
50°，路径差
是 32cm
(0.94ms)

位置C偏离轴线33.3°，
路径差是23cm(0.6ms)

位置B偏离轴线
16.6°，路径差是
12cm(0.35ms)

位置A偏离轴线
0°，路径差是
2cm(0.05ms)

4.00
4.02
4.00
4.23
4.00
4.12
4.00
4.02

在音箱的覆盖角区域

在音箱的覆盖角区域

两音箱陈列的覆盖角区域

图 1.16.4　有 4 个时间差或路程差点的实例

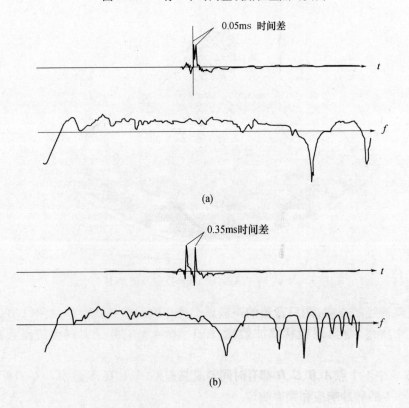

0.05ms 时间差

(a)

0.35ms时间差

(b)

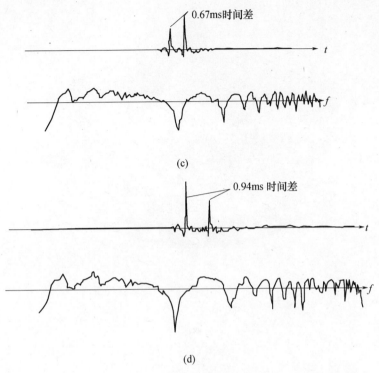

图 1.16.5 *A*、*B*、*C*、*D* 4 点由于两音箱干涉产生的脉冲响应和频率响应

(a) *A* 点;(b) *B* 点;(c) *C* 点;(d) *D* 点。

由图 1.16.5 可见,各点都显然有明显的干涉,频响曲线出现多个峰值与谷值,即梳状滤波效应。距离差越大,梳状滤波效应越明显。当距离差越大,第一个深谷会出现在更低的频率。如果多个音箱并列,这种干涉会更加严重。因此,两只音箱并列重放不是一个好方式。

1.16.2 窄点声源水平阵列

图 1.16.6 是一种窄点声源的水平阵列。将两只音箱以一定角度摆放,两只音箱声中心有一个交点,相当于一个点声源。图 1.16.7 是两只音箱合成声压级及覆盖图。

图 1.16.6 一种窄点声源的水平阵列

从图 1.16.7 中可以看到,这个合成声压的覆盖角由 100°变为 80°,也就是变窄了。而中间轴的合成声压级比单个音箱高 4dB。而图 1.16.8 是这种窄点声源的 4 点位置的路径差。

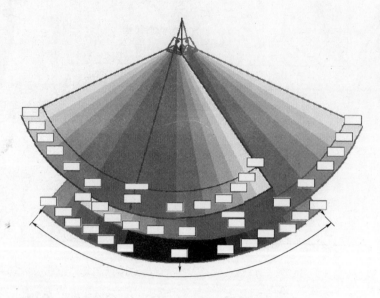

图 1.16.7　两只音箱合成声压级及覆盖图

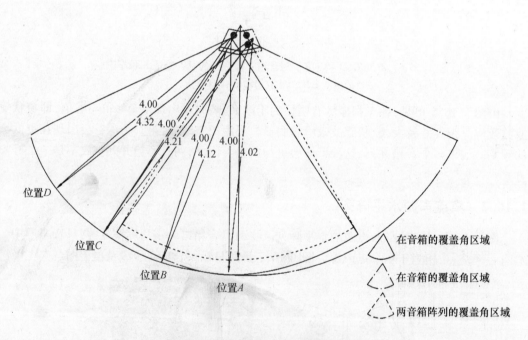

图 1.16.8　窄点声源的 4 点位置的路径差

　　同并列水平阵列相比,这种窄点声源阵列的路径差小,由其引起的频率响应峰、谷值小,梳状滤波效应减小。

1.16.3　宽点声源水平阵列

　　目前出现一种新的音箱水平阵列,图 1.16.9 就是这种两音箱宽点水平阵列图。图 1.16.10是两只宽点水平音箱合成声压级及覆盖图。

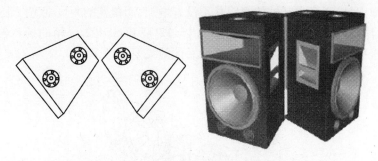

图 1.16.9　一种两音箱宽点水平阵列图

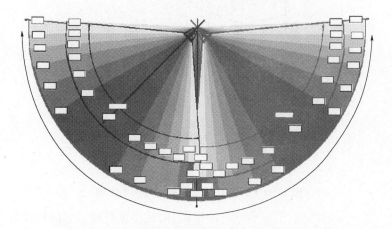

图 1.16.10　两只宽点水平音箱合成声压级及覆盖图

图 1.16.11 是这种宽点声源的 4 点位置的路径差。

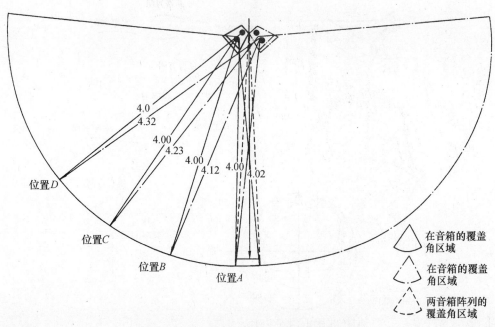

图 1.16.11　宽点声源的 4 点位置的路径差

综上可知,两只音箱中间轴的声级几乎没有增加,而覆盖的角度变宽。但路径差比较小,因此梳状滤波效应的影响也较轻。图 1.16.12 是 BOSE402 音箱的扬声器排列,有了上述对各种水平音箱阵列的要求,这种排列总体效果要好得多。

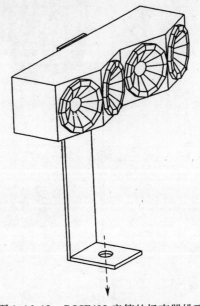

图 1.16.12　BOSE402 音箱的扬声器排列

这种窄—宽—窄的排列,不仅有良好的造型,而且尽量将梳状滤波效应的影响减小。

Eargle 也研究了两个号筒并列排列对指向性的影响,图 1.16.13 是两只号筒并列不同摆法对指向性的影响。

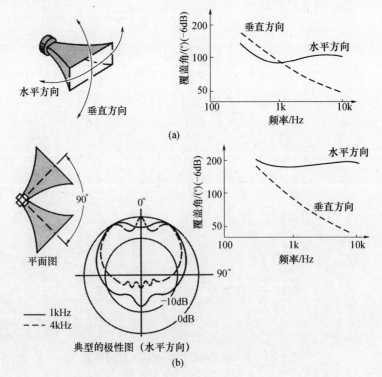

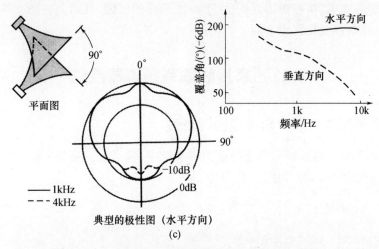

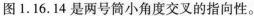

典型的极性图（水平方向）

(c)

图 1.16.13　两只号筒并列不同摆法对指向性的影响

（a）单一号筒的指向性；（b）两号筒向外张轴间为90°的指向性；（c）两号筒向内张出口平面间为90°的指向性。

图 1.16.14 是两号筒小角度交叉的指向性。

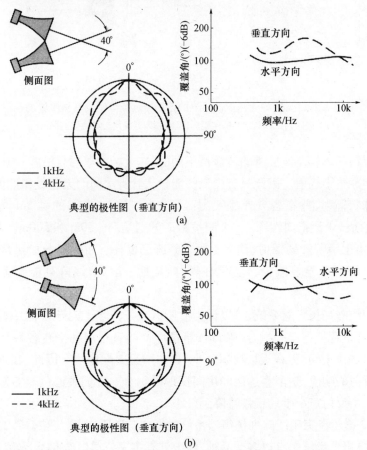

图 1.16.14　两号筒小角度交叉的指向性

（a）两号筒开口相接轴间40°的指向性；（b）两号筒驱动器相接轴间40°的指向性。

75

从这些分布来看,两扬声器并列,由于声波干涉的原因,其指向性图会产生变化。并列状况不同,指向性变化程度不同。

1.17　家用线阵列扬声器系统

1.17.1　家用线阵列扬声器系统的可能性

现在线阵列扬声器系统多用于专业扩声系统中,这是人们所熟知的。线阵列扬声器系统的辐射分近场和远场,如图 1.17.1 所示。

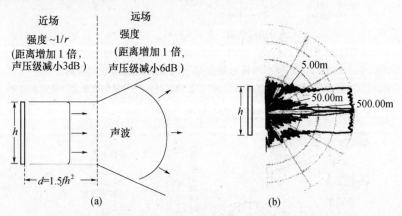

图 1.17.1　线阵列扬声器系统的近场和远场区别及其极坐标图
(a)线阵列近场与远场的区别;(b)线阵列近场与远场的极坐标图。

可见在近场和远场声波能量的传播是不同的,在近场的辐射只沿阵列方向扩展,而超过阵列的方向几乎不辐射。因此只有少量的能量从聆听房间的天花板和地板反射。而在远场能量呈球状辐射,并在各处产生反射。图 1.17.1(b)显示的是 3m 高的线阵列在 12kHz 的垂直面极坐标指向性图。3 个测量距离分别是 5m、50m 和 500m。注意到 5m 声场的图形,基本上沿着阵列辐射,几乎不辐射到阵列以外。而距离增加到 50m、500m 时,在垂直面图上辐射角显著减少,只向线阵列前辐射。因此,线阵列能覆盖大面积的听众区。

而在家用线阵列扬声器系统,可以认为聆听区位于近场。对于房间中聆听一般音箱时,听到的声音是两种声音的组合:来自音箱扬声器的直达声和来自各种反射物(墙、地板、天花板等)的反射声,但在近场反射声小,直达声起支配作用。因此,在近场听到的是扬声器没有反射的响应,是由直达声和房间反射的组合。人们关心的是希望的声音范围在近场之内。由反射声产生的模糊将降到最小。

图 1.17.2 描绘了家用线阵列扬声器系统的样式与聆听空间。图 1.17.2(a)中描述的音箱,在家用扬声器系统中有过多个品种,国内外有多家公司生产此类音箱。只是将它看成一个多单元扬声器系统。现在可以将其视为一种线阵列扬声器系统,图 1.17.2(b)中的聆听空间成为近场。这种音箱在后线阵列时代找到了理论依据。

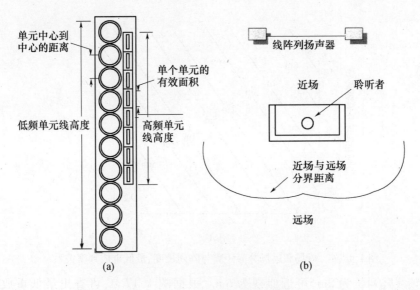

图 1.17.2　线阵列参数和定义

(a)线阵列几何参数；(b)典型的线阵列聆听区顶视图。

1.17.2　低频扬声器线的高度

根据线阵列的理论分析,由于线阵列的有限长度会引起近场声压级响应的波动,必须选择线阵列的高度,使最低重放频率满足要求,还要使聆听距离在近场,即在分界距离之内。

对于在房间内的低频扬声器阵列,有一个附带的好处。就是房间的反射使阵列有效长度增加,这种反射如图 1.17.3 所示。如果地板、天花板能理想地完全反射,可以从理论上将线阵列看成无限长。当然,可以完全反射的表面是不存在的,真正完全反射的房间更是无法听音乐的。但是可以假设,由于地板、天花板的反射,线阵列的长度扩展了 3 倍。近场和远场分界距离与阵列长度、最低重放频率关系如图 1.17.4 所示。

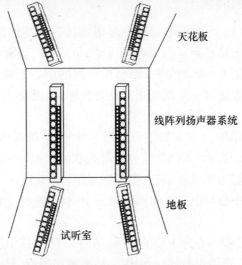

图 1.17.3　低频时地板和天花板的反射

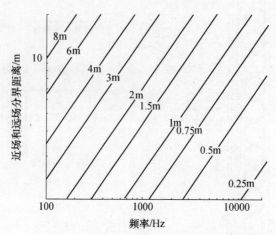

图 1.17.4　近场和远场分界距离与阵列长度、最低重放频率关系

如低频线阵列长为 2m，可近似视为 6m。根据图 1.17.4，可查出最低重放频率为 100Hz 时，而分界距离为 5.6m。聆听范围确实在近场。

要做到反射有效，希望低频扬声器阵列长度为墙高的 70%。

1.17.3　高频扬声器线的高度

对于高频扬声器线高度的考虑，也可以按低频扬声器照方吃药。但是高频扬声器线长了，相当费用增加，不论是带式扬声器、平膜扬声器还是球顶扬声器，价格都相当昂贵。所以对高频扬声器线的长度，可从费用与实际需要综合考虑。利用图 1.17.4，首先选定可以接受的最低的近/远场分界距离，按预期的分频频率，即可接受的高频扬声器最低工作频率。两点相交处即为高频扬声器线的高度。

另外，考虑聆听位置的覆盖，通常要求覆盖站立及坐的位置。对站立者讲，耳部与地板高在 1m 左右。从这个角度讲，要求高频扬声器线高 1m。

1.17.4　扬声器单元的间隔

线阵列扬声器单元之间生成间隔，希望它尽可能接近连续的线声源。这个间隔是扬声器中心到中心的距离，包括扬声器周围边缘所增加的间隔。最少也是扬声器的直径。

对于圆形扬声器，根据 Ureda 的分析，圆形扬声器的中心距离在一个波长之内，据此确定其最高工作频率，间隔超过一个波长指向性会变坏，出现梳状线。这种波阵面的状况如图 1.17.5 所示。

由图 1.17.5 可见，当间隔 $s \leqslant \lambda$ 时波阵面是平滑的，呈现等相位的波阵面。当 $s \geqslant \lambda$ 波阵面时，开始起伏弯曲。当 $s \approx 2\lambda$ 时，波阵面呈梳状线。而 Urban 的研究给出更严格的限制，用扬声器之间的间隔为半波长，来决定最高工作频率。

图 1.17.6 是扬声器中心与中心的间隔分别为半波长、波长、倍波长时，扬声器间隔与最高工作频率的关系。

对于低频扬声器线，已知中心到中心的距离，从图 1.17.6 找出交点即可求出最高工作频率。对于高频扬声器线，直径较小，中心到中心的距离相当近，要让其接近一个波长或半个波长都是困难的，考虑到对于 20kHz 的上限频率，一个波长是 17.2mm，而半个波长仅有

78

8.6mm。不考虑周围的间距,球顶扬声器可用的直径有 25mm、19mm、13mm。因此不论安装间隙多小,使中心到中心的距离在一个波长或半个波长都是非常困难的。但是如果放宽这个中心到中心的要求,将会有第二个波瓣出现在 10kHz ~ 20kHz 的频率范围内。幸运的是,在这个频段耳朵灵敏度比较低,虽然有第二个波瓣,但是对聆听者影响比较小。这时可采用折中方案,取一个波长间隔对应 10kHz,则高频扬声器中心到中心的距离为 34.4mm。偏轴的第二个波瓣出现在远场。这种小口径、小边缘的扬声器是可用的。

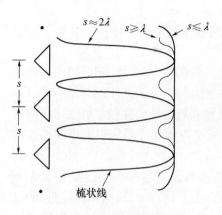

图 1.17.5   线阵列侧视图
及梳状波阵面线

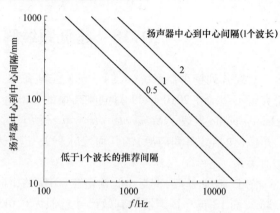

图 1.17.6   扬声器中心到中心的间隔

1.17.5   有效辐射系数(ARF)

以上研究的是圆形扬声器中心到中心的距离问题。而厄本还研究了线阵列经常使用的窄缝或矩形扬声器问题。这里关注的是号筒扬声器声波导、声透镜的性能。这种矩形扬声器声场是重叠的。尤答(Ureda)则认为窄缝对远场有影响,在高频窄缝的长度会对波瓣的结构产生重大改变,波瓣的宽度和位置将发生变化。厄本还提出 ARF 的概念,ARF 是有效面积的百分比,即有效辐射面积与总面积之比。尤答对此作过专门研究,ARF 值应大于 80%。詹姆斯·格里芬(James R. Griffin)提出一个曲线,如图 1.17.7 所示(并没有解释图的来源)。

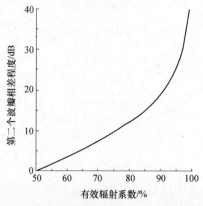

图 1.17.7   第二个波瓣相差程度与有效辐射系数(ARF)

如果这个曲线成立,当 ARF = 50% 时,第二个波瓣相差 6dB;当 ARF = 76% 时,第二个波瓣相差 10dB;当 ARF = 80% 时,第二个波瓣相差 12dB。

为此对于线阵列扬声器系统,要减少箱体间隔,调节使扬声器间隔最小。对于家用线阵列系统来说,也要调节使扬声器间隔最小。

总的来说,将线阵列原理用于家用扬声器系统是一种思路。这时是在近场聆听,会有与点声源的不同感受。

1.18　超低频线阵列的指向性

对线阵列扬声器系统,人们一直关注其高频、中频的指向性,对低频、超低频的指向性研究得不多。在 2010 年 11 月刚刚结束的在旧金山举办的 129 届 AES 学术讨论会上,Ex-celsior – audio 发表了 *Subwoofer array directivity*,对超低频阵列的指向性做了解说。指向性与声源(包括线阵列声源)的几何尺寸有关,进一步讲就是声源尺寸与所辐射声波波长的相对关系。

图 1.18.1 是双 18 英寸低频箱在 80Hz 的指向性极坐标图。与 80Hz 相当的波长 λ = 4.3m。而 18 英寸扬声器的有效尺寸近似为 0.6m,为波长的 1/7。一只箱体高度近似0.1 λ。在这样的低频,可以说声源是无指向性的。但是在不改变箱体尺寸、扬声器单元尺寸,而增加箱体数量时,可以看到指向性的变化。

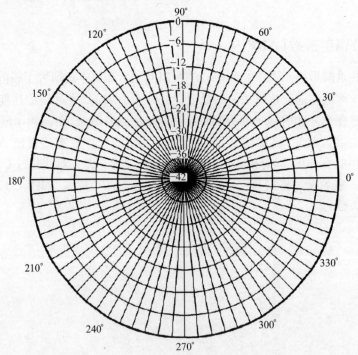

图 1.18.1　双 18 英寸低频箱在 80Hz 的指向性极坐标图

图 1.18.2 是两只双 18 英寸低频箱体在 80Hz 的指向性极坐标图。两只箱体高度加间隔近似为 0.3λ。

80

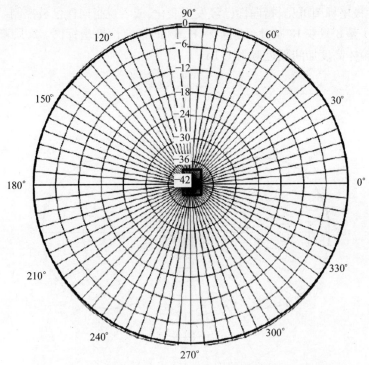

图 1.18.2 两只双 18 英寸低频箱在 80Hz 的指向性极坐标图

图 1.18.3 是 4 只双 18 英寸低频箱在 80Hz 的指向性极坐标图,4 只箱体高度加间隔近似为 0.6λ。

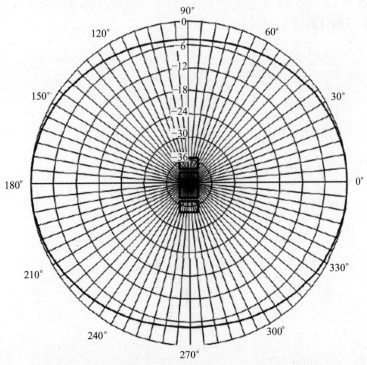

图 1.18.3 4 只双 18 英寸低频箱在 80Hz 的指向性极坐标图

从指向性极坐标图可见,指向性已经发生变化,或者说指向性已被控制。

图 1.18.4 是 8 只双 18 英寸低频箱在 80Hz 的指向性极坐标图。8 只箱体高度相当于 1.1m,8 只箱体高度加间隔近似为 1.1λ。

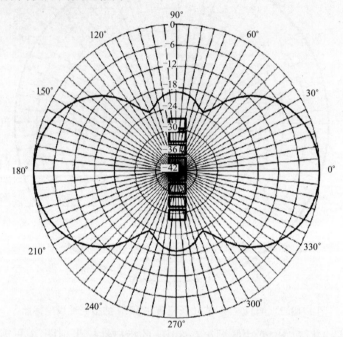

图 1.18.4　8 只双 18 英寸低频箱在 80Hz 的指向性极坐标图

图 1.18.5 是 16 只双 18 英寸低频箱在 80Hz 的指向性极坐标图。16 只箱体高度近似为 2.2m,16 只箱体高度加间隔近似为 2.2λ。

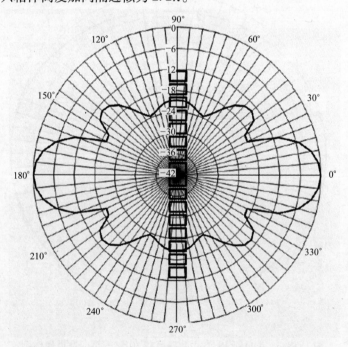

图 1.18.5　16 只双 18 英寸低频箱在 80Hz 的指向性极坐标图

由此可见,当阵列尺寸到 1m 或更高时,对指向性的控制就比较明显。当线阵列倾斜时,指向性图的主波瓣亦会相应倾斜。

图 1.18.6 是向左倾斜 30°的指向性极坐标图。

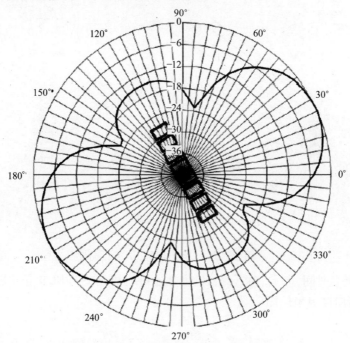

图 1.18.6　向左倾斜 30°的指向性极坐标图

图 1.18.7 是向右倾斜 30°的指向性极坐标图。

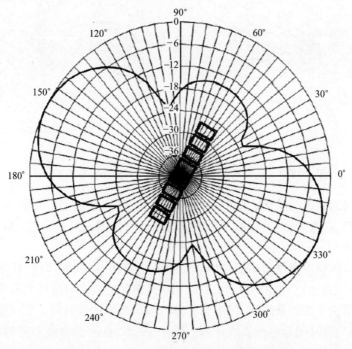

图 1.18.7　向右倾斜 30°的指向性极坐标图

可见,指向性图完全跟随线阵列转动。除了这种机械移动的办法,还有一种电偏移方法。即在每只音箱增加同样的延迟时间,也可使指向性偏转。

图1.18.8是利用延迟向上、向下偏移10°的指向性极坐标图。

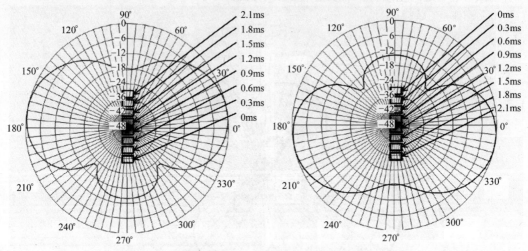

图1.18.8　利用延迟向上、向下偏移10°的指向性极坐标图

如果增加延迟时间,向上、向下偏移的度数还可增加。图1.18.9是利用延迟向上、向下偏移30°的指向性极坐标图。

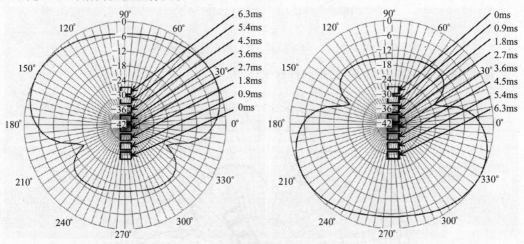

图1.18.9　利用延迟向上、向下偏移30°的指向性极坐标图

当箱体之间的延迟与箱体之间的间隔相当时,线阵列会成为一端辐射的线阵列。图1.18.10是利用延迟向上、向下偏移90°的指向性极坐标图,也就形成一端辐射的线阵列指向性极坐标图。

这种状况是将辐射能量集中到轴向。当线阵列弯曲时,其波阵面、指向性、辐射覆盖的形式都会发生相应的变化。图1.18.11是16只箱体组成的直线阵列和圆形弯曲阵列。

直线阵列形成平面的波阵列,圆形弯曲阵列形成弧形的波阵列。而圆形阵列,从某个角度看,是一个具有时间延迟的直线阵列。图1.18.12显示一个圆形阵列相当于一个具有时间延迟的直线阵列。

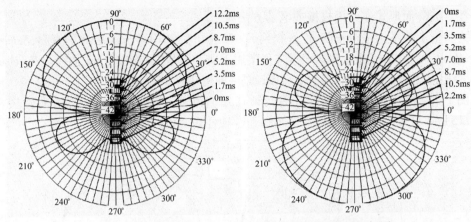

图 1.18.10　利用延迟向上、向下偏移 90°的指向性极坐标图

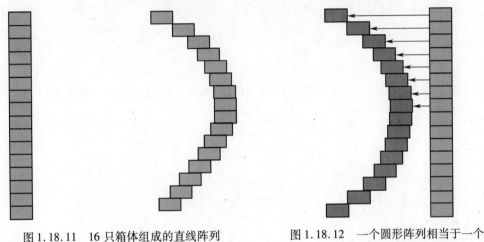

图 1.18.11　16 只箱体组成的直线阵列和圆形弯曲阵列

图 1.18.12　一个圆形阵列相当于一个具有时间延迟的直线阵列

由此可见,阵列的不同弯曲程度相当于箱体间延迟不同时间、相当于偏移不同角度。图 1.18.13 是阵列的不同弯曲程度相当箱体间延迟不同时间和偏移不同角度的图。

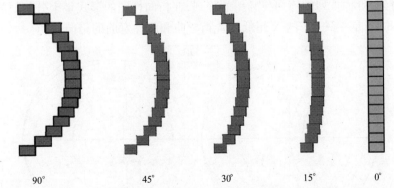

图 1.18.13　阵列的不同弯曲程度相当箱体间延迟不同时间和偏移不同角度的图

由此可见,指向性与指向性的控制取决于声源或阵列的几何尺寸,及辐射频率(波长)。可用机械或电的方法来改变主波瓣的方向。波阵列形式可以改变覆盖形式、改变

指向性。波阵面形式亦可用机械或电的方法改变。

为验证上述结论是否正确,正好找到 E-V 公司在 2010 年 6 月公布的资料,*Subwoofer Array Practical Guide*(《超低频扬声器阵列实用手册》),其中分布的数据、曲线与 Excelsior-audio 有相近、相似、大同小异的结果,可以说是一种相互的验证。

图 1.18.14 是 6 只 EV 的 X 超低频音箱直线排列和曲线排列的指向性图。图 1.18.15 是 4 只 EV 的 X 超低频音箱倾斜和阶梯排列的指向性图。

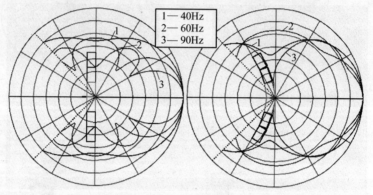

图 1.18.14 6 只 EV 的 X 超低频音箱直线排列和曲线排列的指向性图(间隔 6dB)

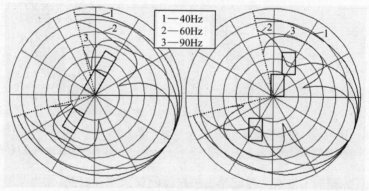

图 1.18.15 4 只 EV 的 X 超低频音箱倾斜和阶梯排列的指向性图(间隔 6dB)

可以看到,阶梯排列的阵列与倾斜的阵列,在指向性图的形式是十分相似的。

图 1.18.16 是 4 只 EV 的 X 超低频音箱弯曲和阶梯弯曲的指向性图。

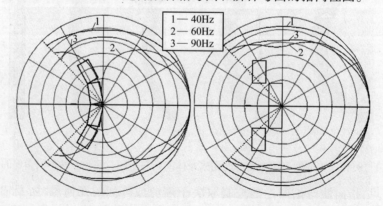

图 1.18.16 4 只 EV 的 X 超低频音箱弯曲和阶梯弯曲的指向性图(间隔 6dB)

第2章 国内外线阵列扬声器系统述评

如一夜之间,大地铺上一层厚厚的白雪。现在国内外大小音箱公司都推出各式各样、花样繁多的线阵列扬声器系统。既有众多呕心沥血、独出心裁的独创,也有照猫画虎、东施效颦的模仿。而在创新新解中,不乏真知灼见、理论与实际一致的精辟说明,也有似是而非,令人顿生疑虑的不实之词。

根据目前已公布的成果不难发现,国外很多音箱公司对线阵列扬声器系统讨论异常活跃,争先恐后发表各自对线阵列扬声器系统的看法和认识,申请众多专利。用一句中国话概括,叫百花齐放、百家争鸣,本章将对国内外主要的线阵列扬声器系统分析。主要是根据第一章讨论的线阵列理论,对各种线阵列扬声器系统进行观察研究,得出有益的结论和启示,以帮助线阵列扬声器系统设计和制作。他山之石,可以攻玉。这种评述,只从技术角度出发,从主观上讲,并非对厂家张目、广告,也不是对厂家贬斥、败坏。若有种种看法,也是仁者见仁。

2.1 GALEO 线阵列扬声器系统分析

首先对 GALEO 线阵列扬声器系统进行分析,是因为祁家塈先生对 GALEO 线性阵列扬声器系统进行过详细测试。我本人也在莲花山聆听过这种线阵列扬声器的效果。

2.1.1 GALEO 线阵列音箱的基本结构

GALEO 线阵列音箱的外形和简图如图 2.1.1 所示。

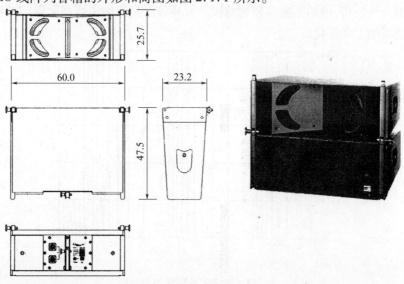

图 2.1.1 GALEO 线阵列音箱

87

箱体尺寸:高 232mm、宽 600mm、深 475mm。

每箱有 2 只 φ200mm 扬声器;1 只 φ35.6mm 高频扬声器。磁路采用钕铁硼磁体(对线阵列音箱尽可能减轻重量,钕铁硼磁体正好发挥优势)。

其性能标标:阻抗 16Ω;灵敏度级,低频 97dB,高频 108dB;有效频率范围,75Hz ~ 18kHz;水平覆盖角,120°;垂直覆盖角,7°。

2.1.2 单只 GALEO 音箱测试分折

音箱是在当时中国最大的消声室——广州国光公司的消声室进行的。我们幸运找到 GALEO 原厂的测试数据(并不是每次都有这种幸运)可以进行比较分析。

图 2.1.2 是测量 1 只测音箱低频部分的频响曲线,两只低频扬声器串联。

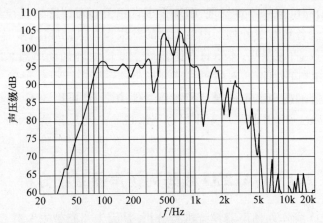

图 2.1.2　国光测音箱低频扬声器频响曲线

图 2.1.3 是德国原厂对音箱低频扬声器测试的频响曲线。从图 2.1.3 中可以看到,中国和德国所测曲线大体是一致的。峰、谷出现的位置和趋势是一致的。对 GALEO 音箱的优劣,会有不同看法。但这些德国人的实事求是的态度,使人不能不对它高看一眼。因为有些国内外公司,他们不提供频响曲线。有些公司提供的曲线和数据,人们有理由怀疑它们是经过加工和美化的。

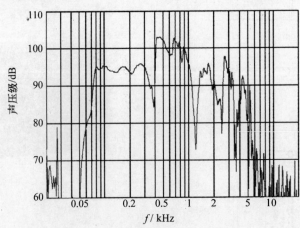

图 2.1.3　德国测音箱低频扬声器频响曲线

图 2.1.4 是国光测音箱高频扬声器频响曲线。

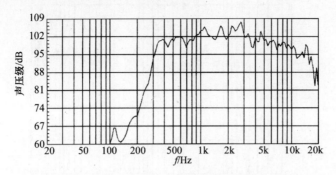

图 2.1.4　国光测音箱高频扬声器频响曲线

图 2.1.5 是德国测音箱高频扬声器频响曲线。对比两种测试曲线,大体上是一致的。特别是它的上限重放频率在 18kHz,与提供的指标一致。

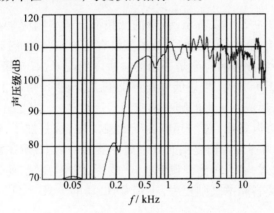

图 2.1.5　德国测高频扬声器频响曲线

图 2.1.6 是国光测音箱频响曲线,图 2.1.7 是德国测音箱频响曲线。

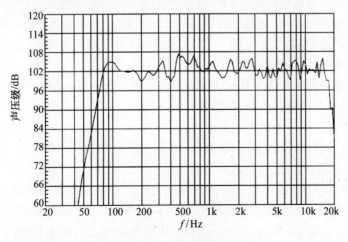

图 2.1.6　国光测音箱频响曲线

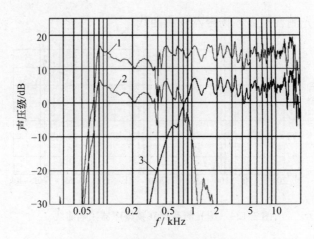

图 2.1.7 德国测音箱频响曲线

1—音箱频响;2—低频扬声器频响;3—高频扬声器频响。

从图 2.1.2 及图 2.1.3 可以看出,音箱的低频部分频率响应是不平坦的,在 400Hz、1200Hz 附近各有一个较深的谷。我们手头虽然没有这种 φ200mm 扬声器的频响曲线,根据经验和常理,原扬声器频率响应会是平坦的。所以出现峰、谷是箱体结构、扬声器安装位置所影响。从图 2.1.1 可见,两只低频扬声器倾斜安装,扬声器上还有特殊形状的面板。相互干涉的结果,形成不平坦的频率响应。

但是从图 2.1.6 可以看出,总的频响曲线比较均匀,这是加了一个数字处理器的结果。这个由 SAL 公司为各类音箱提供的数字处理器型号为 HDSC2.4V4.0。它有独立延时,可设置不同分频模式,有 6 种滤波调整模式、均衡、限幅、压限,还带有控制软件。它二进四出,提供 19 套各类音箱的基础程序,还有 GALEO 的 1 只、2 只、4 只、6 只、8 只音箱,配置了 5 套基础程序。

对于一只 GALEO 程序的主要参数有以下几个:

(1) 全频信号从 InA 通道输入,0dB 增益。

(2) Out 1 通道输出中、低频信号,增益 0dB(Mid),全通道增益为 0dB +0dB。

(3) Out 2 通道输出高音频信号,增益 -8.8dB(Hi),全通道增益为 0dB -8.8dB。

(4) Out 1 通道分频点为 65Hz、800Hz,在 65Hz 处是 4 阶巴特沃兹高通滤波器,在 800Hz 是 4 阶林格威茨低通滤波器。

(5) Out 2 通道分频点为 800Hz 和 20000Hz。在 800Hz 是 4 阶林格威茨低通滤波器,在 20000Hz 处是 4 阶巴特沃兹高通滤波器。

处理的结果是箱体频响曲线比较平坦。

按传统方式,用箱体设计、分频器设计、单元选择来调节箱体频响和音质。这种方式可体现设计者的水平、功力,但费时费力。

用音箱处理器的办法是一种思路,由于数字技术的发展,可将扩声系统周边设备多种功能集于一身。一些音箱性能的不足或缺陷,在处理器作用下得到提升和改善,减轻音箱设计的压力,但也会使系统成本增加。另外,还有使用是否得当、是否带来其他副作用等问题。

国内对线阵列音箱设计已积累了部分经验,但对音箱处理器的研制才刚刚开始。这是一种思路、一种办法、一种途径,值得一试。

2.1.3　4只音箱的测试

4只音箱的测试,继而扩大到整个线阵列的测试,目前尚无国家标准,也未见国际标准。国内外制造线阵列扬声器系统的公司,推想他们想方设法对线阵列扬声器系统进行种种探索式测试。祁先生主持的对4只箱体的测试,如果不是首例,也是公开发表的首例,具有开创价值。

首先在2m处测试,将音箱并联。两只音箱阻抗为8Ω,3只音箱阻抗为16/3Ω、4只音箱4Ω。测量时每只音箱输入功率为1W。分别测量1只音箱、2只音箱、3只音箱、4只音箱的频率响应曲线,如图2.1.8所示。

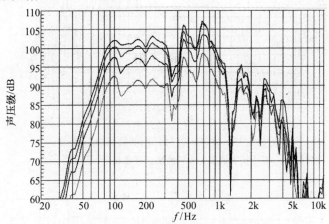

图2.1.8　2m 频响曲线

（自上而下依次为4只音箱、3只音箱、2只音箱、1只音箱）

这组曲线包含许多信息:音箱增加一只,其灵敏度级可增加3dB。

从图中还可以看到,在正面轴由于几只音箱大体是同相辐射的,因此正面轴向相互干涉比较小,不同数量音箱的频响曲线形状大体是相同的(但是偏轴频率响应的情况另当别论,有机会补测)。

图2.1.9是在2m处对音箱高频部分所测的频率响应曲线。同样,每只箱体输入1W功率。

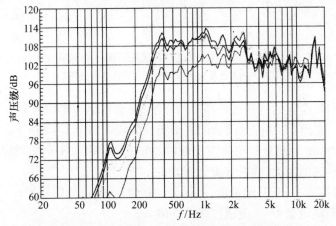

图2.1.9　距离2m对音箱高频部分的测试

（自上而下依次为4只音箱、3只音箱、2只音箱、1只音箱）

91

其情况与低频部分类似。

图 2.1.10 所示是在 4m 处对音箱低频部分的测量曲线,输入功率为 1W。而 2.1.11 是在 4m 处对音箱高频部分的测量。

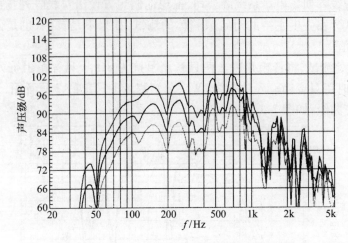

图 2.1.10 在 4m 处对音箱低频部分的测量
(自上而下依次为 4 只音箱、2 只音箱、1 只音箱)

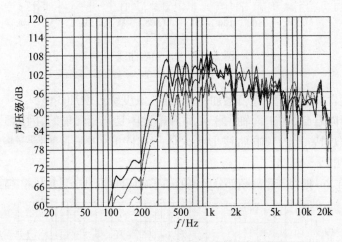

图 2.1.11 在 4m 处对音箱高频部分的测量
(自上而下依次为 4 只音箱、2 只音箱、1 只音箱)

整个箱体测量,全频信号通过处理器两分频,驱动两组功率放大器。其 2m 处频率响应曲线如图 2.1.12 所示。4m 处测量的频率响应曲线如图 2.1.13 所示。

可以看出,对 4m 处测量频响曲线中波峰、波谷的位置大体未变,但起伏加大。从聆听角度讲,随着距离的加大,聆听音质会变差。

将灵敏度折算成 1m/1W 的灵敏,对比 2m、4m 时灵敏度级的差异:

一只音箱,距离增加 1 倍,灵敏度级差 5dB。

二只音箱,距离增加 1 倍,灵敏度级差 5dB。

三只音箱,距离增加 1 倍,灵敏度级差 6dB。

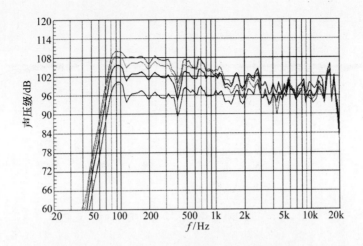

图 2.1.12　在 2m 处对音箱频率响应的测量
（自上而下依次为 4 只音箱、3 只音箱、2 只音箱、1 只音箱）

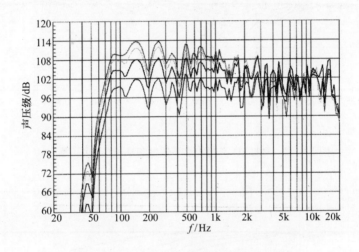

图 2.1.13　在 4m 处对音箱频率响应的测量
（自上而下依次为 4 只音箱、3 只音箱、2 只音箱、1 只音箱）

四只音箱,距离增加 1 倍,灵敏度级差 6dB。

从这组数据可看出,线阵列辐射类似于球面波而非柱面波。

2.1.4　线阵列音箱指向性测量

对于线阵列音箱指向性测量十分重要。因为线阵列音箱主要目标之一就是改善系统的指向性。这类参看 SEEBURG 公司提供的数据。

图 2.1.14 所示为 GALEO 线阵列音箱的水平偏轴（正向）响应。图 2.1.15 是 GALEO 线阵列音箱的水平偏轴（负向）响应。

图 2.1.16 是 GALEO 线阵列音箱的垂直偏轴（正向）响应。图 2.1.17 是 GALEO 线阵列音箱的垂直偏轴（负向）响应。

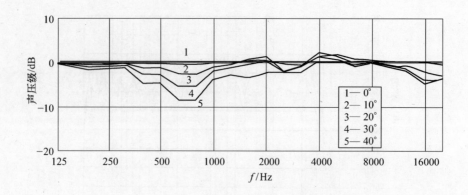

图 2.1.14　GALEO 音箱的水平偏轴响应曲线(正向)

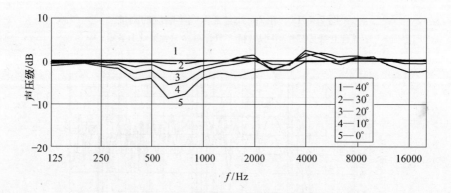

图 2.1.15　GALEO 音箱的水平偏轴频率响应曲线(负向)

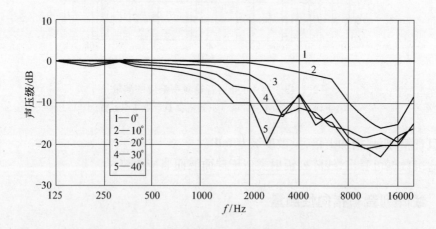

图 2.1.16　GALEO 音箱的垂直面偏轴频率响应(正向)

　　由于一些细节不清楚,可以大体看出,GALEO 线阵列水指向性较宽而垂直指向性较窄。

　　图 2.1.18 是 GALEO 的 -6dB 水平等压线。图 2.1.19 是 GALEO 的 -6dB 垂直等压线。

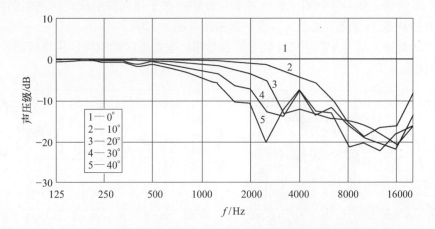

图 2.1.17 GALEO 音箱的垂直面偏轴频率响应曲线(负向)

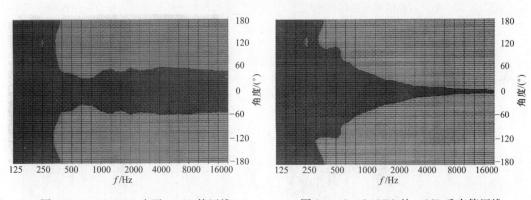

图 2.1.18 GALEO 水平 -6dB 等压线　　　　图 2.1.19 GALEO 的 -6dB 垂直等压线

图 2.1.20 是 GALEO 的水平指向性图。图 2.1.21 是 GALEO 的垂直指向性图。

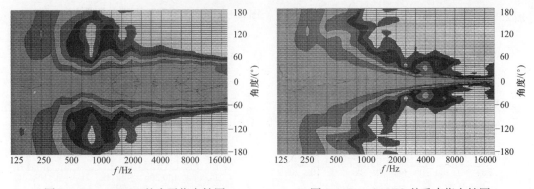

图 2.1.20 GALEO 的水平指向性图　　　　图 2.1.21 GALEO 的重直指向性图

从这些图中可以看出,GALEO 水平指向角为 120°,垂直指向角为 7°。这种指向性图看起来比较形象、比较直观,但终究还不是测试结果。

祁家塈先生在南京大学消声室对 GALEO 线阵列音箱指向性的测试,则给予了翔实、可靠的信息。

图 2.1.22 是输入信号 4W,在 2m 处对单只音箱的水平指向性响应。从这组曲线可以看到,在 0～60°波形变化不甚显著。水平指向角可视为 120°。

图 2.1.23 是输入信号 4W,在 2m 处对单只音箱的垂直指向性响应。从这组曲线中,认可垂直指向角为 7°。

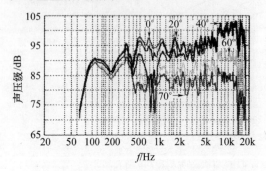
图 2.1.22　单只音箱的水平指向性响应

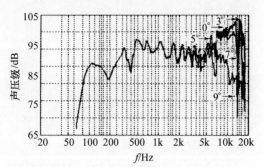
图 2.1.23　单只音箱的垂直指向性响应

下面看看 4 只音箱的测试。

在南京大学消声室测试,4 只音箱并联安装,单只音箱输入 4W,分别测量距离 2m、4m、6m、8m 的指向性频率响应。其曲线如图 2.1.24～图 2.1.27 所示。

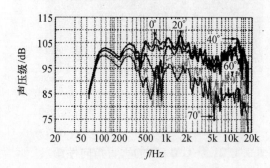
图 2.1.24　4 只音箱的水平指向性响应曲线(2m)

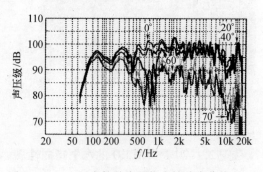
图 2.1.25　4 只音箱的水平指向性响应曲线(4m)

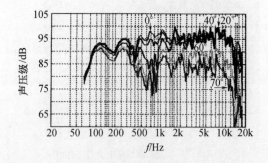
图 2.1.26　4 只音箱的水平指向性响应曲线(6m)

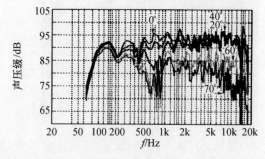
图 2.1.27　4 只音箱的水平指向性响应曲线(8m)

同样 4 只音箱并联,单只音箱输入 4W,分别在距离 2m、4m、6m、8m 测量其垂直指向性频率响应曲线,如图 2.1.28～图 2.1.31 所示。

从测试曲线可以看到,线阵列音箱影响指向性。水平指向性较宽,垂直指向性较窄。

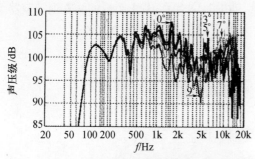

图2.1.28　4只音箱的垂直指向性频率响应(2m)

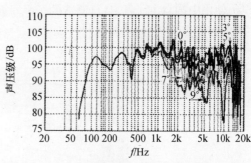

图2.1.29　4只音箱的垂直指向性频率响应(4m)

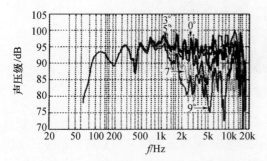

图2.1.30　4只音箱的垂直指向性频率响应(6m)

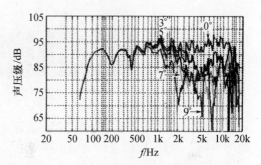

图2.1.31　4只音箱的垂直指向性频率响应(8m)

2.2　锐丰(LAX)线阵列扬声器系统及在国家体育场(鸟巢)的应用

2.2.1　基本要求

国家体育场(鸟巢)作为2008年北京奥运会的主会场,能容纳91000名观众。也是国内最大的体育场(图2.2.1)。国家体育场(鸟巢)已成为一个标志性的体育建筑,也给了中国音响界一个机会,也是一个挑战。做好国家体育场的扩声工程,让与会者直接听到中国的声音。

图2.2.1　国家体育场(鸟巢)

其扩声系统,由锐丰音响公司全面承接。这个扩声系统有许多特点,它创造了两个第一:它是在奥运会历史中,第一次大批使用线阵列扬声器系统,第一次在国家体育场这样的大型运动场,使用中国自主研发、自行制造的扬声器系统,即由 LAX SW－12A 组成的线阵列扬声器系统。在整个奥运会、残奥会期间运行状态良好,取得满意效果,获得各方好评。

图2.2.2是国家体育场内景。

图2.2.2　国家体育场内景

国家体育场有91000个观众席,希望有一个均匀的、有足够声压级的、清晰的、感觉舒适的声场。因此,按国家体育场扩声设计方案,主扩声扬声器系统采用分散式布置。为提高语言清晰度,特采用垂直指向角较窄的线阵列扬声器系统。

在观众席上方吊挂了16组线阵列扬声器系统,每组由8只~14只扬声器箱组成。线阵列吊装如图2.2.3所示。

图2.2.3　正准备吊装的 LAX 线阵列扬声器系统

整个扩声系统的要求可归纳为以下几点:

(1) 安全第一。由于线阵列扬声器系统是悬挂在体育场的钢结构上,必须确保安全。为此,在保证音箱及吊装件能可靠工作的前提下,尽量减少音箱本身的重量;扬声器阵列总重量要在体育场钢结构安全系数内,并有附加的安全保险措施。

(2) 在体育场内层下方吊挂线阵列扬声器系统。这些扬声器系统距离第一排观众约41m,距离中层看台约38m,距离上层看台最后一排为68m。

为此,要求扬声器系统声传输距离为100m。频率响应特性应能满足相应要求。

(3) 水平辐射角达90°。垂直辐射角可根据组成阵列的数量不同,及相互夹角变化而变化。

（4）音质达到或接近世界一流音箱的水平。

（5）产品具有高度一致性。

（6）具备极高的可靠性,不仅保证在奥运会期间能安全工作,并能保证今后长期正常工作。

图2.2.4所示为吊装的一组线阵列扬声器系统。

图2.2.4　吊装的一组线阵列扬声器系统

2.2.2　国家体育场音箱的布置

国家体育场面积很大,东边看台最后一排到西边最后一排的距离是260m,南北距离约为270m。体育场挑棚长度约68m,挑棚由上、下两层膜构成,即固定于钢结构上弦的透明的ETFE(乙烯－四氟乙烯)膜和固定于下弦的PTFE(聚四氟乙烯)膜。下层膜为具有一定吸声性能的膜结构。两膜之间的距离为13mm。膜下方体积为1900000m³;总表面积约160000m²,整个吊顶覆盖面积为42000m²,当中开口面积为18000m²。平均自由声程约47m。

东西看台约175m长,南北看台约110m长。东西看台扬声器距观众席中部距离约35m,最远处约60m。南北看台扬声器距观众席中部距离约35m,最远处约45m。

根据总体设计要求,采用线阵列扬声器系统。由于线阵列扬声器系统辐射距离远、垂直面辐射角小、声场较均匀、便于调节控制,在大型场地使用线阵列扬声器系统是一个良好的、正确的选择。国内外许多大型演出、体育活动中近年来纷纷采用线阵列扬声器系统。但在奥运场馆中使用线阵列扬声器系统还是第一次。

对于大型的运动场,扬声器系统的布置以分散布置为主,声场可以比较均匀,可以使全场观众都能听到清晰的声音。在某些声场覆盖较差的地区,再设置补声音箱。线阵列扬声器系统的音箱数量较多,相应安全系数会得以提高。

根据声场的设计同时注意以下原则:

（1）尽量减少扬声器到听众区的距离,以提高直达声能和混响声能。

（2）利用线阵列扬声器系统垂直指向角窄的优点,避开不必要的反射,而将主要声能投向听众区。而利用水平辐射角较宽的特点,将声能辐射到较宽的水平面听众区。

（3）尽可能做到均匀覆盖,同时避免扬声器覆盖区域的过多重叠。

由于采用多组线阵列扬声器系统,不同扬声器系统到达某听众区,由于声程差而引起声延时(例如,从西挑棚扬声器发出的声音到东看台第一排,与东挑棚上面的扬声器发出的声音到东看台第一排,相差约350ms),应采用相应设备控制。

在观众席上方吊挂了 16 组线阵列扬声器系统,每组由 8 只~14 只扬声器箱组成。其分布如图 2.2.5 所示。跑道长边(东、西)一边 5 组,跑道短边(南、北)一边 3 组。

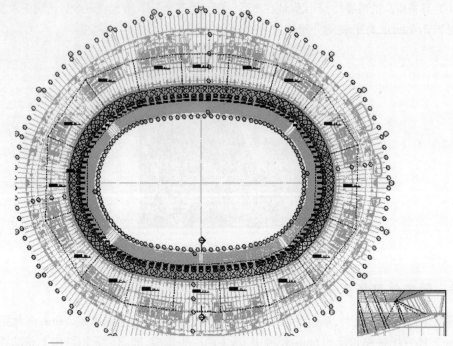

图 2.2.5　观众席上方的线阵列扬声器系统(共 16 组)

其辐射示意图如图 2.2.6 和图 2.2.7 所示。而东、南、西、北看台 16 组线阵列扬声器构成分别如图 2.2.8~图 2.2.11 所示。以东看台为例,中间一组由 14 只音箱组成。两侧 4 组由 12 只音箱组成。西看台与此相同。

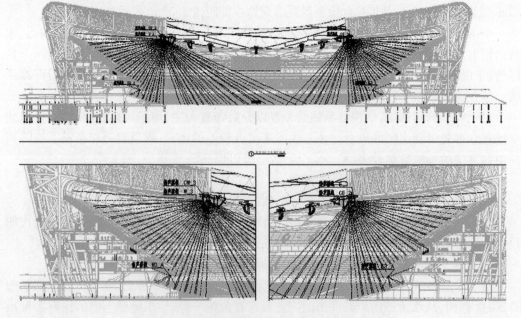

图 2.2.6　东、西看台线阵列扬声器系统辐射示意图

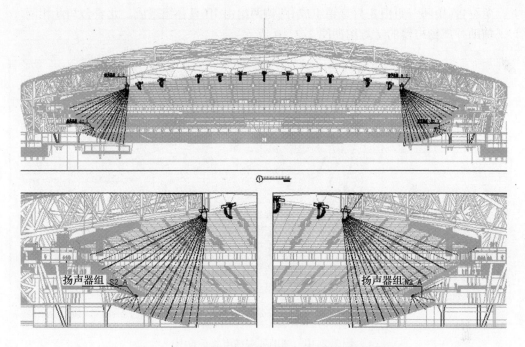

图 2.2.7　南、北看台线阵列扬声器系统辐射示意图

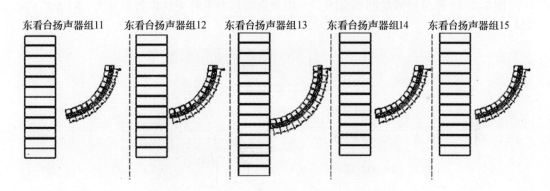

图 2.2.8　东、西看台线阵列扬声器系统构成

图 2.2.9　南、北看台线阵列扬声器系统构成

南看台,中间一组由 8 只音箱组成,两侧两组由 10 只音箱组成。北看台与此相同。
辅助补声扬声器的示意图如图 2.2.10 所示。

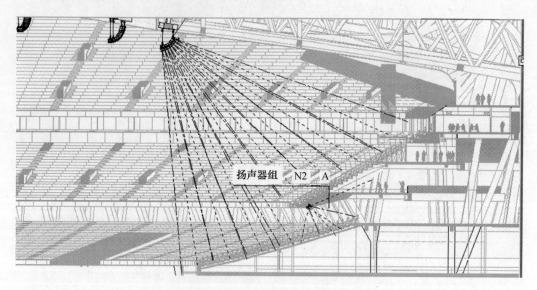

图 2.2.10 辅助补声扬声器示意图

图 2.2.11 则是更清楚的示意图。一层观众席挑台下补声扬声器型号为 LX208PT,共 224 只。

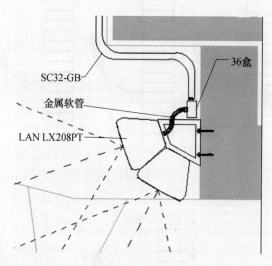

图 2.2.11 一层挑台下辅助补声扬声器安装示意图

另有场地线阵列扬声器系统 8 组,如图 2.2.12 所示。西边 4 组,每组 10 只。东边 4 组,每组 4 只(为吊装需要加装了两只不发声的音箱)。

场地及吊挂线性扬声器系统位置示意图如图 2.2.13 所示。

整个体育场有 24 组线阵列扬声器系统,共有 236 只 SW - 12A 扬声器箱。由此,布置观众区声场示意图如图 2.2.14 所示。

而场地声场的示意图则如图 2.2.15 所示。

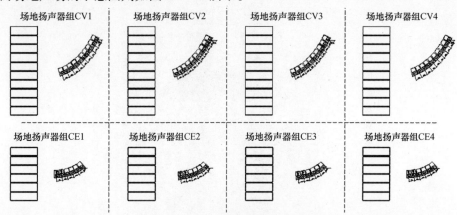

图 2.2.12　场地线阵列扬声器系统

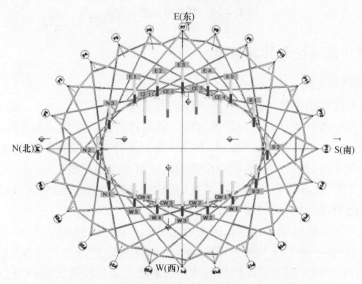

图 2.2.13　场地及吊挂线性扬声器系统位置示意图

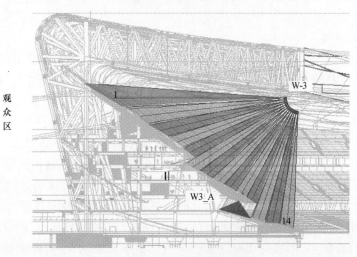

图 2.2.14　观众区声场示意图

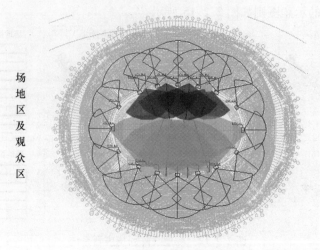

场地区及观众区

图 2.2.15　场地声场的示意图

2.2.3　设计中的理论和实际问题

1. 设计的总体思路

总的思路是设计出世界一流的线阵列扬声器系统。

什么是世界一流的线阵列扬声器系统呢？就是以公认的世界一流线阵列扬声器为参考系(如 L – Acoustic、JBL、Myaer Sound 、NEXO 等)，并结合国家体育场的要求，达到客观指标测试和主观评审，并最后经受使用检验的线阵列扬声器系统。

从设计任务看，又分线阵列扬声器系统的研制、扬声器箱的研制、扬声器单元的研制、系统的检测与分析评价、使用的效果与分析评价等。

线阵列扬声器系统是近十几年迅速发展起来的。在法国巴黎郊外的一家当时并不大的公司，L – Acoustices 首先在 1993 年推出 V – DOCS 线阵列扬声器系统，其实他们从 20 世纪 80 年代开始研制。逐步受到用户的欢迎和重视。也提醒各大扬声器公司，随后看到市场的需求、良好的商机，依据本身的技术基础，纷纷跟上，开发、研制、生产各自的线阵列扬声器系统。

2. 音箱的研制

线阵列扬声器系统是由若干音箱、连接件、吊挂件及紧固件组成。因此，线阵列扬声器系统的基础是音箱。这种线阵列用音箱一方面要满足音箱的共同要求、基本要求，另一方面要满足线阵列扬声器系统的特殊要求。

图 2.2.16 是一组吊挂的 LAX 线阵列扬声器系统。

音箱是线阵列扬声器系统的基础，其理论较为成熟，经验也十分丰富。但是仍有一系列问题要正确、恰当、妥善加以解决。而线阵列扬声器系统对音箱提出的要求则是特殊的。因此在设计中要给予特别的关注，并完满解决。而且要经过试验，反复多次验证。

这些问题是：箱体的结构与尺寸；单元的选择与配置；分频段的选择与确定；单元的布局；分频点与单元尺寸的关系；高频部分的设计；结构与吊件的设计。而且这些问题并不是独立、孤立存在的，它们之间还有复杂的关系。牵一发而动全身，此起彼伏、此消彼长，还要平衡、统筹兼顾，达到各方满意。

图 2.2.17 是完成的 LAX SW - 12A 音箱外形。

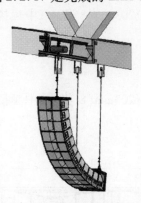

图 2.2.16 吊挂的 LAX 线阵列扬声器系统

图 2.2.17 SW - 12A 音箱外形

音箱参数如表 2.2.1 所列。

表 2.2.1 音箱参数

名 称	指 标
频响范围	60Hz ~ 16kHz(±3dB)
可用频率	40Hz ~ 20kHz(±6dB)
峰值声压级	>136dB/1m
指向性角度	水平指向(-6dB)为 90°(250Hz ~ 16kHz),垂直指向随阵列配置数量变化
阻抗/灵敏度	OP4924L:高频阻抗为 16Ω;灵敏度为 113dB/(1m1W)
	中频阻抗为 8Ω;灵敏度为 104dB/(1m1W)
	左低频阻抗为 8Ω;灵敏度为 98dB/(1m1W)
	右低频阻抗为 8Ω;灵敏度为 98dB/(1m1W)
	OP4922L:中高频阻抗为 8Ω;灵敏度为 104.5dB/(1m1W)
	左低频阻抗为 8Ω;灵敏度为 98dB/(1m1W)
	右低频阻抗为 8Ω;灵敏度为 98dB/(1m1W)

在下面的介绍中,对于一般大家熟知的音箱理论、音箱设计方法不再多讲,这里着重介绍在设计中遇到的种种问题,如何分析、归纳,如何解决,如何综合平衡。中心工作是做适当的选择。

3. 分频的选择

线阵列音箱通常有两分频结构和三分频结构。

对于两分频结构的音箱,其优点是单元布局容易,结构简单。但主要的问题是峰值声压级不够,一般为 132dB ~ 135dB。而现在要求峰值声压级大于 136dB。

不是两分频音箱峰值声压级不能提高,而是峰值声压级提高以后,两分频的扬声器负担加重,振膜振幅加大,导致失真加大,可靠性降低。

而对于三分频音箱,达到这个要求就比较容易,而且还有多种组合方案可供选择。首先对十几种国外较有名的三分频线阵列音箱进行分析研究。

L - Acoustics 的 V - DOSC,如图 2.2.18 所示。

它是由 2 只 φ380mm(15 英寸)低频扬声器单元、4 只 φ178mm(7 英寸)中频扬声器单元、2 只 φ36mm(1.4 英寸)高频扬声器单元组成。

连续声压级为 134dB。

JBL 的 VT4889：

它是由 2 只 φ380mm（15 英寸）低频扬声器单元、4 只 φ203mm（8 英寸）中频扬声器单元、3 只 φ36mm（1.4 英寸）高频扬声器单元组成。

最大声压级为 138dB ~ 146dB。

E – V 的 X – Line：

它是由 2 只 φ380mm（15 英寸）低频扬声器单元、4 只 φ203mm（8 英寸）中频扬声器单元、3 只 φ36mm（1.4 英寸）高频扬声器单元组成。

Martin 的 W8L 如图 2.2.19 所示。

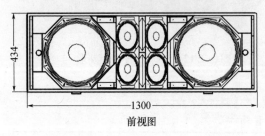

前视图

图 2.2.18　L – Acoustics 的 V – DOSC

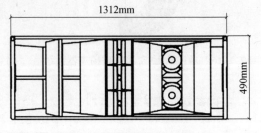

图 2.2.19　Martin 的 W8L

它是由 1 只 φ380mm（15 英寸）低频扬声器单元、2 只 φ203mm（8 英寸）中频扬声器单元、3 只 φ25.4mm（1 英寸）高频扬声器单元组成。

JBL 的 VT4888：

它是由 2 只 φ300mm（12 英寸）低频扬声器单元、4 只 φ138mm（5.5 英寸）中频扬声器单元、2 只 φ76mm（3 英寸）高频扬声器单元组成。

L – Acoustics 的 KUDO：

它是由 2 只 φ300mm（12 英寸）低频扬声器单元、4 只 φ127mm（5 英寸）中频扬声器单元、2 只 φ45mm（1.75 英寸）高频扬声器单元组成。

EAW 的 KF760 如图 2.2.20 所示。

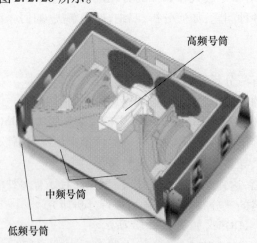

高频号筒

中频号筒

低频号筒

图 2.2.20　EAW 的 KF760

它是由 2 只 ϕ300mm(12 英寸)低频扬声器单元、2 只 ϕ250mm(10 英寸)中频扬声器单元、2 只 ϕ50mm(2 英寸)高频扬声器单元组成。

德国 d&b 的 J12:

它是由 2 只 ϕ300mm(12 英寸)低频扬声器单元、2 只 ϕ250mm(10 英寸)中频扬声器单元、2 只 ϕ14mm(0.6 英寸)高频扬声器单元组成。

DAS 的 Aero38 如图 2.2.21 所示。

图 2.2.21　DAS 的 Aero38

它是由 2 只 ϕ300mm(12 英寸)低频扬声器单元、2 只 ϕ250mm(10 英寸)中频扬声器单元、1 只 ϕ38mm(1.5 英寸)高频扬声器单元组成。

ADAMSON 的 Y18:

它是由 2 只 ϕ380mm(18 英寸)低频扬声器单元、2 只 ϕ228mm(9 英寸)中频扬声器单元、2 只 ϕ100mm(4 英寸)高频扬声器单元组成。

在这里分析了 8 家公司的 10 种线阵列音箱。这些都是有相当知名度的音箱公司,因此具有一定的代表性。从分析中可以看出,这些音箱频响、指向角等指标都符合要求。峰值声压级都在 139dB 以上。但三分频组成却并不相同。这再一次证明"殊途同归"定律。即要使扬声器、音箱达到既定质量指标,可以有多种不同的方法与途径。这与设计师的理念、综合素养、手中掌握的资源、限制条件有关。而且有一种要做到与众不同、有自己特色、有独立风格的强烈追求。

(1)低频单元是在 ϕ380mm(15 英寸)与 ϕ300mm(12 英寸)两种规格中选取。ϕ380mm(15 英寸)单元低频性能要好一些,但重量偏重。

以某品种为例:ϕ300mm(12 英寸)的质量为 2.4kg~4.4kg。

　　　　　　　ϕ380mm(15 英寸)的重量为 4.8kg~6.1kg。

因此采用两只 ϕ300mm(12 英寸)单元,至少可以减少 2kg~3kg。

(2)为此,再考虑到现有资源,确定本音箱为三分频设计。

2 只 ϕ300mm(12 英寸)低频单元。

4 只 ϕ165mm(6.5 英寸)中频单元。

2 只 ϕ76mm(3 英寸)中频单元。

4. 扬声器布置的选择与设计

线阵列扬声器系统的音箱中扬声器的布置,分轴对称布置和非轴对称布置。大多数音箱采用轴对称布置,也有采用非轴对称布置的。

对一般的音箱而言,几乎不产生对称与否的问题,多是竖放,基本上是对称的。

而线阵列扬声器系统是横放的。横放就产生左右对称的问题。这种对称有物理的重心问题,因为线阵列扬声器系统通常是悬吊的,重心平稳很重要。另一个对称有声辐射问题,扬声器单元的位置不同,会有不同的辐射效果。

107

图 2.2.22 所示是一种扬声器非对称的布置。

扬声器轴对称布置的优点在于左、右声像对称,对轴向辐射的效果良好,而且音箱的重心在正中,这样对线阵列这样的悬吊系统较为有利,悬吊系统平衡是可靠的有利因素。

对称布置的缺点是偏轴方向的干涉。在偏轴方向不论是低频单元还是中频单元,在某些频率由于波程差导致相位相反,而出现干涉。表现在水平指向性图是一些凹凸的图形。

而不对称布置的优点是减少了上述干涉。不对称布置中频单元、低频单元都是靠在一起的。由于波程差导致的相位差比较小,因此干涉抵消小。不对称结构最大的缺点是重量不

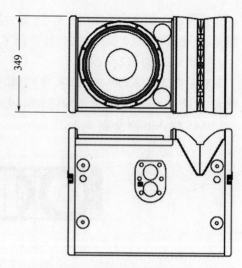

图 2.2.22　扬声器非对称布置

均衡,重心倒向一边,其吊装、平衡、调节角度都比较麻烦。因此实际呈现的不对称音箱,通常是结构紧凑的,中、低频单元单只居多。但相应声压级较低。

根据上述的分析,可以看到的大多数线阵列音箱,其扬声器是轴对称布置的。本音箱设计也是采用轴对称布置,根据水平指向图的实测符合要求,水平指向性图如图 2.2.23 所示。由图可见,这种干涉在中、低频(2000Hz 以下)还是比较小的,总体可以接受。

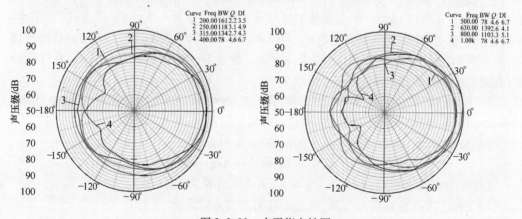

图 2.2.23　水平指向性图

由此可见,对称布置、非对称布置各有优、缺点,选择的原则是"两害权宜取其轻"。对于大型、多单元音箱,悬吊的重心很重要,对称布置是首选。对声辐射的不利影响尽量消除。对于小型的音箱,想不对称也不行。但因为体积小、结构紧凑,重心平衡的问题,相对比较容易解决。

5. 分频点与单元尺寸的关系

线阵列扬声器系统由于发展时间短,理论研究落后于实践,未知问题、模糊问题不少。经过对线阵列扬声器系统理论的学习、梳理、研究,再加上实践的摸索和体会,有几个要点是比较明确的。这几条也成为线阵列扬声器系统设计的基本依据。

（1）线阵列扬声器系统能改变垂直方向指向性,减小垂直平面指向角。垂直平面指向角可达 $9° \sim 12°$。

（2）线阵列扬声器系统在临界距离前（近场）,近似辐射柱面波。在临界距离后（远场）,辐射球面波。

临界距离有多种相近公式,建议采用

$$d = 1.5fh^2$$

式中, d 为临界距离; f 为频率; h 为线阵列高度。

（3）线阵列扬声器系统的上限频率与扬声器单元的垂直距离成反比。

建议采用

$$f_h = \frac{1}{3}\frac{c}{D}$$

式中, f_h 为上限频率; c 为声速; D 为阵列中两扬声器的垂直距离（m）。

（4）线阵列扬声器系统的下限频率取决于阵列总高度。

（5）阵列的各独立声源产生的波阵面表面积之和,应大于填充目标表面积之和的80%。

（6）为了避免声干涉,必须对高频扬声器的驱动器和号筒进行相应设计,以使有效产生近似的平面波。

以上几条应为线阵列扬声器系统设计的依据和设计制造要遵守的原则。经过理论的推算和实践的验证,这是可行的。

通常认为:线阵列扬声器系统音箱垂直方向单元之间的间距,直接影响到该单元垂直方向工作频率的上限。

根据赵其昌教授的研究:

同频率、同相位的两列波叠加的结果是增加 6dB。

同频率、相位差为 $60°$ 的两列波叠加的结果是增加 4.8dB。

同频率、相位差为 $90°$ 的两列波叠加的结果是增加 3dB

同频率、相位差为 $120°$ 的两列波叠加的结果是增加 0dB。

同频率、相位差为 $180°$ 的两列波叠加的结果是抵消。

而相位差为 $180°$,相当于两扬声器距离为 $\lambda/2$。

上述结论可用图 2.2.24 形象地表示。

因此得出,线阵列中两扬声器间垂直距离 $\lambda/2$ 是一个临界值。而低于 $\lambda/2$ 不论是多是少,辐射波均是存在的。为了留一个安全系数、留一个余地,取两扬声器距离为 $\lambda/3$,相当于相位差为 $180°$ 的状况。或写成

$$D = \frac{\lambda}{3} = \frac{1}{3}\frac{c}{f_h}$$

$$f_h = \frac{\lambda}{3} = \frac{1}{3}\frac{c}{D}$$

式中, f_h 为高频重放上限; c 为声速,通常取 344m/s; D 为阵列中两扬声器垂直距离（m）。

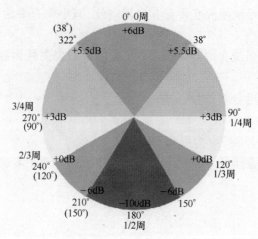

图 2.2.24　两相同声压、不同相位的声波合成声场

两扬声器间垂直距离,是指两扬声器中心到中心的距离,这包括扬声器的直径、箱体边缘、边厚、两音箱间隙(如果存在的话)。

这个公式同时回答了两个问题:

(1)通常音箱大多是竖放的,而线阵列音箱都是横放的。这不仅为了悬挂方便,主要是保证线阵列的高频重放。

(2)线阵列扬声器系统悬挂时,对音箱之间缝隙如何评价。从提高高频重放来看,缝隙是有害的。

对于线阵列扬声器系统,主要是使垂直指向角减小,而水平面的指向角也要求有一定宽度。通常认为线阵列扬声器系统的指向性比较宽,但也需要设计和验证。

在对称结构的线性音箱中,两只低频单元同时工作时,单元之间的中心距离必会影响到水平指向的扩展。一般情况下,两只 φ300mm 低频扬声器中间还有中、高频扬声器,所以两只 φ300mm 低频扬声器的中心距离会达到 0.6m 以上。按水平指向角一般要求 90°的情况,在较高频率上两只低频扬声器之间到达测量点时的声程差造成的声干涉就必须事先予以充分考虑。

两只低频扬声器间声程差的示意图如图 2.2.25 所示。

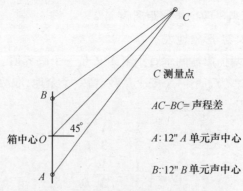

图 2.2.25　两只低频扬声器的声程差示意图

计算:假设两只12φ300mm低频扬声器中心距离为0.6m时,45°方向上测量点与音箱中心距离为4m、10m、30m、100m、200m。

经计算造成的声程差分别为0.423667m、0.424169m、0.424253m、0.424254m、0.424264m、0.424263m。

由以上计算结果可以看出:在水平45°方向上,测量点距离的变化造成的声程差的变化甚少。最大值为0.4243m。

根据相干声波不同相位声压叠加原理:

声程差超过某频率$1/3\lambda$(即有120°相位差)以上时,该频率声波将在该测量点产生干涉抵消现象。

该上限频率可由下式计算:

$$f_h = \frac{\lambda}{3} = \frac{1}{3}\frac{C}{D}$$

如上例,两声源中心间距为0.6m,当两声源声程差为0.4243m时,造成120°相位差的频率即为270Hz。即按以上设计的两只φ300mm低频扬声器在水平45°方向上、270Hz以上频率将会产生声压抵消现象。也就是两只低频φ300mm扬声器共同工作在270Hz以下,才能充分保证水平45°方向上的指向性要求。

但这只是理论计算最低的条件,单只φ300mm低频扬声器工作时,45°方向与0°方向相比声压的衰减量因素,可事先用替代箱体近似测量。其测量曲线如图2.2.26所示。

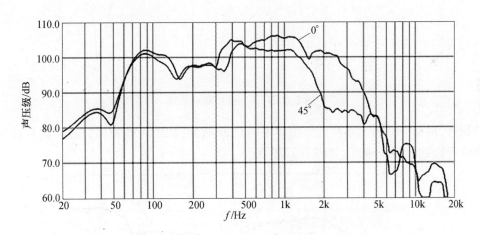

图2.2.26 单只φ300mm低频扬声器测量

根据计算,两只扬声器同时工作时,在水平45°方向上声压叠加的曲线如图2.2.27所示。

注:计算中两只φ300mm低频扬声器中心距为0.65m,声程差为0.46m。

根据实测的一只φ300mm低频扬声器在近似箱内的水平方向45°指向的频响曲线,经过计算可得到两只φ300mm低频扬声器共同工作时,在水平45°方向可能的模拟频响曲线,如图2.2.28所示。

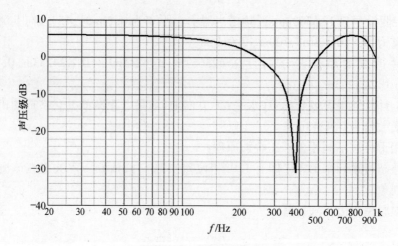

图 2.2.27　声压叠加曲线

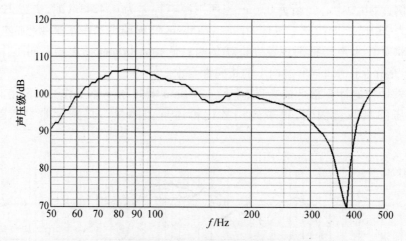

图 2.2.28　45°模拟频响曲线

同样,根据一只扬声器在近似箱体中的 0°频响曲线,也可模拟两只扬声器在设计的箱体中理想的 0°频响曲线,如图 2.2.29 所示。

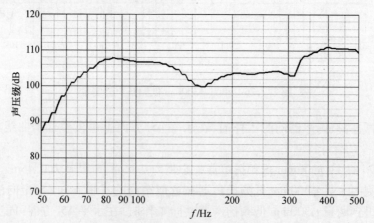

图 2.2.29　两只扬声器 0°模拟频响曲线

把图 2.2.28、图 2.2.29 综合在一起(图 2.2.30)可以大致预测设计中该音箱最终保证水平 ±45°、−6dB 要求的最上限频率(此例约为 245Hz)。

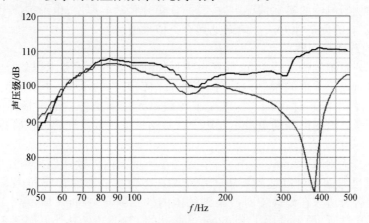

图 2.2.30 图 2.2.28、图 2.2.29 的综合

最后实际制作箱体后的测量曲线(图 2.2.31)基本符合最初的计算结论(实际两低频扬声器中心距为 0.6415m)。

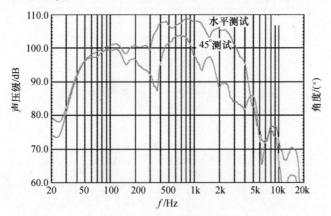

图 2.2.31 实测曲线

从实测的曲线看,当两只扬声器中心距离在 0.6m 以上,两只低频扬声器同时工作,在水平方向 45°左右,250Hz 以上的频率会产生声波干扰现象。

而本音箱要求为:水平指向(−6dB)为 90°(250Hz~16kHz)。

由此验证可见,协议要求的水平指向性指标在 250Hz 端,能满足要求。

从以上计算数据和分析可以看出,两只低频扬声器同时工作只能在 250Hz 以下频率,但是中频单元由于尺寸结构的限制,在 250Hz 左右一般失真较大。根据这种情况,采用了一个与传统不同的设计,设计两低频扬声器共同工作到 200Hz 左右,在 200Hz~330Hz 之间只用一只低频扬声器工作。从而避免了这个区域将会产生的水平方向干涉(干涉是两只扬声器造成的。同一箱体中当两只低频扬声器在 200Hz~330Hz 之间只有一只低频扬声器工作时,也就没有相互干涉),同时也满足了垂直方向线阵列的理论要求。在频率响应的均衡方面,选择中、高频灵敏度比较高的低频扬声器,可以满足响应均衡的要求。

和低频扬声器类似,两只中频扬声器以偶极子方式工作时,可计算出水平方向大约在 1550Hz 以上频率会产生声波干涉现象。考虑到高频系统的灵敏度会高出中频 6dB 以上,电分频在 1700Hz 以下即可避免产生声波干涉。而垂直方向上中频扬声器的工作频率上限是 2300Hz。因此,中、高频分频在 1700Hz 可满足线性要求。

这是一种从扬声器的实际情况出发,遵循音箱分频基本理论,也不拘泥于传统分频布局,优化性能要求的创造性方法。尚未见到有类似报道。

6. 单元的选择与配置

用于线阵列系统的扬声器单元,除了电声性能和音质的一般要求以外,还有重量的限制。这是源自对音箱重量的限制,参照国家体育馆钢结构的承重,并预留足够的安全系数,确定单只音箱不能超过 60kg。这就要求各类单元在满足各项电声指标前提下,还要尽可能降低重量。而扬声器的重量主要集中在磁路系统。重量轻的钕铁硼磁路系统自然当仁不让,成为首选。

低频扬声器选用 ϕ300mm(12 英寸)单元。在一批国内外钕铁硼扬声器中选型,从灵敏度、功率、重量方面都可以达到要求。单元的选型就主要考虑音质和 T/S 参数与对应的箱体容积是否合适。在设计中对搜集到的国内外几款 ϕ300mm(12 英寸)单元进行多方面试验和对比试听,最后选用了 Eighteen Sound 的 12nd830。其外形如图 2.2.32 所示。其频响曲线如图 2.2.33 所。

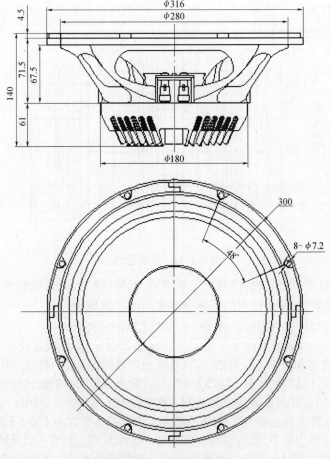

图 2.2.32　12nd830 外形

这只低频扬声器磁路采用钕铁硼磁体,其主要目的是减轻扬声器的重量,这正是线阵列扬声器系统要求之一。另外,对钕铁硼磁路要特别注意散热问题,避免因过热而退磁。

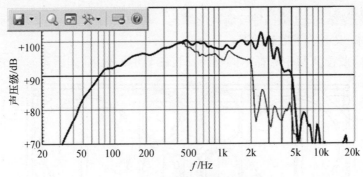

图 2.2.33　12nd830 的频响曲线

通过功率试验确定可以满足要求。

其主要技术指标为:灵敏度,99dB;谐振频率,55Hz;有效频率范围,53Hz ~ 5000Hz;QMS,5.15;QMS 大于 4,符合通用要求,可保证低频有较好的力度。

而此音箱的中频扬声器是锐丰公司自行设计与制造的。与其他扬声器共同满足音箱设计与使用的要求。

常见的 ϕ130mm ~ ϕ165mm 中频扬声器的灵敏度一般在 92dB ~ 98dB 之间,功率在80W ~ 150W 范围。要达到 134dB 的峰值功率,需要使用 4 只 ϕ130mm ~ ϕ165mm 中频扬声器。从查到的资料看,国内外大多数能达到 98dB 的中频扬声器采用泡沫折环,而泡沫折环最大的问题是不耐用,容易受潮、老化破裂,用于国家体育场长期使用并有防雨要求的场合是不适用的。在对比了国内外各种布折环、橡胶折环的 ϕ130mm ~ ϕ165mm 中频扬声器以后,最终还是选用了由锐丰公司自行开发的,并已在公司产品中使用过的,灵敏度为 98dB,布折环 ϕ165mm 的中频扬声器,为满足安装尺寸要求对盆架重新设计。

中频扬声器的外形如图 2.2.34 所示。

每只音箱中共由 4 只中频扬声器组成,对其重量的要求同样是严格的。为此采用钕铁硼磁路,如图 2.2.35 所示。

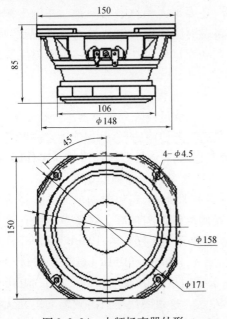

图 2.2.34　中频扬声器外形

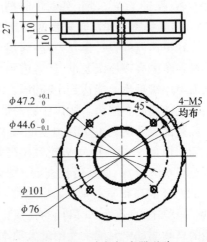

图 2.2.35　中频扬声器磁路

采用并联磁路结构,这是一种较新颖的结构。用 10 块钕铁硼小磁体并联,既满足总磁通密度的要求,又改善了散热状况。

从箱体布局来看,4 只中频扬声器倾斜安装在 V 形面板上,如图 2.2.36 所示。

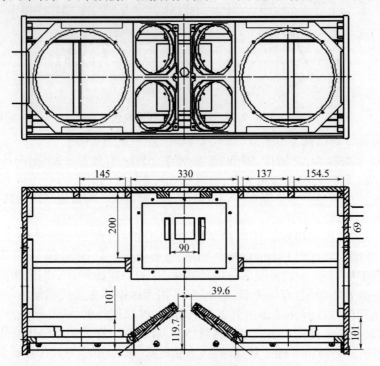

图 2.2.36　箱体示意图

中频扬声器要与低频扬声器分隔开,通常在中频扬声器加一个后腔室。相当于一个闭箱或开口箱。箱体体积要符合要求。除此以外,还要考虑箱体散热问题。在做中频部分功率试验时,发现扬声器温升较高。扬声器磁路表面温度达 130℃,这对钕铁硼磁路有退磁的危险。为此采用了多种相应的散热措施,在功率试验时扬声器磁路表面温度降到 90C°左右,保证了在长期工作时中频扬声器的安全。

7. 高频扬声器和高频号筒的设计

高频扬声器的设计出发点是:满足总体设计要求和满足线阵列扬声器本身技术要求。

从系统的高声压级要求,还考虑到高频信号在远距离传输的衰减,初步确定高频部分的峰值声压级理论上能达到 140dB 以上。而中频及低频部分在多只音箱共同工作时,能叠加到足够高的声压级。所以中频及低频部分的声压级可以比高频低 6dB。

高频部分要达到 140dB 以上的最大峰值声压级亦非易事,高频驱动单元的选择有一定难度。根据这个要求,可以推算出高频驱动单元的灵敏度与功率。峰值声压级比连续声压级高 6dB 计算,而从资料查询,大多数高频驱动单元的灵敏度在 105dB ~ 110dB。可选取 110dB 的高频驱动单元。求达到 140dB 的功率 X,140dB = 110dB + 6dB + 10lg$X$,X = 250W。但实际的 ϕ75mm 口径的高频驱动单元能承受的最大功率为 160W 左右,ϕ100mm 口径的高频驱动单元能承受的最大功率为 200W 左右。这说明用单只高频驱动单元无法达到这个声压级。使用两只高频驱动单元,可以增加 6dB 的功率输出,这时 X = 126W,单

116

只 $\phi75\text{mm}$ 口径的高频驱动单元只需要承受 63W 以上的功率即可。而灵敏度达到 110dB 的钕铁硼磁体 $\phi75\text{mm}$ 口径的高频驱动单元,选择的余地还是很大的。据所设计的高频"声道矫正式号筒"的两个入口间距为 135mm,这就限定了高频驱动单元的直径必须在 135mm 以下,但目前大部分高频驱动单元外部直径都在 140mm 以上,选择起来还是费些功夫,终于选择一款进口高频驱动单元,满足以上几个方面要求。图 2.2.37 是此高频驱动单元的频率响应。

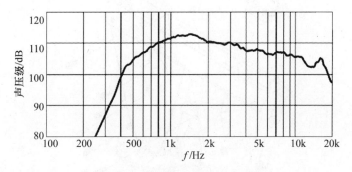

图 2.2.37　高频驱动单元频率响应

另外,综合阻抗匹配、高频远距离空气衰减补偿及测算高频功率余量等因素,将高频串联使用,可在远场获得较好的高频效果。

高频驱动单元采用的号筒是自主设计的、拥有独立知识产权,并获得发明专利的"声道矫正式号筒"(专利号为 ZL 2007 2 0052269. X)。

图 2.2.38 是其外形。对于线阵列扬声器的工作原理与状况,Urban 提出了波阵面修正技术。当几个声源在一个平面上,或在一个连续弯曲的平面上,按规则距离组合排列在一起时,若能满足下面两个条件之一,则等同于具有整个组合相同尺寸的单一声源。

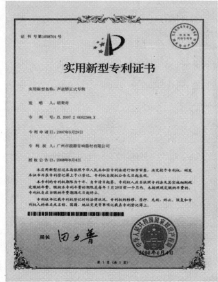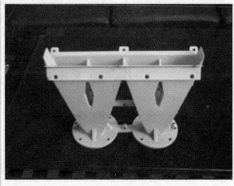

图 2.2.38　专利、号筒外形

（1）各独立声源的各个辐射面的总和应大于阵列结构的80%。

（2）单个声源声中心的距离应小于最高频率波长的一半。

在高频满足第一个条件是采用矩形号筒组合，这样边缘可以直接连接，在号筒内加菱形分路塞，如图2.2.39所示。这种结构缩短了号筒的长度，既减少了谐波失真，也使高频系统符合线性声源的工作频率上限，超过12kHz。

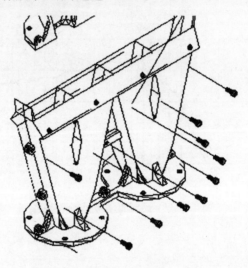

图2.2.39　号筒

经过以上工作，这只音箱成为四分频音箱，结构如图2.2.40所示。各项性能均能满足指标要求。

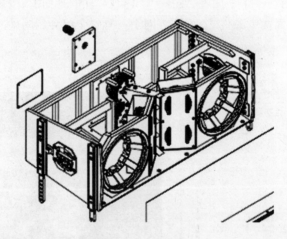

图2.2.40　音箱结构

试制中发现，全部采用电子分频，则所需功率放大器数量较多。为此，将中、高频分频改为常规分频器分频。一方面减少功率放大器的数量，另一方面使各分频段功率均衡。于是设计了分频点为1680Hz的常规分频器。高频部分不作衰减，由处理器处理。经实测、试听、使用，各方效果均较为满意。

2.2.4　产品达到的指标与测试

产品最后达到的指标如下:

频率范围:60kHz~16kHz(±3dB)(经处理器)。

水平指向:90°(-6dB,25012kHz)。

最大声压级:≥135dB(1m,经处理器)。

额定功率:低频450W,低中频450W,中高频480W。

阻抗:低频8Ω,低中频8Ω,高频8Ω。

外形尺寸:1601mm×367mm×508mm。

质量:60kg。

单只音箱频率响应如图2.2.41所示。单只音箱的谐波失真曲线如图2.2.42所示。

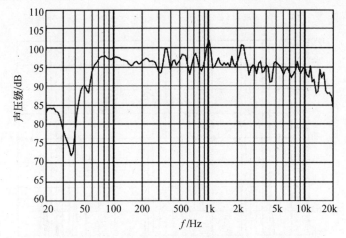

图2.2.41　单只音箱频率响应(测试距离8m,经处理器)

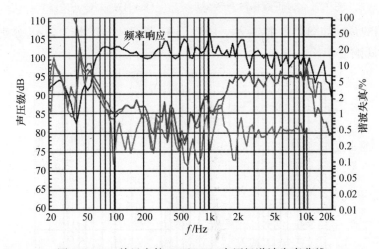

图2.2.42　单只音箱102dB/8m声压级谐波失真曲线

中、高频扬声器频响及灵敏度如图2.2.43所示。低频扬声器频响和灵敏度如图2.2.44所示。

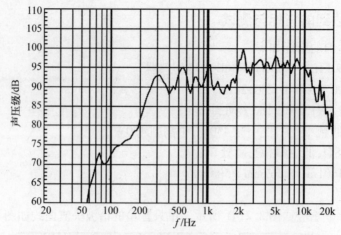

图 2.2.43　中、高频扬声器频响及灵敏度（8m/4W，未经处理器）

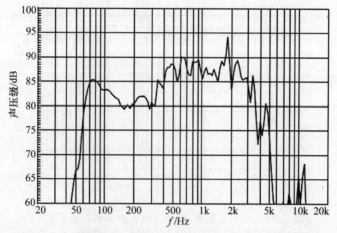

图 2.2.44　低频扬声器频响及灵敏度（8m/4W，未经处理器）

4 只音箱的频响如图 2.2.45 所示。图 2.2.46、图 2.2.47、图 2.2.48 分别是瀑布图、脉冲响应、阶跃响应。

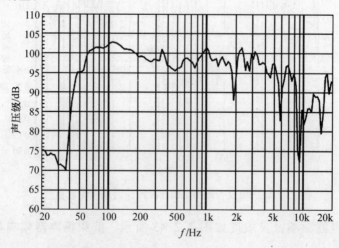

图 2.2.45　4 只音箱按 10°夹角组合正向 0°的频响（测试距离 8m，经处理器）

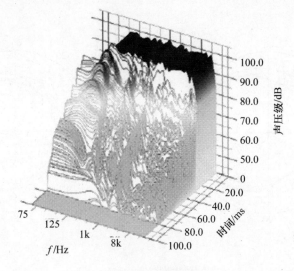

图 2.2.46　瀑布图

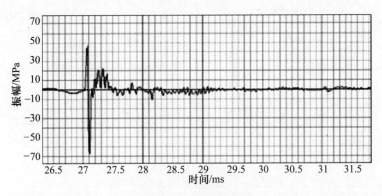

图 2.2.47　脉冲响应

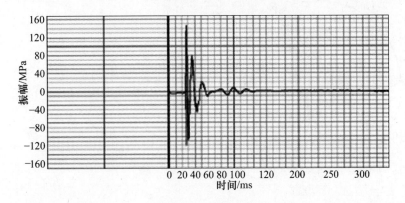

图 2.2.48　阶跃响应

　　图 2.2.49 是单只音箱水平指向性图,型号为 SW－12A,水平指向性极坐标图测试距离为 8m。

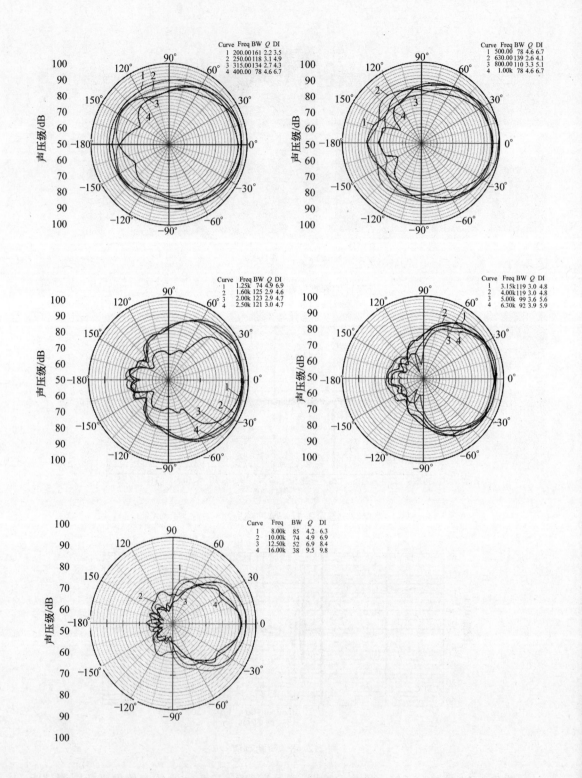

图 2.2.49　单只音箱水平指向性图

122

单只音箱垂直指向性图如图2.2.50所示。处理器的参数如表2.2.2所示。

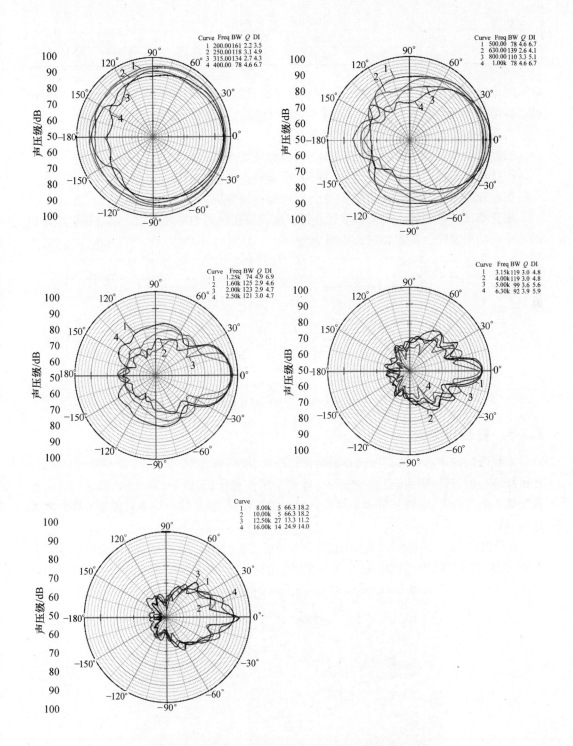

图2.2.50　单只音箱垂直指向性图(测试距离为8m)

表 2.2.2　处理器参数

	G	D	HPF	LPF	P	EQ(Hi-Mid)
Hi	—	0	366Hz	20kHz	+	1200Hz, -6dB, $Q=4$
Lo	0	1	30Hz L-R	366Hz	+	1800Hz, -2dB, $Q=3.875$
Lo	0	0	30Hz L-R	203Hz L-R	+	

功率试验情况：由于音箱的可靠性极为重要，因此对本线阵列音箱严格进行功率试验。以便于与国外同类产品相比较，采用 AES 标准。经过 3 次试验，3 次均通过。

为进一步发现问题，还要进行超功率试验。

按处理器参数，120% 额定功率（AES），高频驱动单元损坏。

按处理器参数，140% 额定功率（AES），低频扬声器损坏。

按处理器参数，200% 额定功率（AES），中频扬声器损坏。

超功率试验是用同一只音箱重复进行。这说明在使用中不允许加入超过额定功率值的功率。功率试验分频图如图 2.2.51 所示。

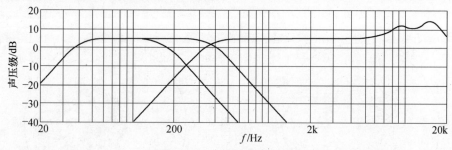

图 2.2.51　功率试验分频图

2.2.5　安装与结构

本线阵列扬声器系统是吊挂在国家体育场内，应保证长期、全天候、安全使用。因此，在吊挂结构的设计、制造、安装、使用中，将安全放在首位，采取一切措施以确保安全。在安全第一的基础上，兼顾线阵列系统组合吊挂的方便快捷，并按声场要求满足各种角度变化的需要。

在吊挂设计中，安全系数的选定，综合各方面的要求和意见，按 10 倍最大组合重量计算，并安全通过阵列重量的 10 倍载荷试验。对横担等受力也通过计算机模拟试验，如图 2.2.52 所示。

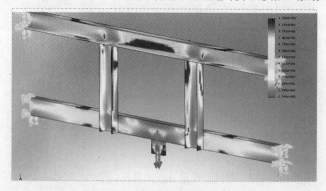

图 2.2.52　横担受力计算机模拟试验

在设计中箱体固定在箱体的吊挂件上,如图 2.2.53 所示。

这种设计的优点是,重量的传递只通过吊挂件而不通过箱体。因此箱体结构只需考虑承受自身重量及可能产生的冲击载荷及横向拉力。降低了设计和加工的难度,也提高了整个系统的安全系数。

鉴于音箱重量方面的考虑,吊挂件外套管设计采用铝合金材料,并加热处理以提高强度,对管壁厚度精确计算,并通过多次试验确定。

连接件采用结构中碳钢制成,也通过反复验证。

连接件设计遇到最大的问题是连接件中部的绞轴设计。通过试验发现,在大作用力下,连接件绞轴部位会胀开,而达不到设计要求,另外绞轴的防锈性能也不能满足要求。在各方协助下,找到一种特殊的不锈钢材料同时解决了以上两个问题,图 2.2.54 所示为绞轴图。

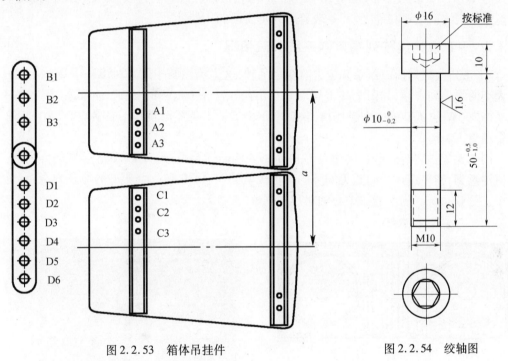

图 2.2.53　箱体吊挂件　　　　图 2.2.54　绞轴图

针对各种钢制部件的防锈问题,为了避免钢制部件在普通电镀工艺中容易产生的氢脆问题,最初采用热浸锌工艺处理,但发现最终尺寸不好控制,造成安装困难。由此改用一种热渗锌工艺(热浸渗是将经过表面处理的工件浸入远比工件熔点低的熔融金属或合金中,使工件表面获得这种金属或合金的方法)。试验证明,此工艺可避免氢脆问题,表面镀锌层厚度可控,防锈性又比电镀锌为好。避免了不安全因素,保证了设计意图圆满实现。

为保证音箱全天候使用的长期安全可靠,还对箱体、单元等按全天候使用要求采取了一系列防护措施,如音箱除配备防护铝网外,另加一层不锈钢细丝网防雨水的浸蚀。箱体表面漆层为特制防水漆。非受力螺钉用不锈钢制造。螺钉全部固封,并附有后板防雨盒及电缆密封套。经过试验证明防护措施有效,也被至今已有两年来实用所证明。

2.3 JBL 公司 VT 系列线阵列扬声器系统分析

JBL 公司线阵列扬声器系统技术工作的领军人物是 Mark Ureda。Mark 是 Altec Lansing 公司曼塔莱号筒的发明人,还是 E – V 公司阵列号筒开发的前负责人。他现在是 JBL 公司线阵列开发顾问,同时他还为 Rockwell intenational 公司工作。

看一个扬声器公司的实力,不仅要看它产品技术性能的硬实力,更要看他技术研发能力的软实力。由于线阵列扬声器系统发展时间不长,见到的关于线阵列扬声器系统的有价值论文很少,而收集到的 Mark Ureda 撰写的关于线阵列扬声器系统的论文,在 AES 会议和会刊上发表就有 3 篇之多。

JBL 公司开发的线阵列扬声器系统有多种,这里从具有代表性的 VT 系列分析。VT 系列即 VERTEC 系列,讲的是 Vertival Technology,可以理解为垂直技术,也就是点明线阵列扬声器系统的主要功能之一,是改善阵列垂直面的指向性。

2.3.1 VT 系列线阵列扬声器系统一般情况

VT 系列线阵列扬声器系统至少有 6 个品种,这里关注其中的 VT4889。VT4889 是一个大型的线阵列音箱,如图 2.3.1 所示。它由两只功率 600W 的 φ380mm 低频扬声器、4 只功率 300W 的 φ200mm 中频扬声器、3 只功率 75W、3 英寸振膜的压缩驱动单元组成,每只音箱重 72kg。

图 2.3.2 是它的外形。尺寸为 1214mm × 494mm × 544mm。图 2.3.3 是它的阵列图。可以注意到,音箱箱体之间是无间隙的。可以看到 VT4889 是一个典型的线阵列音箱,是一个三分频系统。扬声器按中心轴对称排列。

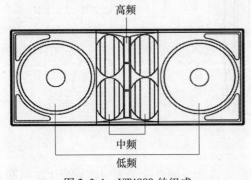

图 2.3.1 VT4889 的组成

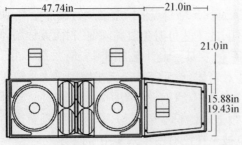

图 2.3.2 VT4889 外形尺寸

图 2.3.3 VT4889 的阵列排列

VT4889 的 ϕ380mm 低频单元,采用钕铁硼磁路,为了散热采用两段磁路。

2.3.2 VT 系列线阵列的扬声器单元

国外的音箱公司大多数是采购扬声器单元。自己生产音箱同时生产扬声器单元的公司很少,JBL 公司是其中之一。这种方式的优点是更便于扬声器与音箱形成优势互补的最佳配合,甚至可以为音箱量身订做扬声器单元。

1. VT4889 的低频单元

VT4889 的低频单元型号为 2255H,ϕ380mm;功率为 600W(AES),阻抗为 8Ω;采用钕铁硼磁体,质量只有 4.1kg。2255H 的外形如图 2.3.4 所示。

2255H 的最大特点是采用了取得美国专利的(U.S. Patent No. 5,748,760),上、下两个单层音圈结构,被称之为差动音圈结构,如图 2.3.5 所示。

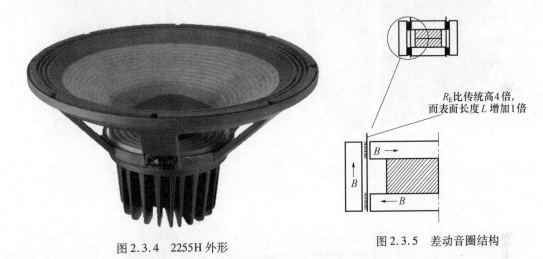

R_E 比传统高 4 倍,而表面长度 L 增加 1 倍

图 2.3.4　2255H 外形　　　　图 2.3.5　差动音圈结构

这种结构将一组音圈分置两处,可以使扬声器的散热能力增加 1 倍,也使扬声器的承受功率增加 1 倍。这项最初用于 JBL2251H 的专利,用于经改进的 2255H 之中;或者说 2255Hϕ75mm 音圈的散热能力,相当于 ϕ150mm 音圈的散热能力。

此单元的 $f_0 = 39$Hz、$Q_{TS} = 0.30$、$Q_{MS} = 3.68$,可见符合要求。特别是机械质量因数接近 4,保证低频特性。

2. 中频单元 2250H

中频单元 2250Hϕ200mm,功率为 300W(AES)。它同样采用钕铁硼磁体,差动式音圈结构。做到重量轻,而承受功率大。这两条都是线阵列音箱所要求的。

中频单元 2250H 外形如图 2.3.6 所示。

3. 高频单元 2435H

每只音箱有 3 只高频单元 2435H。重要的是高频单元采用一个 3 英寸的铍球顶振膜,而铍振膜是公认的最佳振膜,音质比钛振膜提高很多。每一只高频单元前装有一个如图 2.3.7 的号筒。图 2.3.8 则是高频单元 2435H 与号筒装配后的图形。

这样 3 只号筒竖放,位居音箱的中心,形成一个较均匀的平面波形,如图 2.3.9 所示。但有人对此表示质疑,说明尚有不少问题值得探讨。

JBL 公司采用一种拉长号筒的方法,将所用的号筒长度增加,使号筒中心部位与上、下边缘部位在长度上的差别减小,便波阵面曲率减小,从而达到在要求的工作频率上限时,波阵面的偏差小于 $\lambda/4$ 的目的,如图 2.3.9 所示。

图 2.3.6　中频单元 2250H 外形

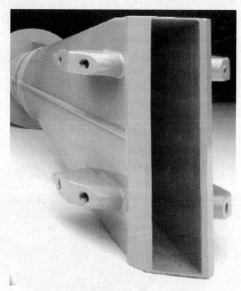

图 2.3.7　高频单元 2435H 的号筒

图 2.3.8　高频单元 2435H 与号筒装配后的图形

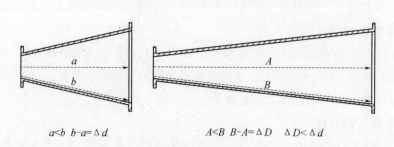

$a<b$　$b-a=\Delta d$　　　$A<B$　$B-A=\Delta D$　$\Delta D<\Delta d$

图 2.3.9　长号筒

应该说这也是一个简单而巧妙的方法。由于扬声器单元的质量,保证了线阵列音箱的质量。

2.3.3 VT4889 线阵列的性能测量

可以从提供的 VT4889 线阵列的性能测量结果,来判断线阵列的性能,如图 2.3.10 所示。而由于历史的原因,对线阵列扬声器系统的测量,尚没有统一的国家标准与国际标准。而实际上国内外各公司,对线阵列扬声器系统所提供的测试报告亦不多。目前收集到的资料,都可为将来制定标准当作参考。图 2.3.11 是两只 15 英寸低频扬声器的频响曲线,测试距离为 4m。在 50Hz ~ 100Hz 的灵敏度为 95dB。

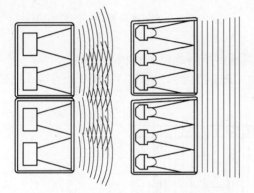

图 2.3.10 VT4889 生成的连续波阵面　　图 2.3.11 两只 15 英寸低频扬声器的频响曲线

图 2.3.12 是两只 15 英寸低频扬声器的阻抗曲线。从图 2.3.12 可判断 VT4889 是一只开口箱。扬声器的谐振频率为 45Hz。

图 2.3.13 是 4 只 8 英寸中频扬声器的频响曲线,测试距离 4m。其灵敏度为 102dB,这还是一个较高的数值。

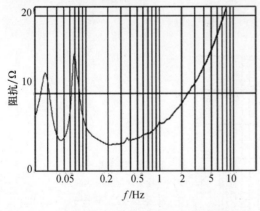

图 2.3.12 两只 15 英寸低频扬声器的阻抗曲线　　图 2.3.13 4 只 8 英寸中频扬声器的频响曲线

图 2.3.14 是 4 只 8 英寸中频扬声器的阻抗曲线,测试距离为 4m。可以看到,在 300Hz 时出现一个峰值。

图 2.3.15 是 3 只高频扬声器的频响曲线,测试距离为 4m。从图中可以看出,高频扬

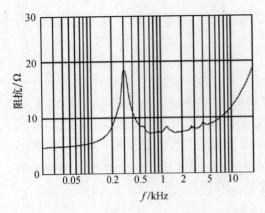

图 2.3.14 4 只 8 英寸中频扬声器的阻抗曲线

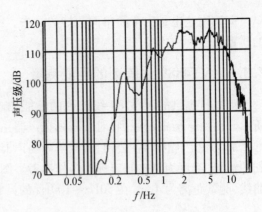

图 2.3.15 3 只高频扬声器的频响曲线

声器的灵敏度是相当高的。而从 8kHz 开始,灵敏度下降的速度是相当快的。

图 2.3.16 是 3 只高频扬声器的阻抗曲线。而图 2.3.17 则是 VT4889 箱在 4m 处测量的频响曲线。

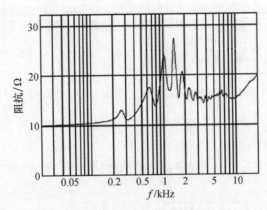

图 2.3.16 3 只高频扬声器的阻抗曲线

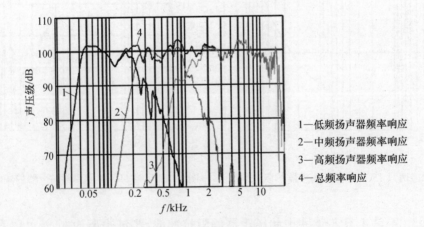

1—低频扬声器频率响应
2—中频扬声器频率响应
3—高频扬声器频率响应
4—总频率响应

图 2.3.17 VT4889 箱在 4m 处测量的频响曲线

总体频响曲线是平坦的。

在其说明书中表示：

频率范围（-10dB）:40Hz～18000Hz。

频率响应（±3dB）:45Hz～16000Hz。

基本上与曲线吻合。

2.3.4 VT4889 线阵列的指向性

由于线阵列扬声器系统对指向性影响较大，所以我们更关注其指向性。对于水平指向性，线阵列的影响较小。而对垂直面的指向性影响较大，指向性与频率、箱体特性、箱体数量有关。

图 2.3.18 是单只 VT4889 音箱在水平面的指向性极坐标图。

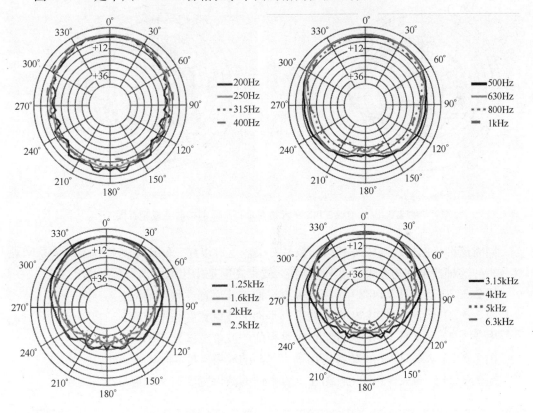

图 2.3.18　单只 VT4889 音箱在水平面的指向性极坐标图

频率按 1/3 倍频程间隔。从曲线中可以看到，随着频率的升高，曲线稍有变化，但水平指向角还是比较宽的，这也正是扩声的实际需要，使水平面的全部听众都能很好地接收传来的声波。

图 2.3.19 是单只 VT4889 音箱在垂直平面的指向性极坐标图。频率也是按 1/3 倍频程间隔。

可以清楚地看到，单只 VT4889 音箱在垂直平面的指向角会随着频率升高而变窄。

131

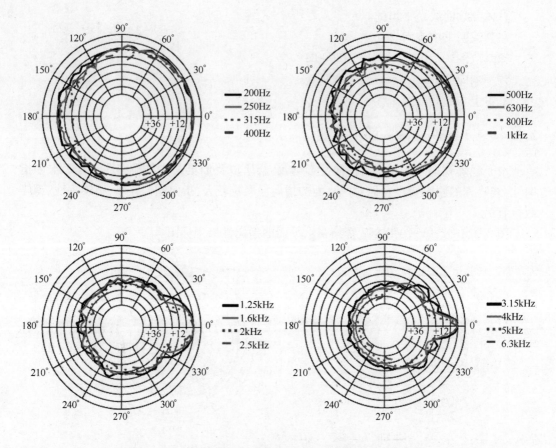

图 2.3.19　单只 VT4889 音箱在垂直平面的指向性极坐标图

同时这种指向性还与线阵列箱体数目有关。这可以用 −6dB 宽度与频率的关系来观察分析。这种曲线称为波束宽度频率响应,波束宽度是指比最大值下降 6dB 的宽度。

图 2.3.20 是单只 VT4889 音箱在垂直平面的波束宽度频率响应。

图 2.3.21 是 2 只 VT4889 音箱在垂直平面的波束宽度频率响应。

图 2.3.22 是 4 只 VT4889 音箱在垂直平面的波束宽度频率响应。

图 2.3.23 是 6 只 VT4889 音箱在垂直平面的波束宽度频率响应。

图 2.3.24 是 8 只 VT4889 音箱在垂直平面的波束宽度频率响应。

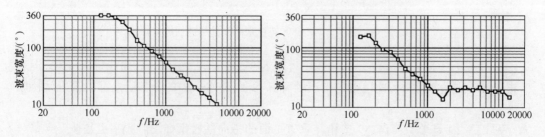

图 2.3.20　单只 VT4889 音箱在
垂直平面的波束宽度频率响应

图 2.3.21　2 只 VT4889 音箱在垂直
平面的波束宽度频率响应

132

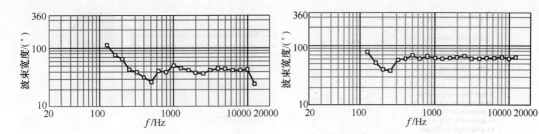

图 2.3.22　4 只 VT4889 音箱在垂直
平面的波束宽度频率响应

图 2.3.23　6 只 VT4889 音箱在垂直
平面的波束宽度频率响应

图 2.3.24　8 只 VT4889 音箱在垂直平面的波束宽度频率响应

从这些曲线可以看出,对于线阵列扬声器系统来讲,随着频率升高波束宽度变窄。随着线阵列箱体数目的增加,垂直平面会维持一定数值,而频率的影响变小。

在实际使用中,可以将线阵列扬声器系统倾斜一定角度,使线阵列扬声器系统在垂直面的主轴正对主要观众席。

2.3.5　JBL 公司线阵列扬声器系统软件

图 2.3.25 是线阵列扬声器系统使用场地的座位参数。图 2.3.26 是 JBL 线阵列扬声器系统的软件计算表。它包括座位距离、离地面高度、最远座位距离及高度,可有 1~3 个座位平面。

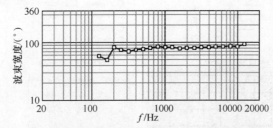

Seating Plane Layouts	Plane 1	Plane 2	Plane 3
Distance to front seat	25.0	150.0	0.0
Height of front seat	4.0	4.0	0.0
Distance to rear seat	150.0	225.0	0.0
Height of rear seat	4.0	15.0	0.0

图 2.3.25　线阵列扬声器系统使用场地的座位参数

希望通过软件得到的是如图 2.3.27 所示的在座位垂直平面,线阵列的指向性极坐标图。还希望了解到,线阵列在座位平面,对座位的辐射声线图,如图 2.3.28 所示。

使用软件时,输入的参数包括使用公制还是英制,如图 2.3.29 所示,使用状态选择,包括线阵列是悬吊还是放置地面,使用哪一种型号的线阵列。

一共有 16 种线阵列可供选择,VT4889 为第一位。图 2.3.30 是原点(0,0)的定义和座位平面。

还要输入如图 2.3.31 所示的线阵列位置信息。也就是线阵列最低点及最高点离地面的高度。再确定线阵列音箱的数量,图 2.3.32 为 10 只音箱。

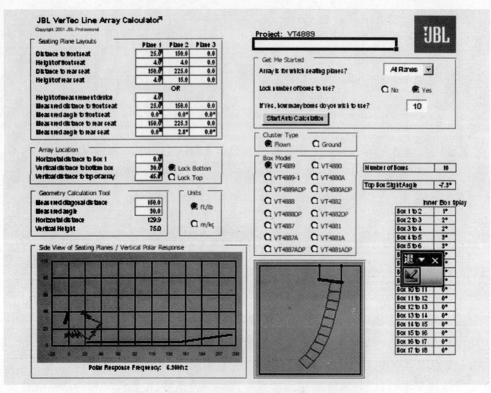

图 2.3.26　JBL 线阵列扬声器系统的软件计算表

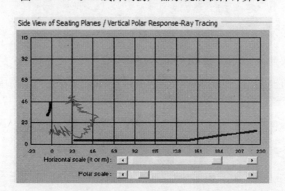

图 2.3.27　在座位垂直平面线阵列的指向性极坐标图

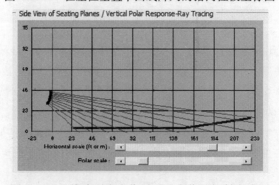

图 2.3.28　线阵列在座位平面对座位的辐射声线图

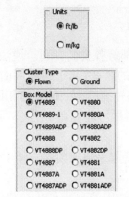

图 2.3.29　使用状态选择

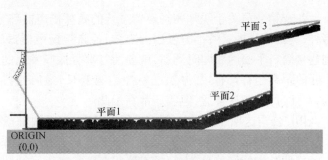

图 2.3.30　原点(0,0)的定义和座位平面

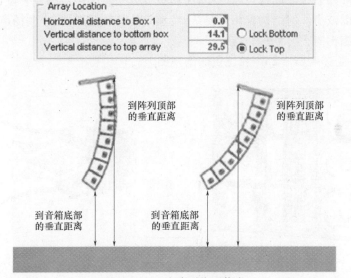

图 2.3.31　线阵列位置信息

图 2.3.33 是各音箱间角度。

可以看出,JBL 这套软件还是比较简洁,明快的。

图 2.3.32　10 只音箱的线阵列

Number of Boxes		10		
Top Box Sight Angle		-7.5°		**Gain**
◄		►		(dB)
	Inner Box Splay		Box 1	0
Box 1 to 2	ON	1°	Box 2	0
Box 2 to 3	ON	2°	Box 3	0
Box 3 to 4	ON	2°	Box 4	0
Box 4 to 5	ON	3°	Box 5	0
Box 5 to 6	ON	3°	Box 6	0
Box 6 to 7	ON	4°	Box 7	0
Box 7 to 8	ON	5°	Box 8	0
Box 8 to 9	ON	6°	Box 9	0
Box 9 to 10	ON	8°	Box 10	0
Box 10 to 11	OFF	0°	Box 11	0
Box 11 to 12	OFF	0°	Box 12	0
Box 12 to 13	OFF	0°	Box 13	0
Box 13 to 14	OFF	0°	Box 14	0
Box 14 to 15	OFF	0°	Box 15	0
Box 15 to 16	OFF	0°	Box 16	0
Box 16 to 17	OFF	0°	Box 17	0
Box 17 to 18	OFF	0°	Box 18	0

图 2.3.33　各音箱间角度

2.3.6　JBL 公司关于线阵列中、高频扬声器的一项专利

各音箱公司关于线阵列扬声器系统的高频扬声器部分几乎都有各自的专利。说法有多种,其目的是振膜各部分发出的声波、各高频扬声器振膜发出的声波,几乎在相同时间到达号筒口平面。要同时到达,就要使各部分振膜发出的声波到号筒口平面的距离相同。实际的距离是有长有短,办法是将短距离变长,最后使各种距离尽可能相等。各公司专利,八仙过海,各显神通,但实质都在于此。

JBL 公司这项专利 US6628769 是针对中、高频同轴扬声器,看起来更为复杂一点。图2.3.34 是这种装有同轴中、高频扬声器的线阵列扬声器系统。

这种结构的好处是,中频扬声器与高频扬声器同轴装在一起,中、高频声像比较集中,最主要的是线阵列系统前面板可以减小,前面板省去中频扬声器的安装位置,线阵列的体积和重量亦可以减小。但结构也相对复杂,特别是使高频扬声器、中频扬声器振膜各部分到号筒口的距离相同,变得更为复杂。

图 2.3.35 是扬声器内部声腔位置的剖视图。

图 2.3.34　装有同轴中、高频
扬声器的线阵列扬声器系统

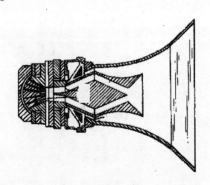

图 2.3.35　扬声器内部声腔位置的剖视图

从图中可见,最左边是一个高频压缩驱动单元,中部有声腔、波导管装置,使从高频扬声器腔口的声波到达号筒口的距离相等。中部有一个中频扬声器,由于声腔和波导管的作用,使从中频扬声器振膜到达号筒口距离相等。

图 2.3.36 是图 2.3.35 旋转 90°的图形。而图 2.3.37 是图 2.3.35 波阵面示意图。图 2.3.38 是扬声器阵列排列示意图。

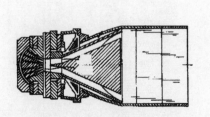

图 2.3.36　图 2.3.35 旋转 90°的图形

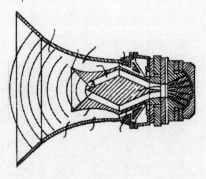

图 2.3.37　图 2.3.35 波阵面示意图

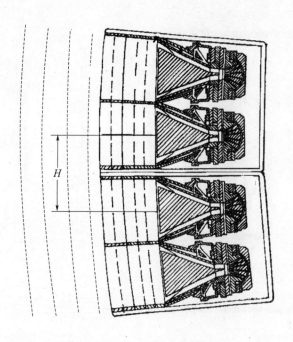

图 2.3.38　扬声器阵列排列示意图

应该说图 2.3.36、图 2.3.37 所示的波阵面示意图是设计者企图达到的目标,与实际情况是否一致,需要进一步验证。

2.3.7　JBL 公司 VT 系列线阵列扬声器系统与放大器的连接

线阵列扬声器系统拥有多只音箱,每只音箱又有高频、中频、低频输入,每只音箱都要与放大器连接,因此对连接有一定要求。这些要求如下:

(1) 连接应是正确的,极性无误、频带对应,阻抗配合符合要求。

(2) 连接又是便捷的,方便操作、安全可靠,不易出现误接。

另外,放大器性能也要满足要求。

为了方便操作,JBL 公司按线阵列型号、规格制定一系列表格、图形及注意事项。图 2.3.39 所示为 2 只 VT4881 和 4 只 VT4887 与放大器的连接。

这是 2 只放大器供给 6 只音箱,在 JBL 使用手册中还规定一些细节。亦可以用 3 只放大器连接 4 只音箱。

图 2.3.40 是 4 只 VT4888 连接 3 只放大器。当然在这些连接中,插头都是专用的。图 2.3.41 则是 4 只 VT4888 连接 4 只放大器,这是两种型号的放大器。两只放大器输出低频,一只放大器输出中频,还有一只放大器输出高频。

亦可以用 4 只放大器供给 6 只音箱。图 2.3.42 是 6 只 VT4888 连接 4 只放大器。

放大器较少时亦可应用。图 2.3.43 是 2 只 VT4880 连接 1 只放大器,图 2.3.44 是 4 只 VT4880 连接 1 只放大器。

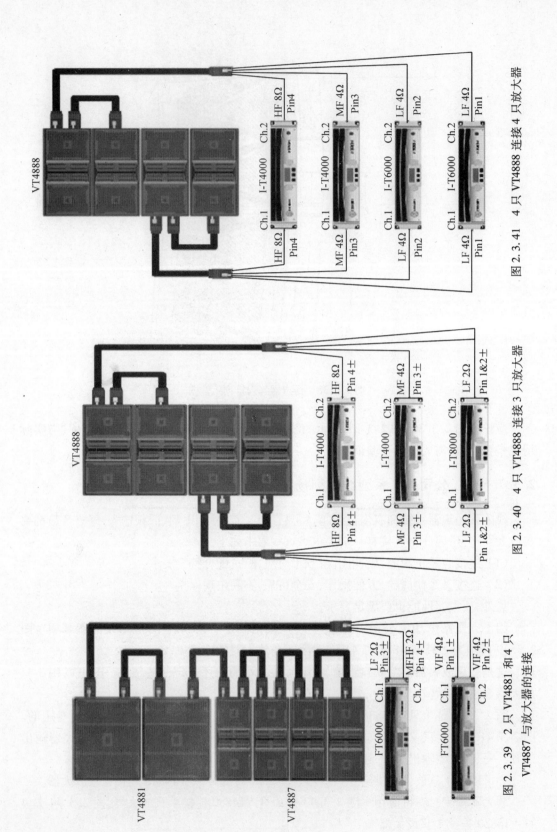

图 2.3.41 4 只 VT4888 连接 4 只放大器

图 2.3.40 4 只 VT4888 连接 3 只放大器

图 2.3.39 2 只 VT4881 和 4 只 VT4887 与放大器的连接

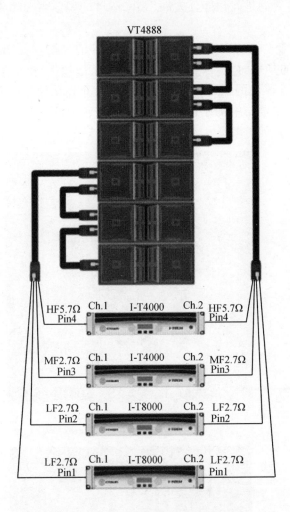

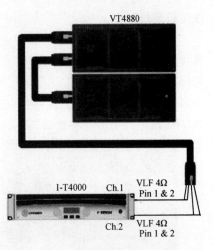

图 2.3.43　2 只 VT4880 连接 1 只放大器

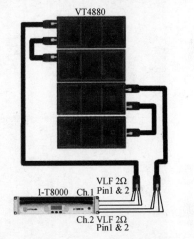

图 2.3.42　6 只 VT4888 连接 4 只放大器

图 2.3.44　4 只 VT4880 连接 1 只放大器

2.3.8　JBL 公司关于高频波导的改进

　　JBL 公司新近推出 VT4886 系列线阵列扬声器系统。其音箱采用三分频系统,如图 2.3.45 所示,其线阵列如图 2.3.46 所示。

图 2.3.45　VT4886 音箱

这个新系列有许多改进,其中最主要的是高频部分改进。图2.3.47是高、中频部分在装箱前外形。

它的改进主要是号筒内部结构改变。图2.3.48显示的是VT4886的号筒剖面图。其目的仍是声波在声源正面垂直方向的某平面上,各点之间的相位差不能超过90°。换句话说,从声源到正面垂直方向上的某个平面的距离大体相等,不相等要创造条件让它相等,最早JBL公司采用了长号筒,这次在号筒中加了两小一大3个菱形间隔。这与图2.2.38锐丰公司的专利极为类似,但也有所变化。

图2.3.46　VT4886线阵列扬声器系统

图2.3.47　高、中频部分在装箱前外形

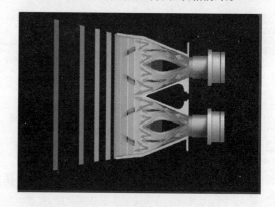

图2.3.48　VT4886的号筒剖面图

先不说专利权问题,至少说明在技术上各扬声器、音箱公司之间,中、外电声界之间,技术上相互交流、相互渗透。

2.3.9　JBL公司的CBT声柱

过去在JBL公司的产品目录上,似乎没有看到过声柱的身影。在所了解的JBL公司的发展史中,也没有听到有过开发声柱的故事。但是现在JBL公司推出4款CBT(Con-

140

stant Beamwidth Technology,恒定波束宽度技术)声柱,必然会引起业内人士的关注。这些声柱有什么特色? 具有多少技术含量? 有什么特殊用途? 有多大市场? 在此之前美国 R－H公司已推出可控指向性声柱,另一家美国 Commnunity 公司推出指向性可控的 Enta-sys 声柱,与他们相比,JBL 公司的 CBT 声柱有有么不同之处?

图 2.3.49 是 4 款 CBT 声柱的外形。

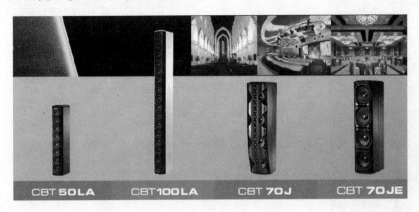

图 2.3.49　4 款 CBT 声柱的外形

JBL 公司还将这种声柱称为 CBT Series Line Array Column Loudpeakers,即 CBT 系列线阵列声柱。CBT 实际上就是指向性控制技术,不与其他公司的称呼重名,实则殊途同归。

这种 CBT 声柱使用在何种场合,JBL 公司有明确提示:

这些场合是:教室;运输车站、中心;困难、恶劣的声学环境;会议室;大教堂;多功能厅;需要声柱与建筑良好配合的空间。

这种用途与各种可控指向性声柱的用途是一致的。也就是可用在建声条件较差,而又要求扩声清晰度良好,声柱体形与外观颜色能与建筑良好配合的场合。

2.3.10　CBT 声柱技术

这种 CBT(恒定波束宽度技术)是在声柱、线阵列扬声器系统发展的基础上开发出来的。自 2000 年,JBL 便开始研究这种恒定波束宽度技术。

CBT 声柱是无源声柱,它采用 DSP 处理器来控制声柱的指向性,它用时间延迟的办法来控制波束转向。现以 CBT100AL 为例说明 CBT 的效果。CBT100AL 是由 16 只 2 英寸扬声器组成的 CBT 声柱。图 2.3.50 是 CBT100AL 的局部图。

图 2.3.51 是 CBT100LA 的垂直指向角与 JBL 的 2360A 垂直指向角的比较。

从图 2.3.51 可见,CBT100AL 的垂直指向角在中、高频还是比较平坦的,同 JBL 的 2360A 垂直指向角相比较,其平滑程度还是比较接近的。而 2360A 是双辐射号筒,用于 JBL 的电影扩声扬声器系统 4670。

图 2.3.52 是 CBT100AL 的偏轴响应与 16 只扬声器单元组成的线阵列偏轴响应的比较(偏轴2°、4°、6°)。16 只扬声器单元组成的线阵列偏轴响应,距离25 英尺(偏轴2°、4°、6°);CBT100AL 的偏轴响应,距离25 英尺(偏轴 2°、4°、6°)。

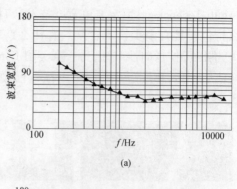

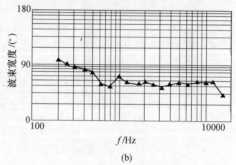

图 2.3.50　CBT100AL
的局部图

图 2.3.51　CBT100AL 的垂直指向角与 JBL
的 2360A 垂直指向角的比较

（a）CBT 100AL 垂直波束宽度；（b）JBL 2360A 垂直波束宽度。

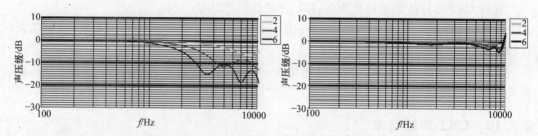

图 2.3.52　CBT100LA 的偏轴响应与 16 只扬声器单元组成的线阵列偏轴响应的比较

从提供的图形看,CBT100AL 的偏轴响应还是比较好的。

图 2.3.53 是实测由 16 只扬声器组成的直线阵列(高 1m)的垂直面极坐标图。

从图 2.3.53 中可以看出,除主波瓣以外,还有多个较强的副波瓣,通常这些副波瓣对扩声是不利的。

图 2.3.54 是实测的 CBT100AL(高 1m)的垂直面极坐标图。

从图 2.3.54 可以看出,经过 CBT 处理,CBT100AL 的垂直面极坐标图中几乎没有副波瓣。从 800Hz 到 3150Hz 几乎形成重合的波瓣。没有副波瓣正是这种可控指向性声柱的优势所在。

CBT 控制还有一种模式转换功能,可根据实际扩声的需要,将 CBT100AL 的垂直面波束宽度转变为宽和窄两种模式。图 2.3.55 是 CBT100AL 的垂直面波束宽度的宽、窄两种转换模式。

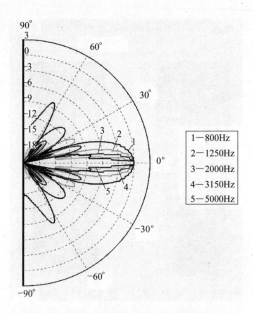

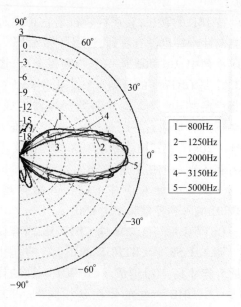

图 2.3.53　实测的由 16 只扬声器组成的
直线阵列(高 1m)的垂直面极坐标图

图 2.3.54　实测 CBT100AL
(高 1m)的垂直面极坐标图

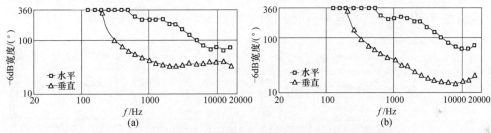

图 2.3.55　CBT100AL 的垂直面波束宽度的宽、窄两种转换模式

(a) CBT 100AL 宽垂直波速宽度；(b) CBT 100AL 窄垂直波束宽度。

其他各公司的可控指向性声柱还没有看到有类似的模式。有理由讲,这是 JBL 的一项首创技术。

CBT 控制还有一种调节功能,CBT100AL 声柱的使用可作为音乐与语言扩声,这两种扩声的要求有所不同。利用 CBT 的均衡等功能,对频率响应与阻抗曲线进行调节,实现使用功能的调节。图 2.3.56 是 CBT100AL 声柱频率响应的调节功能。

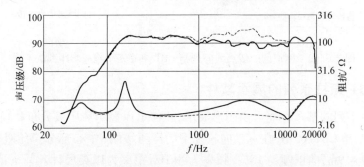

图 2.3.56　CBT100AL 声柱频率响应的调节功能(实线为音乐;点线为语言)

按 JBL 的看法,在声柱进行语言扩声时,灵敏度高出 5dB 较好。这一调节在其他可控指向性声柱也没有看到,这也可称为 JBL 公司的创新。

CBT 系列中,CBT70J 是一个全频带声柱,图 2.3.57 是 CBT70J 的正面。它是由 4 只 5 英寸扬声器和 16 只 1 英寸高频扬声器组成。高频扬声器带尚有一个弧度,其频率范围为 60Hz ~ 20kHz。其声压级为 100dB。CBT 系列音箱还有一个指标称为阵列控制频率,即从这个频率开始对声柱指向性开始控制。CBT70J 的阵列控制频率为 800Hz。

CBT70J 常与低频声柱 CBT70JE 联合使用。图 2.3.58 是 CBT70JE 的正面。它是由 4 只 5 英寸扬声器组成。CBT70J 声柱的体积与 CBT70JE 声柱的体积是相同的,都是 695mm × 168mm × 235mm。

图 2.3.57　CBT70J的正面　　图 2.3.58　CBT70JE的正面

如果 CBT70J 和 CBT70JE 联合使用,其阵列控制频率可下降到 800Hz 以下。图 2.3.59 是 CBT70J 和 CBT70JE 联合使用,其阵列控制频率下降的情况,CBT70J 垂直波束宽度控制在 800Hz 以下。在这种情况下,其阵列控制频率可下降到 400Hz。

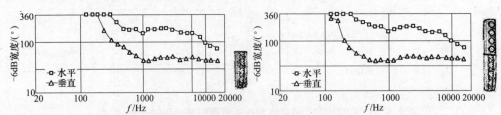

图 2.3.59　CBT70J 和 CBT70JE 联合使用时阵列控制频率下降的情况

总的看来,JBL 认为这种 CBT 声柱要优于一般的直线阵列。

图 2.3.60 是模拟的一般直线阵列与 CBT 声柱频率响应与距离的关系。

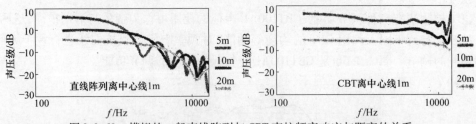

图 2.3.60　模拟的一般直线阵列与 CBT 声柱频率响应与距离的关系

2.3.11　CBT 声柱系列的展示软件

CBT 声柱系列的基本性能可由图形展示,软件可以显示声压级分布和频率响应。

图 2.3.61 是 CBT100AL 在宽指向状况下的声压级图(中心部分声压级较高)。调整的声柱高度为 4.9m,向下倾斜 15°。频率为 4kHz,距离为以英尺计。箭头范围为声压级范围。图 2.3.62 为此种状况下的频率响应曲线。

144

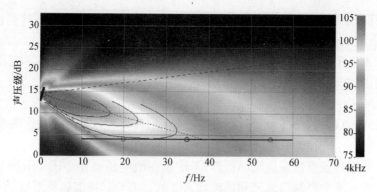

图 2.3.61　CBT100AL 在宽指向状况下的声压级图

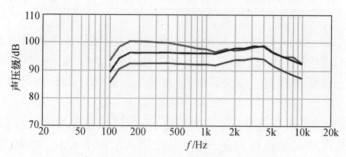

图 2.3.62　图 2.146 状况下的频率响应曲线

（上线为近距离,中线为中等距离,下线为远距离）

　　作为一个成功的实例,JBL 的 CBT 声柱 CBT70J 和 CBT70JE 用于美国明尼苏达州的 Landmark Center Musser Cortile 剧院,图 2.3.63 是剧院的前庭。这是有 108 年历史的古老建筑,列入美国"国家史迹名录",但是其混响时间长达 3s,而且希望扩声系统的安装,不影响剧院的华丽建筑与美学风格。

图 2.3.63　剧院的前庭

面对这样的难题,一般的扩声音箱其清晰度要求很难满足。采用线阵列扬声器系统,可以满足清晰度的要求,但庞大的外形与古老精致的厅堂极不协调。

而采用 CBT 声柱,不但清晰度良好,还可以将 CBT 声柱融于墙中,不显山露水,不动声色,即可获得均匀的声场分布。

2.4 L – ACOUSTICS 公司的 V – DOSC 线阵列扬声器系统

近 20 年线阵列扬声器系统风靡世界,不论是在欧美还是在中国,不论哪一家专业音箱公司,几乎没有不生产制造线阵列扬声器系统的。不论是神似还是形似,不论是对线阵列理论有清楚了解,还是仅仅是一知半解,都不妨碍推出一个又一个的线阵列扬声器系统。

但是如果认真一点、耐心一点、专业一点、熟悉一点,就会从令人眼花缭乱、样式繁多的线阵列扬声器系统中看到一个影子,在各处悬挂、展示的线阵列扬声器系统中,看到一个影子,这个影子最后现身在巴黎的郊外,这就是 L – ACOUSTICS 公司的 V – DOSC 线阵列扬声器系统。

尽管有关线阵列的研究已有几十年的历史,不少科学家和技术人员都做过有价值的贡献。但真正现代意义的线阵列扬声器系统,是从法国 L – ACOUSTICS 公司开始的。1988 年,一个称为"DOSC"的初步系统证明了 V – DOSC 的可行性。当时 L – ACOUSTICS 公司不过是在巴黎郊外的一家小公司,硬实力并不是很强大,但他们却非常重视软实力的开发,或者说幸运地抓住软实力的开发。根据初步试验概念,Marcel Urban 教授和 Cheistian Heil 博士承担了理论研究,完成了"Wavefront Sculpture Technology(波阵面修正技术)"一文,先在 1992 年的维也纳 AES 会议上提出,后于 2003 年 10 月又在 J. Aodio. Eng. Soc 上正式发表,并获得更多共识。

线阵列扬声器系统,可用线声源理论分析,但有一个先天的缺点,线阵列扬声器系统不是一个连续的线声源,而是有一定间隔的线声源。而马赛·厄本教授和克思斯汀·海尔博士提出,用光学中的菲涅耳原理来分析,虽然目前这种分析还是半定量的,还有待进一步完善,但无疑是架起一座通向正确道路的桥梁。

克思斯汀·海尔博士本人就是 L – ACOUSTICS 公司的创始人之一,也是马赛·厄本教授的学生,从 1983 年起就聘请马赛·厄本教授担任 L – ACOUSTICS 公司的顾问。

在这样的软实力支持下,L – ACOUSTICS 公司一鸣惊人,推出一系列线阵列扬声器系统,先拔头筹,在世界范围取得良好声誉与效益。世界各大音箱公司不敢怠慢,迎头赶上,加进各公司的技术元素和技术优势,尽管鱼龙混杂、泥沙皆下,但总的还是推动了线阵列扬声器系统的共同发展。

2.4.1 V – DOSC 线阵列扬声器系统的一般情况

图 2.4.1 是 L – ACOUSTICS 公司的 V – DOSC 线阵列扬声器系统的外形。其中有两只 ϕ380mm 的低频扬声器,每只额定功率为 375W。两倾斜的面板上安装有 4 只 ϕ180mm 的中频扬声器,每只扬声器功率为 150W。箱体障板中间有两只 ϕ36mm 的高频驱动单元,每只功率为 100W。

这种模式成为线阵列扬声器系统的基本模式，作为对称式分布，除了这种模式，其他可改变的余地很小。特别是中频扬声器倾斜安装，可缩短面板宽度。

这种模式箱体尺寸为 434mm × 1300mm × 565mm，质量为 108kg。

V – DOSC 是 L – ACOUSTICS 公司在 1993 年推出的第一种线阵列扬声器系统。V 代表 V 形声学透镜系统，DOSC 是 Diffuseurd Onde Sonore Cylindrique（柱面波发生器）的字头缩写。

这种 V – DOSC 系统，箱体间分离角度设计成可调的。期望每个箱体辐射一个平坦的同相位波阵面，更期望在整个区域达到品质一致的声音。

图 2.4.2 是 V – DOSC 音箱的斜视图和背面图。图 2.4.3 是吊挂的 4 只 V – DOSC 音箱。

从图 2.4.3 中，可以看到，有 4 个水平夹角（安装角度）、3 个箱体夹角（如间隙 3）。这 7 个角度有一

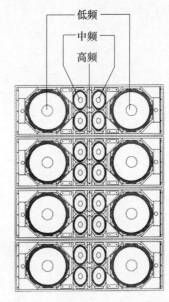

图 2.4.1 L – ACOUSTICS 公司的
V – DOSC 线阵列扬声器系统的外形

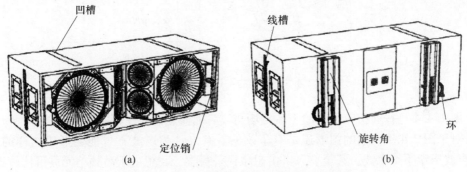

图 2.4.2 V – DOSC 音箱的斜视图和背面图
(a) 斜视图；(b) 背面图。

定的选择范围，会有相应的不同辐射效果。

再结合箱体参数，扩声场地的实地条件（外观尺寸、布置等），利用 SOUNDVISION 软件就可模拟出声场效果。

与遇到的大多数软件一样，往往使人面临两难选择。软件设计者并没有提供足够的实测数据与软件结果进行比较，因此不能无条件对软件肯定。但是软件有诸多方便之处，还是有一些直观的参考价值，所以不能轻易否定。

2.4.2 用于 V – DOSC 的波阵面修正技术

L – ACOUSTICS 公司在推出 V – DOSC 线阵列扬声器系统的同时，提出波阵面修正技术。

（1）线阵列扬声器系统的上限频率与扬声器单元的垂直距离（间隔）成反比。

（2）阵列的独立声源产生的波阵面表面积之和，应大于填充目标表面积之和

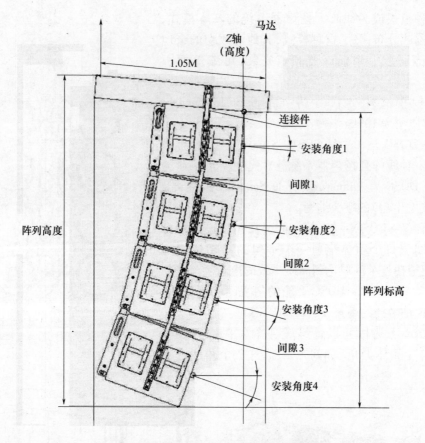

图 2.4.3 吊挂的 4 只 V – DOSC 音箱

的 80%。

图 2.4.4 是普通扩声系统的干涉声场与波阵面修正的 V – DOSC 声场的比较。

对于图 2.4.4 所示的图形还是有争议的。有人认为声波不可能会形成这样的波振面,声波毕竟不是水波。甚至有人讲由想象代替科学。我想由于高频单元靠得比较近,又有波导的作用,会有一定效果。在没有更多根据以前,还是对此图存疑。

可用图 2.4.5 来解读波阵面修正技术。

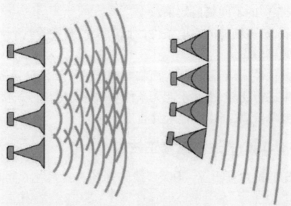

图 2.4.4 普通扩声系统的干涉声场与波阵面修正的 V – DOSC 声场的比较

148

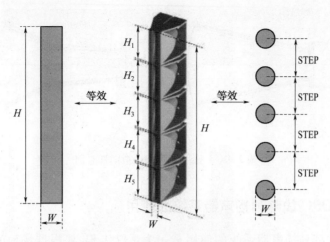

图 2.4.5 解读波阵面修正技术

对于波阵面修正技术第 1 条, $H_1W + H_2W + H_3W + H_4W + H_5W \geqslant 80\% \times HW$。

对于第 2 条, STEP $\leqslant \lambda/2$ 或者写成

$$f = \frac{c}{2\text{STEP}}$$

式中, f 为上限频率(相应波长 λ); STEP 为间隔; c 为声速。

现在为了更稳妥些, 并留有充分余地, 而采用

$$f = \frac{c}{3\text{STEP}}$$

V–DOSC 系统的核心是具有美洲和欧洲专利的如图 2.4.6 所示的 DOSC 波导管(号筒)。这种波导管的作用是, 由于管中的相位塞, 这个相位塞好像一个圆锥体截去两角, 从圆形入口到方形出口, 每一条途径距离都是相同的。当然不会是绝对相同, 只是误差小到可允许的范围之内。

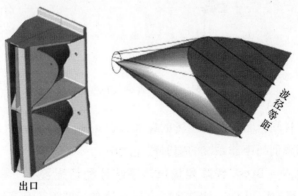

出口

图 2.4.6 DOSC 波导管

这个波导管是由 Christian Heil 博士发明的。一般的号筒如图 2.4.7 所示, 不论是图 2.4.7(a)所示的锥形号筒, 还是图 2.4.7(b)的等指向性号筒, 从开始到出口, 路径是不相同的。

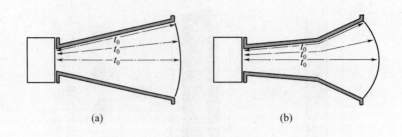

图 2.4.7　锥形号筒和等指向性号筒

2.4.3　V – DOSC 线阵列扬声器系统的使用

V – DOSC 线阵列扬声器系统的使用是一个系统工程,要根据场地的状况和扩声要求,确定:功率、线阵列扬声器系统的种类和数量;是否选用超低频音箱;线阵列扬声器系统的悬挂指向和角度;线阵列扬声器系统和超低频音箱的分布;与放大器等系统的接线与配置功率的分配;扩声系统效果的评估与调整。

线阵列扬声器系统主要考虑垂直平面的覆盖。

图 2.4.8 所示为对水平观众的声场覆盖,图(a)是错误的,图(b)是正确的。线阵列扬声器系统要倾向于听众。

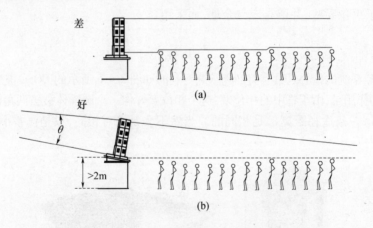

图 2.4.8　对水平面观众的声场覆盖

图 2.4.9 是对有倾斜面观众席声场的覆盖,图(a)是错误的,图(b)是正确的。就是让观众席全部在线阵列扬声器系统的辐射覆盖之中。

为了增强低频,V – DOSC 线阵列扬声器系统还酌情配置了一些超低频箱,采用双 ϕ450mm 的超低频箱。V – DOSC 线阵列扬声器系统和超低频箱有多种布置模式。

图 2.4.10 是超低频箱左、中、右布置情况。

图 2.4.11 是超低频箱左、右地面布置,中心悬挂。图 2.4.12 是超低频箱左、右悬挂。图 2.4.13 是超低频箱左、右悬挂并中间放置。图 2.4.14 是超低频箱左、右悬挂并中间凸出放置。图 2.4.15 是超低频箱左、右悬挂并中间间隔放置。

150

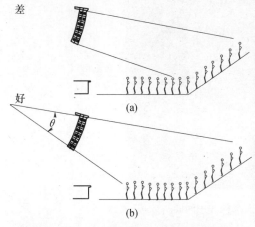

图 2.4.9　对有倾斜面观众席声场的覆盖

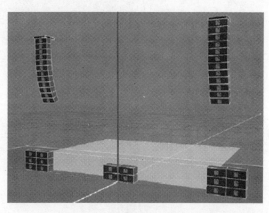

图 2.4.10　超低频箱左、中、右布置

图 2.4.11　超低频箱左、右地面布置并中心悬挂

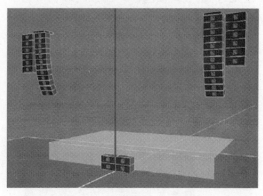

图 2.4.12　超低频箱左、右悬挂

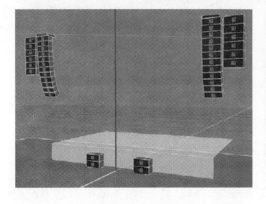

图 2.4.13　超低频箱左、右悬挂并中间放置

图 2.4.14　超低频箱左、右悬挂并中间凸出放置

2.4.4　V – DOSC 线阵列扬声器系统的软件

　　各大生产线阵列扬声器系统的音箱厂都有一套关于线阵列扬声器系统的软件,多半是与软件设计公司合作开发的;或者花钱买一套通用软件,输入本公司的信息,也可使用。

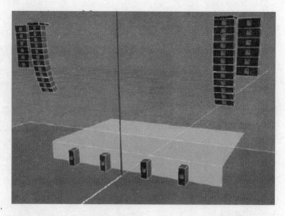

图 2.4.15　超低频箱左、右悬挂并中间间隔放置

通常难以看到软件正确性的验证报告,也就不能对它深信不疑,但如果软件与实际相差太远,也必将被淘汰。所以将软件看成一个工具,好用不好用、结果准不准,通过使用来鉴别。

V – DOSC 软件使用一例如图 2.4.16 所示。

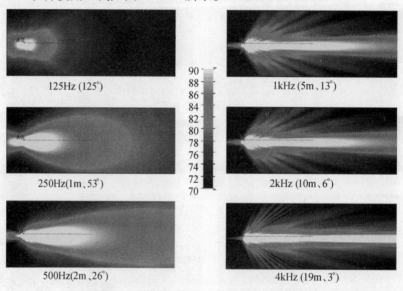

图 2.4.16　6 只 V – DOSC 音箱垂直面声场

图 2.4.16 分别是 125Hz(125°)、250Hz(1m、53°)、500Hz(2m、26°)、1kHz(5m、13°)、2kHz(10m、6°)、4kHz(19m、3°)。

这种图的效果是相当直观的,表明它垂直平面,在 2kHz 以上,线阵列扬声器系统会形成一个窄的波束。

图 2.4.17 是软件的设置,显示了通过观众厅的几何尺寸、线阵列扬声器系统的结构和数量、倾斜的角度、阵列的高度等信息。

可通过软件得知:安装参数;水平和垂直覆盖角;声压级(A 计权和非计权);垂直指向性的稳定性;机械数据(阵列重量、负载的分布、重心);需要的立体图。

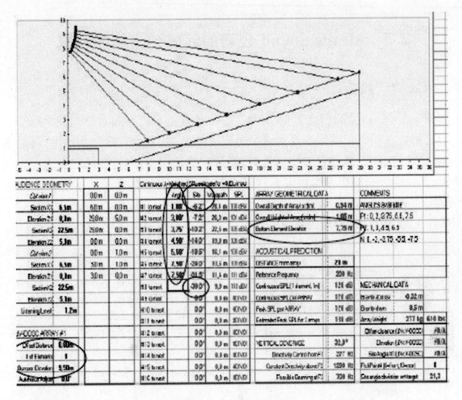

图 2.4.17　软件的设置

利用软件还可得出水平等压线图。

图 2.4.18 是一组水平等压线图。因为线阵列扬声器系统通常是左、右两组,由水平等压线图可以看出两组交叉、重叠的状况。

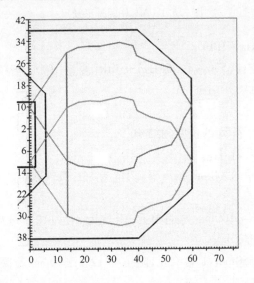

图 2.4.18　一组水平等压线图

2.5 Meyer Sound 公司的线阵列扬声器系统

2.5.1 系统的一般情况

美国 Meyer Sound 公司创立于 1979 年,是一家历史不长不短的公司,和中国一批 80 后的音响公司处在相同年龄段。对大多数外国音响公司,很少有机会实地考察,对它的评估,一是看它的产品,二是看它的技术资料,既看它的硬实力,更看它的软实力。

Meyer Sound 公司的产品有很多,线阵列扬声器系统也有多种,这里着重分析它的 MILO 系列。

图 2.5.1 是 MILO 的外形及尺寸。

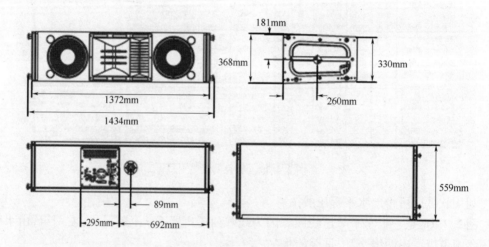

图 2.5.1 MILO 的外形及尺寸

工作频率范围:60Hz ~ 18kHz。

自由场的频率响应:(65Hz ~ 16.5kHz) ±4dB(测量用 1/3 倍频程,距离为 4m)。

最大峰值声压级:140dB(1m)。

水平覆盖角:90°。

垂直覆盖角:取决于阵列的长度和结构。

分频频率:560Hz、4.2kHz。

低中频扬声器:两只 ϕ300mm 扬声器,阻抗为 4Ω;钕铁硼磁路,ϕ100mm 音圈;功率容量,1200W(AES 标准)。

中高频扬声器:1 只 ϕ100mm 压缩单元,阻抗为 8Ω;ϕ100mm 音圈,ϕ100mm 膜片;功率容量,250W(AES 标准)。

高频扬声器:3 只 ϕ50mm 压缩单元,阻抗为 12Ω;ϕ50mm 音圈,ϕ50mm 膜片;功率容量,100W(AES 标准)。

内置功率放大器。

Meyer Sound 公司的线阵列扬声器系统采用了如图 2.5.2 所示的带式仿真多通道波

154

导(Ribbon Emulation Manifold Waveguide)。

这样两个带式仿真多通道波导再与4只压缩驱动单元可组成等指向性号筒。

图2.5.3是带式仿真多通道波导的专利三维图。图2.5.4则是这种带式仿真多通道波导工作状况的三维图。

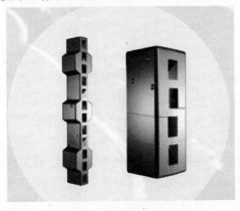

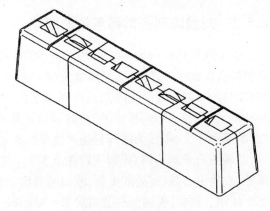

图2.5.2 带式仿真多通道波导　　　　图2.5.3 带式仿真多通道波导的专利三维图

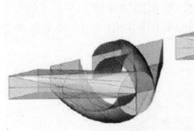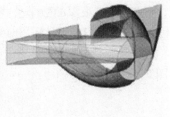

图2.5.4 带式仿真多通道波导工作状况的三维图

各国各公司多在线阵列扬声器系统的高频扬声器号筒上做文章,其目的都是使从各压缩驱动单元发出的声波,到达号筒口平面距离相同,形成一个等相位的波阵面。

2.5.2 有源线阵列扬声器系统

有源系统的优点如下:

(1)扬声器和功率放大器之间距离大大缩短,不仅节省了大量导线,而且避免导线电阻降低阻尼系数,不致因导线电阻而误导了系统的性能。

(2)放大器的进入带动了电子技术的进入,使声学技术和电子技术优势互补,更大程度地改善了系统的性能。

有源系统的问题如下:

线阵列扬声器系统经常在室外使用,悬吊在高处,常常在调音师的视线范围以外,这就要求它有极高的可靠性。

Meyer Sound公司除内置放大器外,还相应引进一系列相关电子技术:

(1)智能供电系统。有自动电压选择,分别适合美国等电压(85V～134V)、中国等电压(165V～264V),还具有电磁干扰滤波功能。

（2）内置压限器，减少了因过载而损坏的可能性，而使操作简单。

（3）采用 Tru Power 保护技术，是一种限幅电路保护扬声器单元。

（4）内置参量均衡器。

（5）采用相位校正技术。

2.5.3 对线阵列扬声器系统的解读

由于线阵列扬声器系统是 20 世纪 90 年代才开始登上电声产品的舞台，当人们对其认识尚且模糊肤浅之际，已经风靡全球，会生产制造线阵列扬声器系统早已不能成为技术实力的标志，怎样解读线阵列扬声器系统的原理和特点，成为该公司的亮点。例如，L - Acoustic 公司技术顾问推出的"波阵面修正技术"，JBL 技术顾问发表的"线阵列理论和应用"的系列论文，都成为线阵列扬声器系统理论与技术发展的标志性事件。

"眼前有景题不得，崔颢题诗在上头"。其他公司要解读线阵列扬声器系统，或另辟蹊径、或独出心裁、或局部更新、或旧题新解。这里还有另一层含义，对某公司的理论并非完全认同。例如，美国一些公司对 L - Acoustic 公司的线阵列音箱还是肯定的，但对他们的理论颇有微词。这里是既有真理的闪现，也难分同行的竞争。

Meyer Sound 公司对线阵列扬声器系统的解读，采用了一套软件声像图的方法，没有长篇大套的议论，也没有繁难艰深的数学公式，仅图像便使人一目了然。

Meyer Sound 公司有一套称为 MA PPONLINE PRO 2.8（多用途声学预测程序）的软件。

相位关系如图 2.5.5 所示。

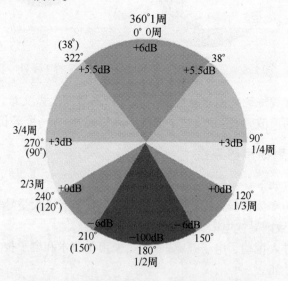

图 2.5.5　两相同声压级声源的相位关系

图 2.5.6 所示为一个低频声源的声场声压级渲染图（在 100Hz）。从图中可见声波向四方均匀辐射。

图 2.5.7 所示为两个声源间隔 90° 时，两个声源声场渲染图（在 100Hz）。

图 2.5.8 所示为 4 个声源间隔 90° 时，4 个声源声场渲染图（在 100Hz）。

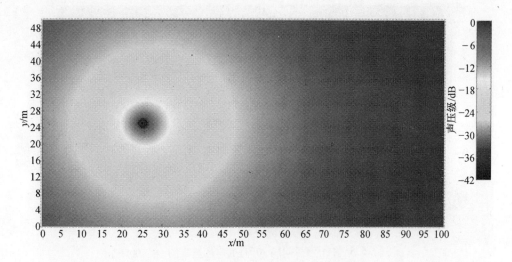

图 2.5.6　一个低频声源的声场声压级渲染图

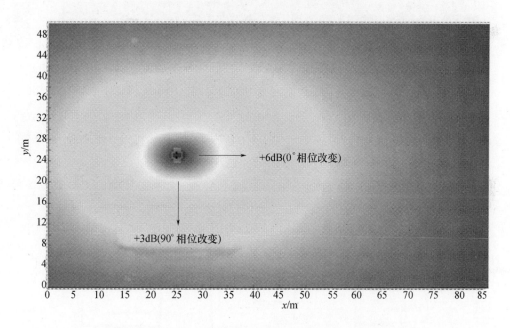

图 2.5.7　两个声源间隔 90°时的声场渲染图(在 100Hz)

可以看到在轴向声压增强。

图 2.5.9 所示为 8 个声源间隔 90°时,8 个声源声场渲染图(在 100Hz)。

这样的图看起来比较直观。但是有一个前提,就是默认这个软件是正确的。

2.5.4　对线阵列扬声器系统阵列空隙的解读

关于线阵列扬声器系统每个箱体之间通常认为不应留有缝隙。因为有一条原则:线阵列扬声器系统的上限频率与扬声器单元的垂直距离(间隔)成反比。图 2.5.10 是几种

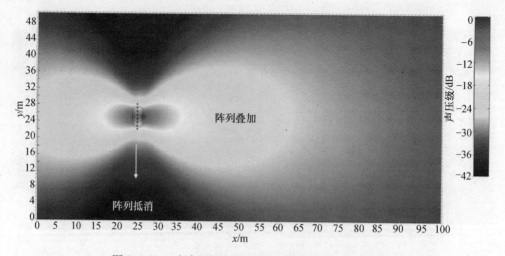

图 2.5.8　4 个声源间隔 90°时的声场渲染图(在 100Hz)

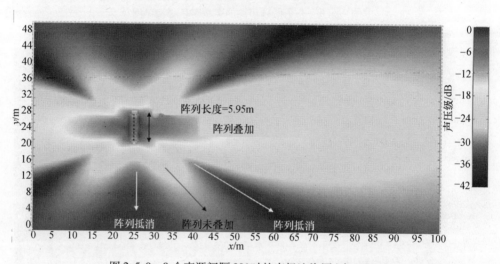

图 2.5.9　8 个声源间隔 90°时的声场渲染图(在 100Hz)

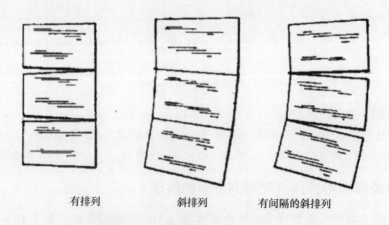

图 2.5.10　几种线阵列扬声器系统的排列

158

线阵列扬声器系统的排列方法。

由图 2.5.10 可见,线阵列扬声器系统的排列间隙可能有大有小,但线阵列两个箱体扬声器之间不可避免地存在间隔,既然上限频率与扬声器单元的垂直距离成反比,间距应该越小越好,间距包括扬声器直径、安装间隔、箱板厚度、箱体间隙。除了箱体间隔以外,其他参数在箱体完成后已固定,所以间距宜小不宜大。

Meyer Sound 公司提到另一种情况,有时若干音箱水平重放。图 2.5.11 为 3 只音箱组成阵列并有夹角。

图 2.5.11　3 只音箱组成阵列并有夹角

这个夹角对频率响应有什么影响? 图 2.5.12 是音箱紧靠和张开时的频响曲线。

由测试结果可见,在 200Hz ~ 700Hz 之间有一个谷,有一段声压下降,显然是由相互干涉造成的。

图 2.5.13 是空隙中插板与未插板时的频响曲线。

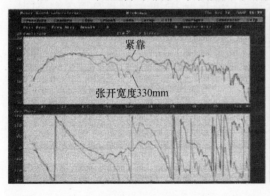

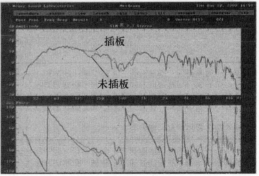

图 2.5.12　音箱紧靠和张开时的频响曲线　　图 2.5.13　空隙中插板与未插板时的频响曲线

从测试结果可看出,插板后在 200Hz 处的影响不大,这更说明谷值是干涉引起的,与缝隙谐振关系不大。

2.5.5　对线阵列扬声器系统阵列空气衰减的分析与处理办法

一个点声源,在自由声场的辐射形成一个球面波,声压级随距离平方成反比例减小。

这是因为声能向更大的空间辐射与分布。除此以外,由于空气的作用,使声压级衰减。声波的传播使空气压缩和膨胀,由于空气的黏滞性和热传导,使一部分声能转化为热能而损耗。其损耗大小与声波频率的平方成正比。

大气中的声吸收,可分4部分。

(1)介质中黏滞性和热传导引起的吸收。

(2)转动弛豫的分子吸收。

(3)氧振动弛豫的分子吸收。

(4)氮振动弛豫的分子吸收。

弛豫是物质系统由非平衡状态自发地趋于平衡状态。

对于声吸收,有近似公式可计算,与频率、温度、相对湿度都有关系。

在 $Ht \geqslant 4000$ 时,吸收方程为

$$a_{i0} = \frac{f_i}{500}$$

式中,a_{i0} 为在第 i 个 1/3 倍频带中,温度与湿度乘积不小于 4000 时的声衰减(dB/305m);f_i 为第 i 个倍频带的中心频率(Hz);H 为相对湿度(%);t 为温度(℃)。

在 $Ht \leqslant 4000$ 时,吸收方程为

$$a_i = \frac{f_i}{750}\Big[5.50 - \frac{H(1.8t + 32)}{1000}\Big]$$

式中,a_i 为在第 i 个 1/3 倍频带中,温度与湿度乘积不小于 4000 时的声衰减(dB/305m)。

衰减状况亦可用曲线表示。图 2.5.14 是空气温度对各频率声波传播的衰减情况。

图 2.5.14(a)表示空气温度为 10℃时各频率声波传播 100m 后的衰减情况。从图中可见,频率越高衰减越严重。

图 2.5.14(b)表示空气温度为 20℃时各频率声波传播 100m 后的衰减情况。从图中可见,频率越高衰减越严重。

图 2.5.14(c)表示空气温度为 30℃时各频率声波传播 100m 后的衰减情况。从图中可见,频率越高衰减越严重。

从图 2.5.14 可见,相对湿度也对衰减产生影响,但并不呈线性关系。和前述衰减公式相适应。

图 2.5.15 所示为空气温度为 10℃时,不同相对湿度对各频率声波传播的衰减。

图 2.5.15(a)表示相对湿度为 10%、空气温度为 10℃时,不同频率声波传播的衰减。

图 2.5.15(b)表示相对湿度为 50%、空气温度为 10℃时,不同频率声波传播的衰减。

图 2.5.15(c)表示相对湿度为 100%、空气温度为 10℃时,不同频率声波传播的衰减。

从图 2.5.15 可以看出,频率越高衰减越严重,但和相对湿度的关系比较复杂,不那么清晰。

图 2.5.16 所示为空气温度为 20℃时,不同相对湿度对各频率声波传播的衰减。

图 2.5.17 所示为空气温度为 30℃时,不同相对湿度对各频率声波传播的衰减。

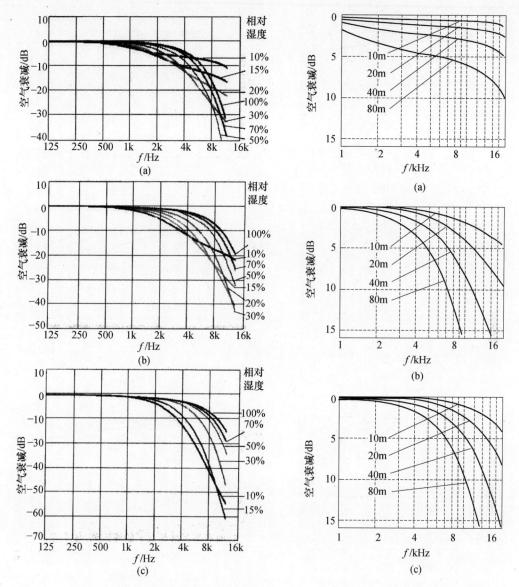

图 2.5.14 空气温度对各频率声波传播的衰减情况

(a) 空气温度为10℃；(b) 空气温度为20℃；

(c) 空气温度为30℃。

图 2.5.15 空气温度为10℃时不同

相对湿度对各频率声波传播的衰减

(a) 相对湿度为10%；(b) 相对湿度为50%；

(c) 相对湿度为100%。

Meyer Sound 公司还发现,线阵列扬声器系统在远距离的衰减没有明显的规律性,图 2.5.18 所示为一组阵列在 60m 处的频率特性。

由图 2.5.18 可以看出,在中、低频由于扬声器单元的叠加,声压级还有所提升,而在高频部分由于空气衰减影响加大而出现较大下降。

对于这种情况,有几种对应态度和处理方法。

远距离声场出现衰减变化,是客观存在的。对远距离声场出现衰减变化,采用调音台等周边设备予以调节。

161

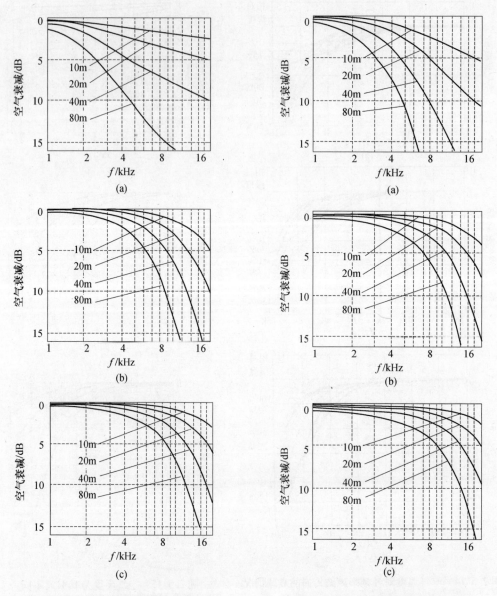

图 2.5.16 空气温度为 20℃时不同
相对湿度对各频率声波传播的衰减
(a) 相对湿度为 10%；(b) 相对湿度为 50%；
(c) 相对湿度为 100%。

图 2.5.17 空气温度为 30℃时不同
相对湿度对各频率声波传播的衰减
(a) 相对湿度为 10%；(b) 相对湿度为 50%；
(c) 相对湿度为 100%。

    Meyer Sound 公司是用一个处理器,可设置扩声现场的温度与相对湿度,调节"阵列扬声器数"旋钮,可衰减低频段的声压级,调节"阵列的覆盖区距离"旋钮,可提升高频段的声压级。

    根据 Meyer Sound 公司公布的结果,调节是有效的。图 2.5.19 所示为在 8 只 MILO 组成的阵列前 60m 测得的频响(调节后)。

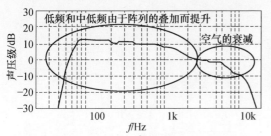

图 2.5.18　一组阵列在 60m 处的频率特性

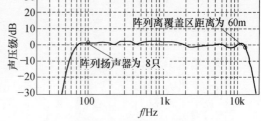

图 2.5.19　在 8 只 MILO 组成的阵列
前 60m 测得的频响（调节后）

2.5.6　紧凑型线阵列扬声器系统

线阵列扬声器系统是悬吊使用,庞大的体积与重量在实际使用中有诸多不便,因此各个专业音箱厂纷纷研制紧凑型线阵列扬声器系统。Meyer Sound 公司也在 2010 年推出一种 MINA 紧凑型线阵列扬声器系统。

图 2.5.20 是几款 Meyer Sound 公司线阵列扬声器系统音箱外形比较。

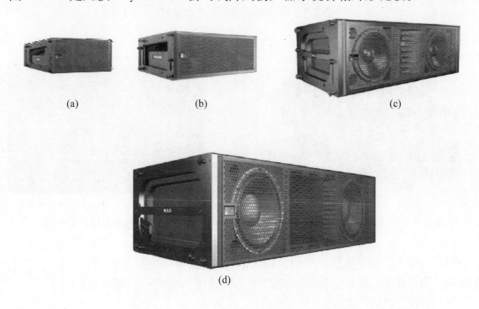

图 2.5.20　几款 Meyer Sound 公司线阵列扬声器系统音箱外形比较
（a）MINA；（b）Melodie；（c）MLCA；（d）MILO。

可见 MINA 音箱体积缩小很多。

图 2.5.21 是 MINA 音箱的外形尺寸。其外形尺寸仅为 515mm×213mm×389mm。

MINA 音箱单元有 2 只 6.5 英寸锥形扬声器和一只带号筒的 3 英寸压缩驱动单元。Meyer Sound 公司为了得到一个紧凑的结构,采取一种特殊结构,将低频扬声器在号筒后面倾斜一定角度,图 2.5.22 是这种紧凑型特殊结构。而其号筒是一个等指向性号筒,图 2.5.23 是这种等指向性号筒外观。

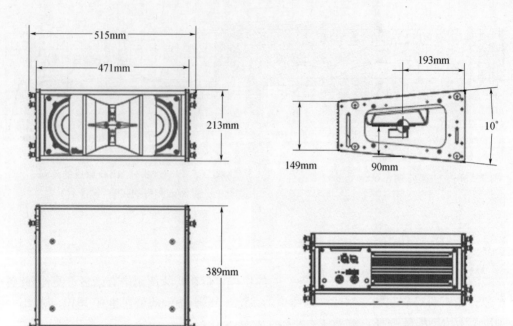

图 2.5.21　MINA 音箱的外形及尺寸

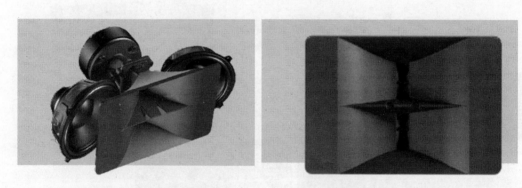

图 2.5.22　紧凑型特殊结构　　　　图 2.5.23　等指向性号筒外观

中间有一横板,多少起到一些调节相位的作用,使号筒出口处有近似平面波。这个横板有两个三角形缺口,其中一个目的可能是不与其他公司的产品结构雷同。

2.6　NEXO 公司的线阵列扬声器系统

对于法国 NEXO 公司,人们亦是关注他与众不同之处,关注他的技术亮点和思路与手法。

2.6.1　系统的高频设计

首先看 NEXO 如何解决高频设计问题。法国的 NEXO 公司是用几何学的思路来解决这个问题,这与前面提到的 L – Acoustic、Meyer Sound 公司的方法有异曲同工之妙。NEXO 公司利用一个双曲线的反射镜,如图 2.6.1 所示。

这种双曲线反射,可以将在实际位置声源的辐射成一个曲面。如果是抛物线反射,可以将在实际位置声源的辐射变成一个平面。而声波可看成是从虚拟声源发出的。问题是如何用几何结构实现这一目的。

这种号筒的模拟形状如图 2.6.2 所示。而号筒的实际结构如图 2.6.3 所示。

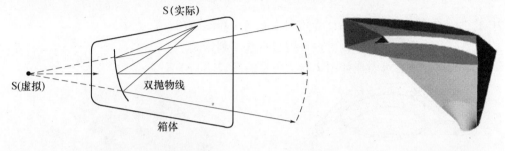

图 2.6.1　双曲线反射　　　　　　　　　图 2.6.2　号筒模拟形状

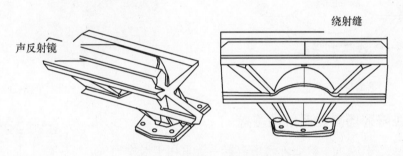

图 2.6.3　号筒的实际结构

号筒的外形如图 2.6.4 所示。高频单元在箱体内的放置更是与众不同,如图 2.6.5 所示。

 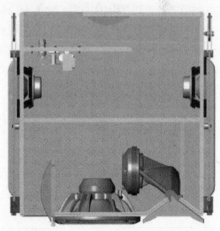

图 2.6.4　号筒的外形　　　　　　　　图 2.6.5　高频单元的放置

2.6.2　圆形扬声器加耦合板的方法

这是最早由法国 NEXO 公司提出的方法,如图 2.6.6 所示。

加了一块耦合板,一个声源被分成两个声源。声源的间距因而缩小一半,工作上限频率也提高了1倍。这样一种说法只是半定性半定量。这里主要根据是,线阵列扬声器系统的上限频率与扬声器单元的间隔成反比。建议采用公式

$$f_h = \frac{1}{2}\frac{c}{D}, D < \frac{1}{2}\lambda_h$$

式中,f_h为上限频率;c为声速;D为阵列中两扬声器间隔(m)。

当然加上这样一块耦合板对声辐射也有些不利影响。

实际的耦合板也可做成如图2.6.7所示的形式。

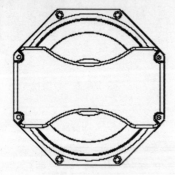

图2.6.6　耦合板

图2.6.7　另一种形式的耦合板

2.6.3　线阵列扬声器系统的覆盖

在实际使用中,大多数线阵列扬声器系统采用J形排列,如图2.6.8所示。可以看到,顶部3只音箱的倾角为零,指向最远处的听众区。阵列越向下边,相邻两扬声器箱间夹角越大,阵列底部的扬声器箱几乎垂直指向观众席前排座位。

这里有一个声覆盖问题,NEXO公司对此进行了分析。

采用这种J形线阵列,是希望在听众区前、后部都有均匀的声压级。因为扬声器系统输出能量分布面积是球面,这个球面面积$A = 4\pi d^2$。对于400Hz以上的频率,输出的能量只是分布在球面的一部分,其分布面积的计算公式为

$$A_s = 2\pi d^2\left(1 - \cos\left(\frac{\theta}{2}\right)\right)$$

式中,θ是垂直扩散角度。如果距离增加1倍,但覆盖角度减小一半,能量分布的面积可以保持恒定,因此声压级保持恒定。角度、距离与面积的关系如表2.6.1所列。

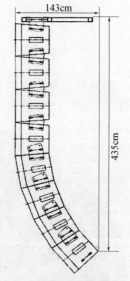

图2.6.8　J形线阵列

表2.6.1　角度、距离与面积的关系

距离/m	角度/(°)	面积/m²	距离/m	角度/(°)	面积/m²
1	80	1.5	1	10	0.024
2	40	1.5	2	4	0.024
4	20	1.6	4	2.5	0.024

166

因此,面积相当,各点声压级大体相同。

图 2.6.9 是能量分布剖面图。

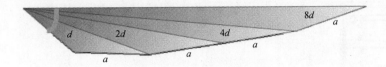

图 2.6.9　能量分布剖面图

NEXO 公司还提供了直线形线阵列扬声器系统与 J 形线阵列扬声器系统的声压级分布渲染图, 图 2.6.10 是直线形线阵列扬声器系统声压级分布渲染图, 图 2.6.11 是 J 形线阵列扬声器系统声压级分布渲染图, 从图中可见 J 形线阵列扬声器系统声压级分布均匀。

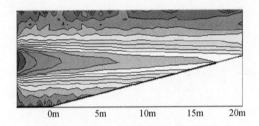

图 2.6.10　直线形线阵列扬声
器系统声压级分布渲染图

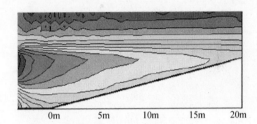

图 2.6.11　J 形线阵列扬声器
系统声压级分布渲染图

2.6.4　系统的测试

在分析各公司线阵列扬声器系统时,普遍关心他们的测试曲线和数据,可从中观察与发现问题,并为线阵列扬声器系统的标准制定积累资料和寻求依据。

在寻求 NEXO 公司线阵列扬声器系统的测试数据时,却意外发现一件事,NEXO 公司的线阵列扬声器系统的测试数据不是由 NEXO 公司提供的,而是由另一家法国电声咨询公司 ARPHONIA 提供的。ARPHONIA 公司为客户提供电声产品设计方案;提供厅堂馆所扩声与建声方案。公司拥有独立的、经验丰富的专家,还具有各种分析、设计软件及各种电声测试设备。其客户有 Philips、BMS、B&C、APG、NEXO、LOTUSLINE、PULZ 等。这种咨询对中、小型电声企业最为有用,因为中、小型电声企业不可能拥有众多的专家,也难以添置全部测试设备。在美国亦有万斯狄克逊主管的电声咨询公司。

下面了解一下 ARPHONIA 公司为 NEXO 公司提供的测试结果。图 2.6.12 是测试的箱体。图 2.6.13 是测量的水平、垂直覆盖角图。图 2.6.14 是低频箱 CD - 12。

图 2.6.15 是低频箱 CD - 12 的增益图。而图 2.6.16 是不同距离(2m、4m、8m、10m、12m)的频响曲线。

由于对测试方法、测试条件提供的好信息不多,这些测试仅供参考。

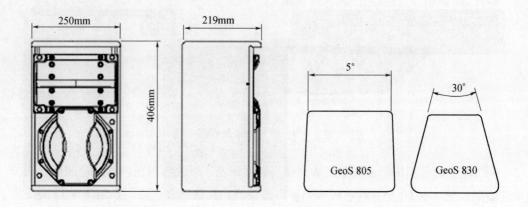

图 2.6.12　测试的箱体

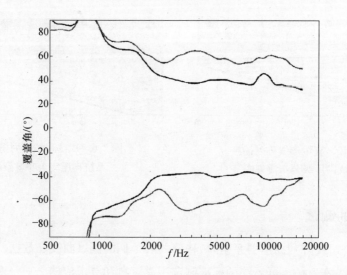

图 2.6.13　测量的水平(内侧)、垂直(外侧)覆盖角图

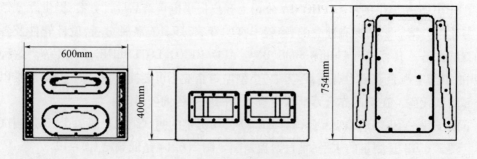

图 2.6.14　低频箱 CD - 12

168

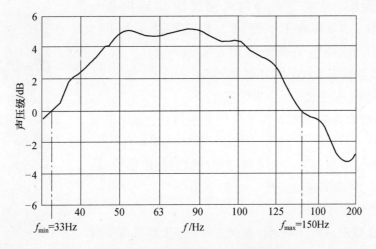

图 2.6.15　低频箱 CD - 12 的增益图

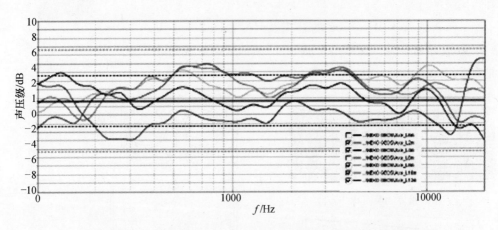

图 2.6.16　不同距离(自上而下 2m、4m、8m、10m、12m)的频响曲线

2.7　Master Audio 公司(西班牙)的线阵列扬声器系统

西班牙 Master Audio 公司创立于 1972 年,位于巴塞罗纳。它生产各种扬声器、音箱、有源音箱、放大器等音响产品,也生产几种线阵列扬声器系统,很有自己的一些特色。

2.7.1　MA 系列线阵列扬声器系统

Master Audio 公司有多种线阵列扬声器系统,在这里主要关注它的 MA 系列线阵列扬声器系统。图 2.7.1 是 MA 系列线阵列扬声器系统的外形。它又称为 2 分频有源数字线阵列扬声器系统。图 2.7.2 是它的箱体 MA - 206 的外形。

这种线阵列扬声器系统采用 DSP 控制指向性。内置 DSP 为 48bit,具有 24bit 的滤波系数,以保证高质量的音频信号,DSP 性能还包括均衡、高通、低通、分频、延时、每通路的增益控制和限幅。所有这些控制可通过输入/输出插头（RJ45）转到数字显示屏或计算机屏幕。其配置及特点如下：

（1）在中、低频配有 1000W 的 D 类放大器。

（2）在高频配有 500W 的 D 类放大器。

（3）耐高压，可在 250V ~ 400V 之间。

（4）中、低频为两只 6.5 英寸钕铁硼磁体扬声器（铝音圈）。

（5）高频扬声器为 1 只 1.7 英寸的纯钛膜扬声器，磁路用钕铁硼磁体，并有铝制波导管。

（6）水平覆盖角为 90°。

（7）具有 DSP 软件，可远程控制，每一步调整都可实时进行。此模拟软件可在线阵列扬声器系统安装以前预测覆盖角和声压级的分布。

图 2.7.3 是箱体 MA - 206 的结构及尺寸。图 2.7.4 是 MA - 206 波导的结构。这样一个波导，同其他公司的波导相比是有差距的。

图 2.7.1　MA 系列线阵列扬声器系统的外形

图 2.7.2　箱体 MA - 206 的外形

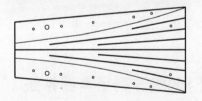

图 2.7.4　MA - 206 波导的结构

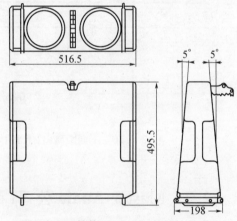

图 2.7.3　箱体 MA - 206 的结构及尺寸

2.7.2　MA 系列线阵列扬声器系统的 DSP 控制

MA 系列线阵列扬声器系统的 DSP 可实行远距离实时控制，可采用 DSP 显示屏或计算机。

图 2.7.5 是嵌入式 DSP 控制器的控制面板。图 2.7.6 是采用 RJ45 网络接口的连接。而图 2.7.7 是采用 Y 形适配器的连接。

Master Audio 公司为此设计、研制了多种软件，可将软件装入计算机并进行操作。这些软件及手册有:Drivers for USB converter used with DSPController;DSP Controller software;

图 2.7.5　嵌入式 DSP 控制器的控制面板

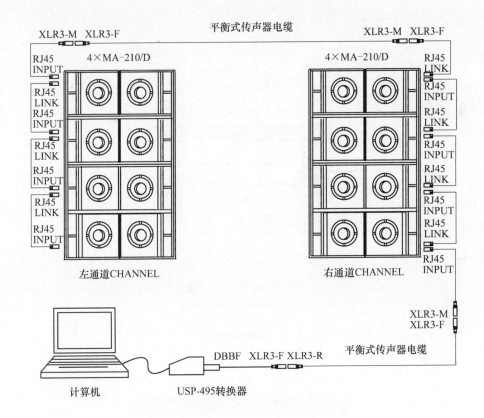

图 2.7.6　采用 RJ45 网络接口的连接

DSP Control Manual（Extended Guide）；DSP Control Manual（Fast Guide）；SPL & Mapping Software；User's Manual of SPL Mapping Software。

图 2.7.8 是增益控制界面。其控制范围是 −12dB ~ +6dB，间隔为 0.5dB。

图 2.7.9 是延时控制界面，延时可达 25.5ms，相应的距离为 8.7m。

图 2.7.10 是均衡界面，可以分成 5 段进行调节，图 2.7.11 是限幅界面。限幅可降 20dB，每格为 0.5dB。

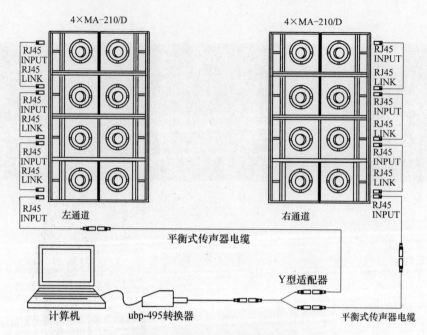

图 2.7.7　采用 Y 形适配器的连接

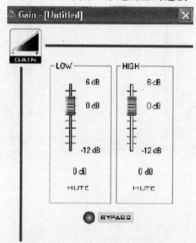

图 2.7.8　增益控制界面

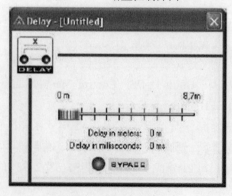

图 2.7.9　延时控制界面

172

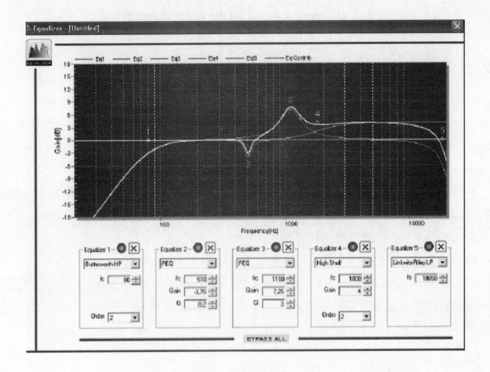

图 2.7.10　均衡界面

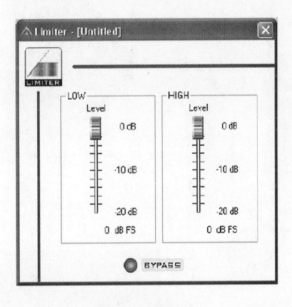

图 2.7.11　限幅界面

2.8 EAW 公司的线阵列扬声器系统

2.8.1 系统的一般情况

EAW 公司位于美国马萨诸赛州。EAW 公司同美国其他专业音响公司一样,开发、生产自己的线阵列扬声器系统。我们常讲,一个扬声器公司要有自己的核心技术,更明确讲要有自己的核心技术人员。有了自己的核心技术人员,各公司独具特色的线阵列扬声器系统也就能够设计制造出来。

图 2.8.1 是 EAW 公司的线阵列扬声器系统。这个线阵列扬声器系统分为几个部分:远投(Long Throw)、中投(Medium Throw)、短投(Short Throw)、近场(Near Field)

KF760 是 EAW 公司的线阵列音箱。

KF760 的结构如图 2.8.2 所示,从外观看确实与众不同。

KF760 的两只 φ300mm 低频扬声器的低频信号从箱体两侧通道出来,而两只 φ250mm 中频扬声器的中频信号则通过一个扁平号筒出来,高频扬声器的高频信号则从扁平号筒中部出来。图 2.8.3 是 KF760 的外形。

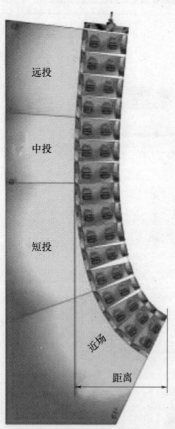

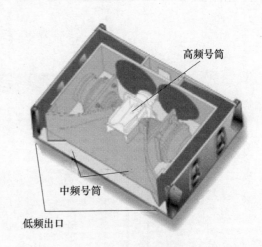

图 2.8.2 KF760 的结构

图 2.8.1 EAW 公司的线阵列扬声器系统　　　　图 2.8.3 KF760 的外形

174

应该说这个线阵列音箱外形是有特色的。从外表上看,不容易了解其结构。性能好坏要通过试听和测试,但外形结构却是构思巧妙,会给你留下深刻印象。

这里依据的理论是,即若干独立声源构成的波阵面能达到下述条件时,就可以视为等同于具有整个组合尺寸的单一声源。这里更多地涉及高频单元。

当独立声源发声部分为矩形时,要求有效发声的面积占独立声源总面积的80%。具体办法是,将圆形发声器件发出的声波集中到一个矩形口部辐射出去。这也就是在图2.8.2、图2.8.3所看到的EAW所采用的方法。

2.8.2 辐射相位栓塞专利

EAW公司提出一种辐射相位栓塞(Radial Phase Plug)专利。这种专利的示意图如图2.8.4所示,通常用于中频扬声器。其相位栓塞的分解则如图2.8.5所示。

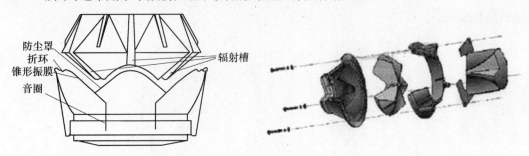

图2.8.4 辐射相位栓塞专利示意图 图2.8.5 VA4TM中频纸盒和相位栓塞分解图

在相位栓塞上有辐射槽(Radial Slots),而辐射槽可控制其指向性。

2.8.3 系统的测量

国内外各音箱公司生产的线阵列扬声器系统,可以说是多如牛毛,但是真正提供测试曲线的却屈指可数。为什么测试数据、测试曲线很少见到呢? 推测可能有这样一些原因:

(1)尚无线阵列扬声器系统的相关标准,无从遵循,难以比较。

(2)测试有难度。线阵列扬声器系统由若干音箱组成,体积较大,重量不轻,测试难度可想而知。

(3)对于严肃认真的技术人员来讲,客观测试是不可或缺的。所以很多公司还是会测试的,只是不便公布或不想公布而已,其理由也是各不相同的。

EAW公司公布了部分测试结果。

图2.8.6所示是12英尺线阵列轴向响应与距离的关系,有以下特点:

(1)测试的距离为1m~128m。

(2)在50Hz~100Hz的低频段,分界距离比较低,在1m~2m距离内可以看成近似柱面波(从图上看衰减3dB~4dB,不是3dB,也不是6dB),2m以上基本上是球面波(从图上看衰减6dB)。

（3）在 1kHz,16m 以上为柱面波。

（4）在 10 kHz,32m 以上为柱面波。

（5）在 32m 以上有空气衰减的影响。

从这一组测试曲线,可以大体验证对线阵列扬声器系统的基本看法。对有限长度的线声源,在近场辐射近似柱面波,在远场辐射球面波。频率越高,分界距离越大。

所以说大体验证,是由于看到曲线有许多相交点。在这些点上述结论不成立。由于不清楚具体测试条件,这些问题有待进一步研究。

图 2.8.6 所示的曲线对理论研究是有用的,但并不符合线阵列扬声器系统的实际应用,因为让全体听众都位于线阵列的轴线上是不可思议的。更实用、更有趣的是考虑线阵列向下的响应,因为听众在下方。图 2.8.7 是同样 12 英尺线声源在传声器位于声源下 15 英尺的频率响应。

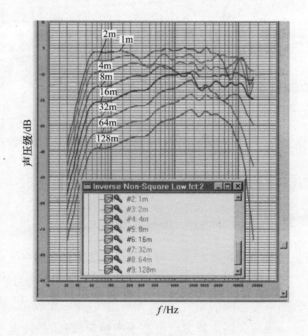

图 2.8.6 12 英尺线阵列轴向响应与距离的关系

其最大的特点是曲线聚在一起,相互重叠。这是因为几条测试曲线,不但与声源的距离不同,而且与轴向角度不同。距离越远,与距向偏差角度越小。但是这样的曲线,与线阵列扩声现场的效果很接近。

可以看到高频衰减是大的,从 5kHz ~ 10kHz 曲线簇为 – 47dB（相对于 1m 的参考点）。

实际采用的常是弯曲的线阵列扬声器系统,图 2.8.8 是弯曲线阵列频响曲线（下图为脉冲响应）。

从测试结果看,零度最差。40°频响曲线起伏太大。在这个测试中 10°较好。

176

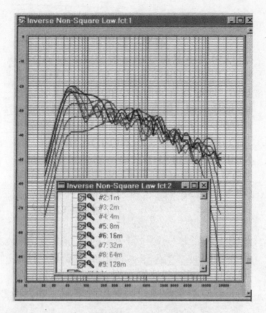

图2.8.7　12英尺线声源在传声器位于声源下15
英尺的频率响应（1m～128m不同距离）

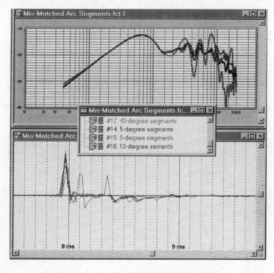

图2.8.8　弯曲线阵列频响曲线

2.9　FBT 公司的集成线阵列扬声器系统

　　FBT是意大利一家专业音响器材公司，成立于1963年。和大多数音响公司一样，初创时期都是比较简陋的。图2.9.1是1963年的FBT公司厂房。几十年的进步与发展，旧貌换新颜。图2.9.2是FBT公司的新厂房。

　　可以看到，该公司不仅是规模扩大了，外观漂亮了，而是要看到一个全新的理念。厂房建设要节约土地资源、节能、环保。这种整片式连体结构建筑可以满足这些要求。

图 2.9.1　1963 年 FBT 公司的厂房

图 2.9.2　FBT 公司的新厂房

2.9.1　系统的分析

对于大多数公司生产的线阵列扬声器系统,都是由一个个扁平音箱组合、悬挂而成。可以根据需要多挂或少挂。多者可挂到 20 只音箱,甚至更多。但是大多数使用的,是 4 只~8 只音箱。正是根据这种思路,FBT 公司设计与制造一种集成式线阵列扬声器系统。这也是一种与众不同的创新思路。

图 2.9.3 是这种集成式线阵列扬声器系统外形。图 2.9.4 是这种加低频箱的集成式线阵列扬声器系统外形。

图 2.9.3　集成式线
阵列扬声器系统外形

图 2.9.4　加低频箱的集
成式线阵列扬声器系统外形

从图中可以看到,原来需要 8 只音箱组成线阵列扬声器系统,现在只需 2 只集成式箱体即可。这样不但在成本上可以节省,而且在安装上也快捷得多。一只平式集成音箱与一只弯曲集成式音箱,正好组成一个 J 形线阵列扬声器系统。而这种相当于 8 只音箱组成的 J 形线阵列扬声器系统用途相当广泛,而且还可以有多种使用方法。

图 2.9.5 是单独使用的集成式音箱,它实际上相当于一个小型线阵列扬声器系统。图 2.9.6 是与低频箱配合使用的集成式箱体。图 2.9.7 是在地面放置的集成式箱体。图 2.9.8 是这种集成式箱体的连接。

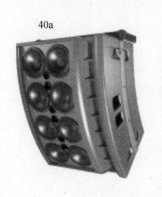

图 2.9.5　单独使用的集成式音箱

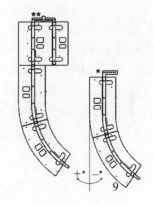

图 2.9.6　与低频箱
配合使用的集成式箱体

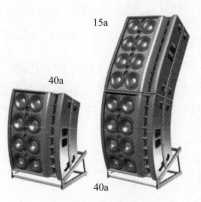

图 2.9.7　在地面上
放置的集成式箱体

图 2.9.8　集成式
箱体的连接

同常见的线阵列扬声器系统连接相比,要简单得多。说起来这种创意并不复杂,但是简单的创意也是创意。

2.9.2　集成式箱体的性能

图 2.9.9 是 FBT40a 的集成式音箱。

这是一种有源音箱,内置 D 类放大器,低频部分为 1400W,高频部分可达 700W。满功率声压级可达 137dB。灵敏度为 105dB/(1m1W)。内置数字信号处理(DSP),可以有效控制阵列垂直面辐射角。

图 2.9.9　FBT40a 的集成式音箱

箱体是开口箱,2 分频系统。频率范围为 58Hz ~ 18kHz。

低频部分有 8 只 200mm 扬声器,采用钕铁硼磁体,口径为 50mm 的音圈。

高频部分有 8 只 25mm 扬声器,采用钕铁硼磁体,口径为 44mm 的音圈。

采用 8 只聚丙烯波导号筒,90°垂直分布。

通过 DSP 可控制系统、均衡、增益等。

水平垂直覆盖角为 90°×40°。

整个箱体呈曲线状。

图 2.9.10 是 FBT40a 的集成式音箱的水平指向图。图 2.9.11 是 FBT40a 的集成式音箱的垂直指向图。图 2.9.12 是 FBT40a 的集成式音箱的指向性因数和指向性指数。图 2.9.13 是 FBT40a 的集成式音箱的频率响应曲线。图 2.9.14 是 FBT15a 集成式箱体。

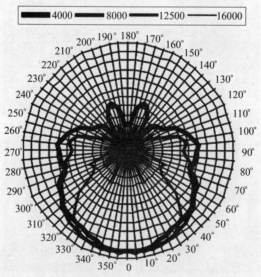

图 2.9.10　FBT40a 的集成式音箱的水平指向图

180

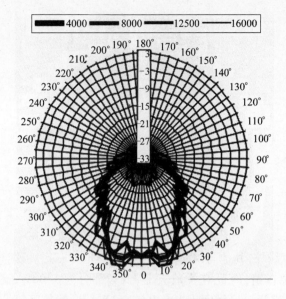

图 2.9.11 FBT40a 的集成式音箱的垂直指向图

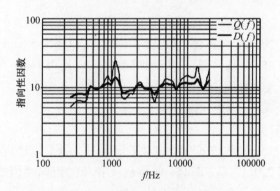

图 2.9.12 FBT40a 的集成式
音箱的指向性因数和指向性指数

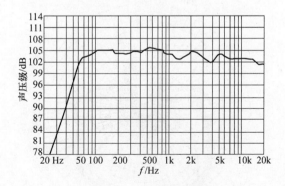

图 2.9.13 FBT40a 的集成
式音箱的频率响应曲线

181

图 2.9.14　FBT15a 集成式箱体

除了箱面近似直线外,其他与 40a 基本相同。

这也是一种有源音箱,内置 D 类放大器,低频部分为 1400W,高频部分可达 700W。满功率声压级可达 137dB。灵敏度为 105dB/(1m1W),内置数字信号处理(DSP),可以有效控制阵列垂直面辐射角。

箱体是开口箱,二分频系统。频率范围为58Hz～18kHz。

低频部分有 8 只 200mm 扬声器,采用钕铁硼磁体,口径为 50mm 的音圈。

高频部分有 8 只 25mm 扬声器,采用钕铁硼磁体、口径为 44mm 的音圈。

采用 8 只聚丙烯波导号筒,90°垂直分布。

通过 DSP 可控制系统、均衡、增益等。

垂直覆盖角为 15°。

图 2.9.15 是 FBT15a 的集成式音箱的水平指向图。图 2.9.16 是 FBT15a 的集成式音箱的垂直指向图。图 2.9.17 是 FBT15a 的集成式音箱的指向性因数和指向性指数。图 2.9.18 是 FBT15a 的集成式音箱的频率响应曲线。

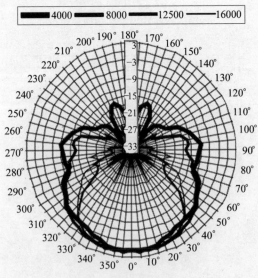

图 2.9.15　FBT15a 的集成式音箱的水平指向图

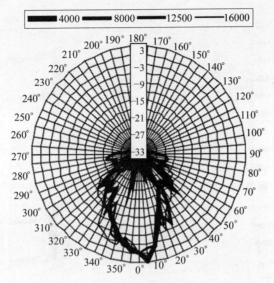

图 2.9.16　FBT15a 的集成式音箱的垂直指向图

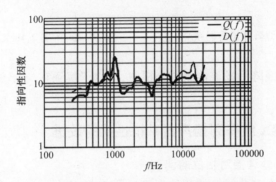

图 2.9.17　FBT15a 的集成式音箱的指向性因数和指向性指数

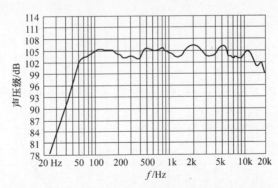

图 2.9.18　FBT15a 的集成式音箱的频率响应曲线

2.10　HK 公司(德国)的 COHEDRA 线阵列扬声器系统

德国 HK 公司的 COHEDRA 线阵列扬声器系统,如图 2.10.1 所示。图 2.10.2 是它单独的箱体。

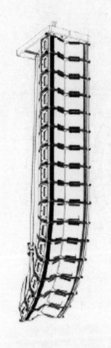

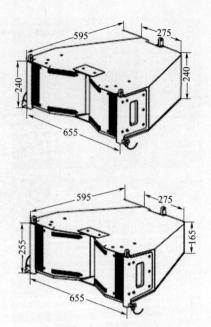

图 2.10.1 COHEDRA 线阵列扬声器系统　　　　　　　　图 2.10.2 单独的箱体

在对 COHEDRA 线阵列扬声器系统分析中,可以了解到它与众不同的特点,这也是所关注的焦点。

2.10.1 COHEDRA 线阵列扬声器系统性能的改进

1. 利用数字声场处理器对相位的调节

在实际音箱中存在着非线性的相位失真。图 2.10.3 是一个扬声器系统相位特性的实例。

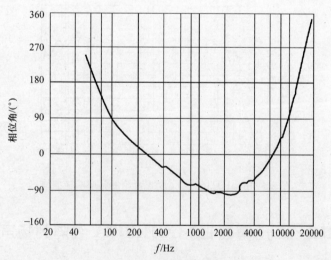

图 2.10.3 一个扬声器系统相位特性的实例

184

这种相位特性会使音箱高、中、低频单元之间产生延迟,最后影响总的音质,HK 公司采用 DFC(数字声场处理器,是制成的专用设备,输入信号被分频为高、中、低 3 个频段,每个频段有根据功放和音箱特性设计的滤波、均衡、相位校正、延时和限幅)中的 FIR(有限脉冲响应)技术的滤波器,结合音箱进行调节。图 2.10.4 显示相位调节的结果。

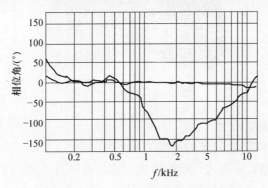

图 2.10.4 相位调节的结果

经过调节,相位曲线比较平直,使音质得到改善。

2. DFC 中装有过脉冲限幅器

DFC 中装有过脉冲限幅器,可以限制短促的瞬态冲击信号,这样会使声音自然、透明。图 2.10.5 是过脉冲限幅器的图形。

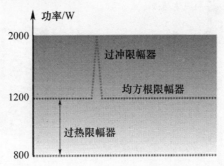

图 2.10.5 过脉冲限幅器的图形

2.10.2 COHEDRA 线阵列扬声器系统声学设计方面的改进

1. 减少瞬态响应的影响

瞬态响应会影响音箱的音质,但瞬态响应又是不可避免的,线阵列音箱中有不同的单元,线阵列每个箱体间还有不同的单元,而瞬态响应又与单元的质量有关。COHEDRA 尽量做到同类单元质量一致,这样会将瞬态响应的影响减到最小。

2. 特殊结构增加线阵列抗风性能

线阵列扬声器系统的高频响应容易受到侧风的影响。在室内风往往是不速之客,COHEDRA 线阵列音箱采用一种内凹的梯形结构,图 2.10.6 是这种梯形结构音箱,这种结构高频部分对侧风有很好的屏蔽作用。

图 2.10.6　梯形结构音箱

3. 减少中频对高频的干扰

图 2.10.7 是减少中频对高频的干扰的示意图。

从 L‑Acoustic 开始,线阵列音箱的中频扬声器分布在高频两侧,没有人觉得有什么不妥。COHEDRA 认为,当高频信号和中频信号在空气中交错时,高频信号会受到负面影响。而且中频单元的振动会使高频号筒产生位移,会对高频信号产生多普勒调制效应。

COHEDRA 的办法是将中频扬声器安装在等指向性号筒后的腔体内,声音从号筒侧板上、下两端的开口处发出。号筒侧板几乎完全覆盖了中频单元。图 2.10.8 是号筒侧板示意图。

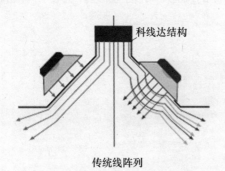

图 2.10.7　减少中频对高频的干扰的示意图

图 2.10.8　号筒侧板示意图

这样一种结构,使中、高频信号之间的干扰概率大为降低,从高频号筒送出的信号能保持稳定,并可增强抵抗侧风能力。

4. 采用声阻尼材料

当声波从声透镜传输到等指向性号筒时,声阻抗会发生变化。为此,COHEDRA 采用了一种特制的声阻尼材料,在高频时不会产生强烈的反射,频率响应比较平滑。图 2.10.9 所示为特制声阻尼材料对频率响应的影响。

5. 减小箱体间隙

大家知道在使用线阵列扬声器系统时,应减少音箱之间的缝隙,因为缝隙的存在相当于加大两扬声器间的距离,而又因线阵列扬声器系统的高频重放上限与两扬声器间距成反比。

186

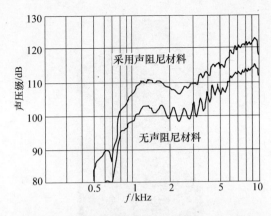

图 2.10.9　特制声阻尼材料对频率响应的影响

但在实际上,线阵列音箱因悬挂方法不同常出现缝隙。图 2.10.10 所示为各种缝隙的产生及 COHEDRA 的克服办法。

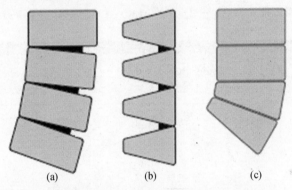

(a)　　　　　　　(b)　　　　　　　(c)

图 2.10.10　各种缝隙的产生及 COHEDRA 的克服办法
(a) 方形箱体在前开口处形成空隙;(b) 斜角箱体在直线
排列时产生空隙;(c) COHEDRA 的解决方案。

由图 2.10.10 可见,当矩形箱体 J 形悬挂时,前方有缝隙。对于梯形音箱,后部会出现缝隙。而 COHEDRA 结合两种形状,同时采用矩形和梯形箱体,间缝问题迎刃而解。

2.11　DAS 公司的线阵列扬声器系统

DAS 是西班牙一家专业音箱公司,成立于 1970 年,已有 40 年的成长历史。

DAS 公司生产各种扬声器、音箱,也生产多种线阵列扬声器系统。图 2.11.1 是 DAS 公司生产的 AERO - 12 线阵列扬声器系统。

从图 2.11.1 可以看到,这是一个有一定技术实力的公司,关键是他们采用了一系列新技术、新方法。图 2.11.2 所示为 DSP 数字信号处理装置软件。

还引入许多新概念,如 FIR filters,即 Digital Finite Impulse Response,数字有限脉冲响应;Wavelet Analysis,小波分析;Step Response,阶跃响应等。

图 2.11.1 DAS 公司生产的 AERO－12 线阵列扬声器系统

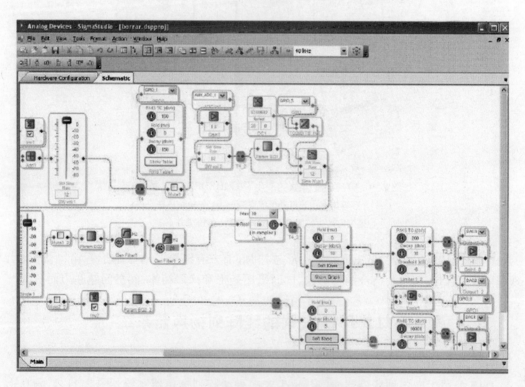

图 2.11.2 DSP 数字信号处理示意图软件

2.11.1 对线阵列扬声器系统间距的重视

对于线阵列扬声器系统,我们也多次提到应尽量缩小两扬声器的垂直距离。线阵列扬声器系统的上限频率与扬声器单元的间隔成反比。建议采用

188

$$f_h = 1/2 \times c/D \ , \ D < 1/2 \ \lambda_h$$

式中,f_h 为上限频率;c 为声速;D 为阵列中两扬声器间隔(m);λ_h 为上限频率的波长(m)。

DAS 公司极为认同这一点,在其网站中提供了两扬声器间隔不同的实际效果,如图 2.12.3 所示。

由图 2.11.3 可见,当两扬声器间距为 2λ 时,垂直面波形出现多个分瓣。对重放极为不利。

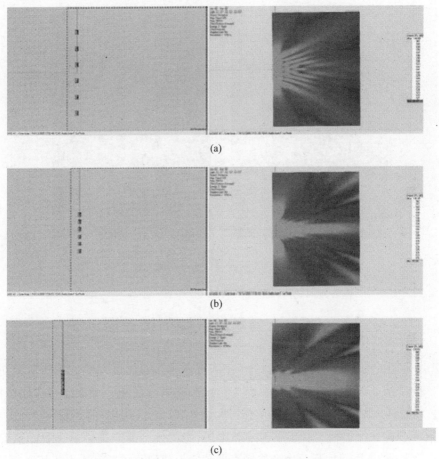

(a)

(b)

(c)

图 2.11.3　垂直极坐标响应与扬声器距离的关系

(a) 两扬声器间距为 2λ;(b) 两扬声器间距为 λ;(c) 两扬声器间距为 $\lambda/2$。

两扬声器间距为 λ 时,垂直面波形有所改善。但还有较大的副波瓣,这显然也是不期望看到的。

两扬声器间距为 $\lambda/2$ 时,垂直面响应形成一个较窄的主波瓣,可直指听众。这正是线阵列扬声器所期望的。

2.11.2　DAS 公司的曲面波导

曾多次提到,各理想波阵面之间的偏离小于波长的 1/4。这里指的波长偏离,也就是阵列中各独立声源各自辐射声波的波阵面偏离要求。

189

简单来讲,就是声波在声源正面垂直方向的某平面上,各点之间的相位差不能超过90°。换句话说,从声源到正面垂直方向上的某个平面的距离大体相等,不相等要创造条件让它相等。

DAS 公司采用了一种别出心裁的办法:一极的波导都是平的,DAS 却将它凸凹一下,如图 2.11.4 所示。如此一凸一凹,将短距离拉长,与长距离持平。再一次验证了殊途同归原则,即可用多种方法达到同一目的。本书已介绍了多种方法,每种方法都闪烁出智慧的光芒。

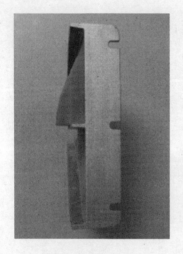

图 2.11.4　DAS 公司的凸凹形波导

2.12　CODA 公司的线阵列扬声器系统

CODA 公司的前身是 BMS 公司,1994 年成立于德国汉诺威,是一个 90 后公司,但发展很快。2001 成立了 CODA Audio 公司,专门生产扬声器系统。2003 年在汉诺威博览园成立新公司总部。图 2.12.1 是 CODA 公司大楼外观,给人以良好的感观印象。

2004 年公司在保加利亚索菲亚创办新工厂,专门生产专业扬声器。我们知道,另一家德国音箱公司,采用保加利亚生产的扬声器。使人感到欧州扬声器生产基地,有从西欧向东欧转移的倾向。

CODA 公司生产 LA 系列等线阵列扬声器系统。图 2.12.2 是 CODA 公司 LA 系列线阵列扬声器系统。

我们仍然关注 CODA 公司与众不同的技术特点。

CODA 线阵列扬声器系统的号筒与众不同。其目的仍是声波在声源正面垂直方向的某平面上,各点之间的相位差不能超过 90°。换句话说,从声源到正面垂直方向上的某个平面的距离大体相等。不相等要创造条件让它相等。

图 2.12.3 是 CODA 号筒的外形和示意图。图 2.12.4（b）是 CODA 号筒的剖面图。

190

图 2.12.1　CODA 公司大楼外观

图 2.12.2　CODA 公司 LA
系列线阵列扬声器系统

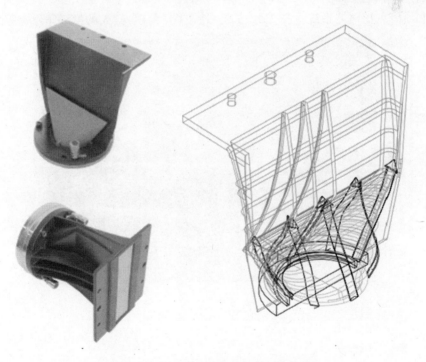

图 2.12.3　CODA 号筒的外形和示意图

可以看出,它是用弯折的方法使短路径加长,再次印证了殊途同归的原则。为达到同一目的,各国线阵列的设计师已经提出十几种方法。

在法兰克福曾与 CODA 公司的老板有一次愉快的会见。图 2.13.4(a)是与 CODA 公司老板会见时的照片。

(a)

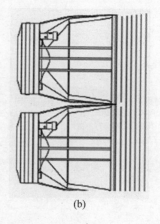

(b)

图 2.12.4　CODA 号筒的剖面图

2.13　QSC 公司的线阵列扬声器系统

　　美国加里福尼亚州的 QSC 公司成立于 1968 年,原来以生产放大器而闻名,同时也生产音箱和线阵列扬声器系统。图 2.13.1 是 QSC 工厂外观,给人的第一印象是很好的。

图 2.13.1　QSC 工厂外观

2.13.1　系统的特点

　　图 2.13.2 是 QSC 线阵列扬声器系统音箱的正面图。可看出它是一种开口箱。

　　正面是两只 10 英寸低频扬声器,但它却是一个三分频系统,即两只低频扬声器都辐射低频,但同时一个扬声器同时覆盖中频,以保证在交叉区域获得更一致的指向性。同时还可以采用 2 通道或 3 通道驱动,3 通道驱动时,通过音箱背面的遮蔽开关,来实现双 10 英寸低频单元的中频切换,2 个低频单元都重放低频,其中一只单元重放低频。低频部分通过电子处理来控制辐射,以达到更好效果。2 路驱动,两只低频单元重合使

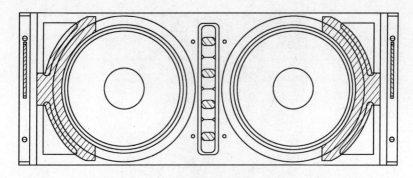

图 2.13.2　QSC 线阵列扬声器系统音箱的正面图

用,可减少功放数量和布线规模。

高频采用一只喉口为 1.4 英寸的钕铁硼磁体的压缩驱动单元,前面装有一个已获专利的号筒(波导管)。

这个具有专利的号筒(波导管)其外形如图 2.13.3 所示。根据图可计算高频部分。

总占有面积:9.25 平方英寸。

总辐射面积:9 平方英寸。

有效辐射系数:97%。

前面曾提到线阵列扬声器系统原则:阵列的各独立线声源产生的波阵面表表面积之和,应大于填充目标表面积之和的 80%。说明 QSC 遵循共同的规则。

图 2.13.4 是用 LMS 测得的箱体频响曲线。说明箱体水平指向性还比较宽,可达 140°。

图 2.13.5 是悬挂的 QSC 线阵列扬声器系统。

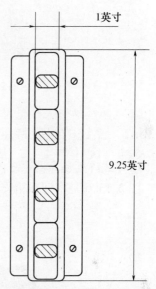

图 2.13.3　具有专利的号筒(波导管)外形

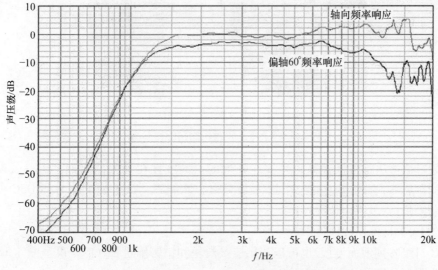

图 2.13.4　用 LMS 测得的箱体频响曲线

193

图 2.13.5　悬挂的 QSC 线阵列扬声器系统

2.13.2　系统的组装特点

QSC 线阵列扬声器系统的组装,与其他线阵列扬声器系统大体相同。

图 2.13.6 是将低频箱体放在阵列后面。

图 2.13.6　将低频箱体放在阵列后面

一般习惯做法是将低频箱体悬挂在阵列的上面或挂在阵列的下面。QSC 公司将低频箱体挂在后面,有时也有方便之处,而且对整个性能不会产生影响。为此 QSC 公司专门准备一接长杆,以方便这种连接。

图 2.13.7 是接长杆连接示意。

QSC 对线阵列地面堆放,也可以利用连接滑块和销钉确定张开的角度。图 2.13.8 是 QSC 阵列张开角度的示意图。

194

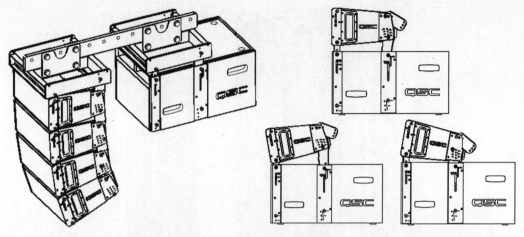

图 2.13.7　接长杆连接示意　　　　　图 2.13.8　QSC 阵列张开角度示意图

2.14　Alcons 公司的线阵列扬声器系统

　　Alcons 公司的总部设在荷兰,成立于 1985 年,生产各种音箱和线阵列扬声器系统。作者在法兰克福展会上看过他们的产品。

2.14.1　系统的特点

　　图 2.14.1 是 Alcons 公司线阵列扬声器系统的音箱 LR – 16。图 2.14.2 则是 LR – 16 组成的线阵列。

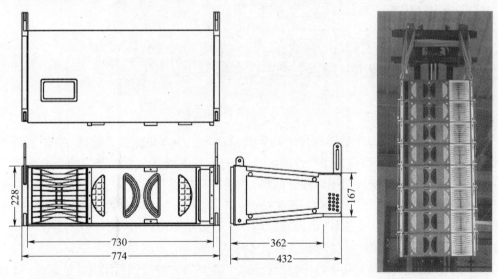

图 2.14.1　Alcons 公司线阵列扬声器系统的音箱 LR – 16

图 2.14.2　LR – 16
组成的线阵列

　　这个线阵列音箱最主要的特点是使用了一种专业平膜高频扬声器,图 2.14.3 是专业平膜扬声器的外形。这种平膜扬声器是由荷兰菲利浦公司研制的,其高频可达 20kHz。图 2.14.4 是这种专业平膜扬声器的剖面图。

图 2.14.3　专业平膜扬声器的外形

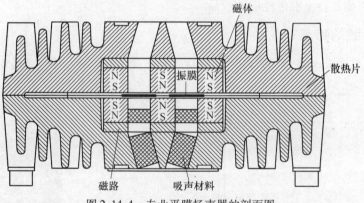

图 2.14.4　专业平膜扬声器的剖面图

图 2.14.4 中,最外部分是铝压铸的外壳及散热片。中间是钕铁硼磁体,磁体下面是低碳钢制成的磁路,中间部分为印有音圈的平面振膜,最下面是装在振膜后的吸声材料。

在线阵列扬声器系统设计规则提到两条,一是阵列的各独立线声源产生的波阵面表面积之和,应大于填充目标表面积之和的 80%。二是为了避免声干涉,必须对高频扬声器的驱动器和号筒进行相应设计,以便有效地产生近似平面波。

Alcons 公司采用平膜高频扬声器就解决了这两个问题。

图 2.14.5 就是平膜高频扬声器辐射面积比。可以看到辐射面积之比正好是 80%,与上述原则的要求完全符合,可达到要求。而对于平面平膜扬声器而言,辐射的就是平面波。

图 2.14.6 就是平面平膜扬声器的辐射波形。

从图 2.14.6 中不难看到,平面平膜扬声器辐射平面波主要是在号筒口。在平面平膜扬声器前装有一个号筒,其目的是将声能量集中在阵列面前。另外,号筒还起到挡风和保护振膜的作用。号筒中的平行片也同样起到保护振膜和防风的作用。

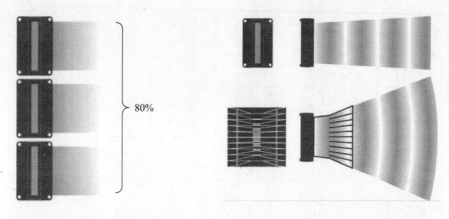

图 2.14.5　平膜高频扬声器辐射面积比　　　　图 2.14.6　平面平膜扬声器的辐射波形

　　另外,这种专业用平膜扬声器与家用的平膜扬声器相比,有一定改进,也就是专业平膜扬声器能保持在水平面始终有 90°辐射角,而不管在什么频率。

　　图 2.14.7 是家用平膜扬声器与专业平膜扬声器不同频率水平辐射角的比较。

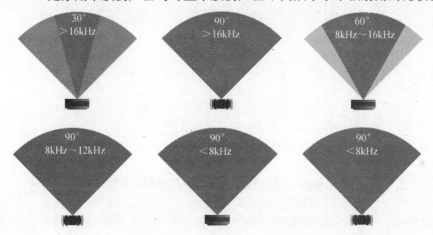

图 2.14.7　家用平膜扬声器与专业平膜扬声器不同频率水平辐射角的比较

　　水平辐射角保持 90°,并不因频率升高而变窄,这正是大家所希望的。

　　平面振膜扬声器虽然有这些优点,但有一得必有一失,平面振膜扬声器的振膜轻而薄,在室外恶劣风砂天气使用是困难的,人们也担心远离使用会使衰减过多。

2.14.2　系统音箱的测试

　　目前各国的各公司,对线阵列扬声器系统公布的测试数据都比较少。图 2.14.8 是 Alcons 公司 LR16 所用平膜高频扬声器的频响曲线。从图 2.14.8 可以看出,平膜高频扬声器的有效频率范围是 1kHz~20kHz。

　　图 2.14.9 是 LR16 音箱的阻抗曲线。由阻抗曲线可见,这是一只开口箱,谐振频率为 62Hz。

　　图 2.14.10 是 Alcons 公司 LR16 音箱的偏轴(自上而下为 0°、5°、10°)频响曲线。

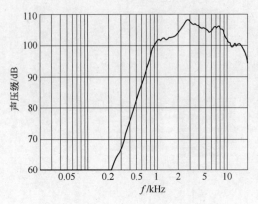

图 2.14.8　Alcons 公司 LR16 所用
平膜高频扬声器的频响曲线

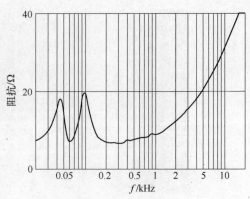

图 2.14.9　LR16 音箱的阻抗曲线

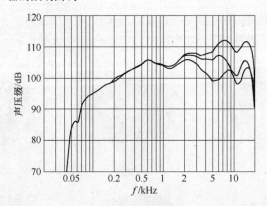

图 2.14.10　Alcons 公司 LR16 音箱的偏轴(0°、5°、10°)频响曲线

2.15　Renkus – Heinz 公司的线阵列扬声器系统

美国 Renkus – Heinz 公司成立于 1976 年,是一家生产专业音箱、线阵列扬声器系统、可控指向性声柱的公司。公司设在美国加里福尼亚州。

2.15.1　系统的高频设计

图 2.15.1 是 Renkus – Heinz 公司 PN/PNX 线阵列音箱外形。

图 2.15.1　Renkus – Heinz 公司 PN/PNX 线阵列音箱外形

可以看到,各专业公司线阵列主要区别之一在于高频部分的设计,都要满足下面两条线阵列设计原则。阵列的各独立线声源产生的波阵面表面积之和,应大于填充目标表面积之和的 80% 。为了避免声干涉,必须对高频扬声器的驱动器和号筒进行相应设计,以

使有效的产生近似平面波。

Renkus – Heinz 公司采用一种折射透镜来改变长度的办法。

图 2.15.2 是这种折射透镜示意图。

Renkus – Heinz 公司介绍,这种方法借鉴了微波研究,将微波的概念扩展到高频声波中来,使用这种技术获得一个连续的高声频波阵面。

Renkus – Heinz 公司认为这种技术比其他技术都好,这可以理解。作者更认定殊途同归原则,即用不同方法、不同途径均可达到同一目的。

这种改变长度的折射透镜方法,可在很宽的范围内适用。当高频通过各折射透镜时,图 2.15.3 是这种射线模型。

 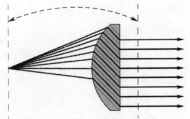

图 2.15.2　折射透镜示意图　　　　　　　　图 2.15.3　射线模型

左边的射线经过折射透镜,距离变得相等,形成平面波。但是当透镜小于 $1/2\lambda$ 时,会出现衍射现象,形成紧接在一起的衍射阵列,图 2.15.4 是这种衍射波阵面。图 2.15.5 是这种折射透镜外形。

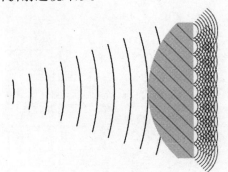 

图 2.15.4　衍射波阵面　　　　　　　　图 2.15.5　折射透镜外形

2.15.2　有源线阵列系统

Renkus – Heinz 公司开发了一种大功率输出、全数字线阵列系统,称为有源线阵列系统。全数字容易被人误会,因为主要的扬声器不是数字式的。图 2.15.6 是这种线阵列系统的外形。这个线阵列系统采用 RHAON(Renkus – Heinz Audio Operations Network,Renkus – Heihz 音频运行网络),使用 D 类放大器、DSP 处理,通过 CobraNet(网络音频实时传输技术)进行音频数字传输、音箱监测和遥控功能。

RHAON 利用 DSP,采同均衡、延时、音量等方法对信号进行调整,并采用 RHAON 软件操作。图 2.15.7 是 RHAON 软件的一个界面。

从图 2.15.7 可知软件是以 DSP 为中心。

图 2.15.8 是 RHAON 软件实时控制的一个界面。

通过软件可实时控制多波段的均衡（EQ）、信号延时、故障自动检测、输入电平的控制。

RHAON 还可以进行远程监控,图 2.15.9 是远程监控界面。

2.15.3　可控指向性声柱

Renkus-Heinz 公司生产一系列可控指向性声柱,用于混响时间较长的空间,由于指向性可调,因此可以获得良好的扩声效果。

图 2.15.10 是 Renkus-Heinz 公司的 IC-8R 可控指向性声柱外形。

这种指向性声柱内置 DSP(数字信号处理)、D 类放大器、扬声器等。用 RHAON 软件,实时调节信号均衡、延

图 2.15.6　Renkus-Heihz 线阵列系统的外形

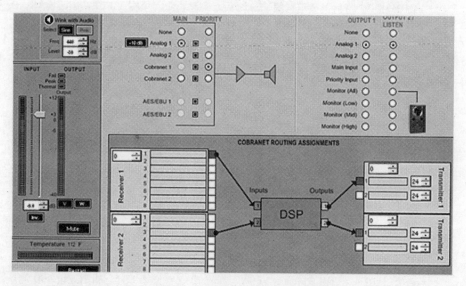

图 2.15.7　RHAON 软件的一个界面

时、信号电平等,可调节声柱垂直指向性角度、声柱声中心,以提高扩声效果。

可以调节声柱高、两端低频响应,图 2.15.11 是频率响应调节软件的界面。

由于可调节可控指向性声柱声中心,当声辐射面积加大时,可以将声中心提高,从而覆盖较远的区域。图 2.15.12 是可控指向性声柱声中心调节效果示意图。

由图 2.15.12 可见,当逐渐调高可控指向性声柱声中心时,声柱覆盖面积加大、加长。

对于两层的听众区,可控指向性声柱可调节成两个声中心,分别覆盖不同区域。图 2.15.13 是可控指向性声柱调节成两个声中心示意图。

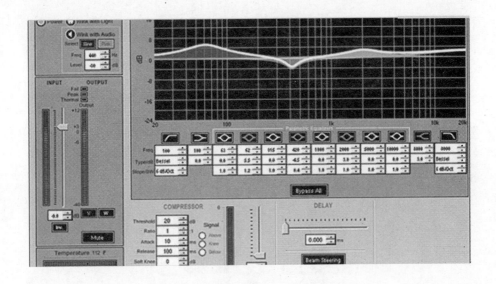

图 2.15.8　RHAON 软件实时控制的一个界面

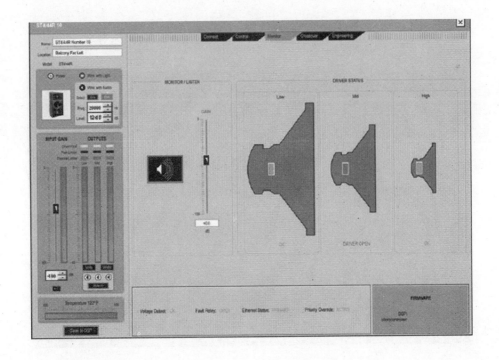

图 2.15.9　远程监控界面

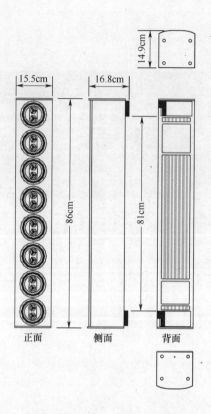

图 2.15.10　Renkus – Heinz 公司的 IC – 8R 可控指向性声柱外形

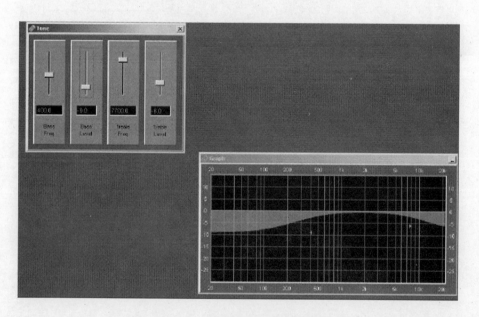

图 2.15.11　频率响应调节软件的界面

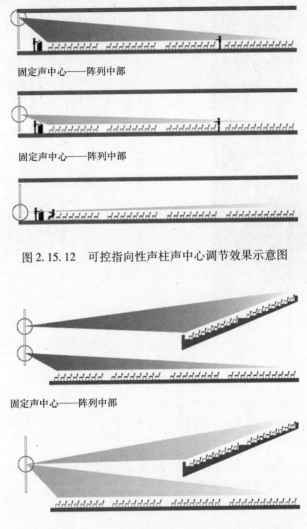

图 2.15.12　可控指向性声柱声中心调节效果示意图

图 2.15.13　可控指向性声柱调节成两个声中心示意图

2.16　Martin Audio 公司的线阵列扬声器系统

2.16.1　系统概况

Martin Audio 公司设在英国伦敦,是一家生产专业音箱的公司,近年来开始生产多种型号的线阵列扬声器系统。图 2.16.1 是 Martin Audio 公司生产的 W8L 系列线阵列扬声器系统。

图 2.16.2 是 Martin Audio 公司生产的 W8L 系列线阵列扬声器系统的音箱 W8LC。

从图 2.16.2 不难看出,它是一个三分频的音箱。我们感兴趣的是它的特点,特别是高频部分如何处理。为了避免声干涉,必须对高频扬声器的驱动器和号筒进行相应设计,以使之有效地产生近似平面波。

图 2.16.1　Martin Audio 公司生产的
W8L 系列线阵列扬声器系统

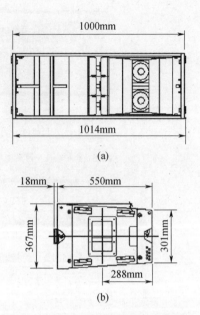

图 2.16.2　Martin Audio 公司生产的 W8L
系列线阵列扬声器系统的音箱 W8LC

各公司的智慧与技术主要表现在既要符合线阵列基本规则的要求,又要不与其他公司的方法雷同,做到异曲同工,另辟蹊径又殊途同归,另起炉灶,能煮同样的佳肴。

Martin Audio 公司的音箱,高频部分采用 3 个号筒,图 2.16.3 是 Martin Audio 音箱 3 个号筒外形。

这样排列 3 个号筒,使号筒近似呈直线,号筒相对比较长。这样从号筒喉口到号筒开口的距离差就比较小,从号筒口就可以近似得到平面波。

Martin Audio 公司还采用边界元法(Boundary Element Method,BEM)和瑞利积分法(Rayleigh Integral Method,RIM)进行分析,以解释这种方法是合理的、有效的。

2.16.2　系统的分析

1. 最小覆盖角的公式

Martin 公司推导出线阵列扬声器系统在垂直面最小覆盖角的公式。这个覆盖角可以测试,如果有一个公式就可以起到相互校准、相互验证、相互呼应的作用。图 2.16.4 是一个线阵列音箱垂直平面剖面图。

图 2.16.3　Martin Audio
音箱 3 个号筒外形

垂直平面最小覆盖角是指轴向线与 −6dB 线间的夹角。

$$最小覆盖角 = 2\arcsin\left(\frac{0.61\lambda}{Nd}\right)$$

式中,$\lambda = 340^* / f$,340^* 为声速(m/s),与温度有关;f 为频率;N 为阵列箱体数量;d 为箱体中心间距;Nd 为阵列总高度。

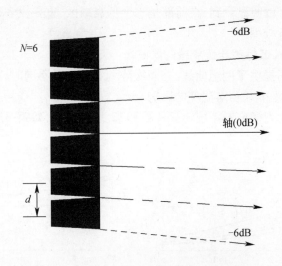

图 2.16.4　一个线阵列音箱垂直平面剖面图

2. 随距离衰减特性的简单解释

在线阵列扬声器系统的理论部分,已经说明了线阵列扬声器系统随距离的衰减特性。在近场,分界距离以前,线阵列辐射近似柱面波;在远场,分界距离以后,线阵列辐射球面波,距离增加 1 倍,声压级衰减 6dB。

Martin Audio 公司又用图形法简单解释上述原则。

图 2.16.5 是 6 只箱体组成的线阵列中高频覆盖角 7.5°的简单图形。

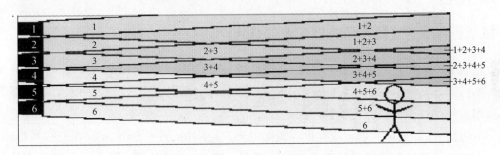

图 2.16.5　6 只箱体组成的线阵列中高频覆盖角 7.5°的简单图形

从图 2.16.5 中可以看到,线阵列扬声器系统声波在近场,一方面随距离增加而衰减,另一方面又在某些部位重叠,如图 2.16.5 中的 2 + 3、3 + 4、4 + 5,以及稍后的 1 + 2 + 3、2 + 3 + 4、3 + 4 + 5…。再看近场及远场的情况。图 2.16.6 是线阵列扬声器系统的低衰减和高衰减区。

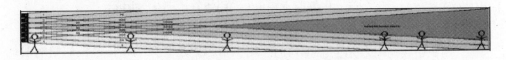

图 2.16.6　线阵列扬声器系统的低衰减和高衰减区(图中丨为分界距离指示)

从图2.16.6中可以明显看到,在前部是一个低衰减区,重叠较多,而在后部是一个高衰减区,明显看到重叠较少。

3. 箱体数量对中、低频声压级衰减的影响

Martin Audio 公司提供了两组曲线,是当线阵列箱体数量不同时,对中、低频声压级衰减的影响。其中包括温度和相对湿度的影响。

图 2.16.7 是线阵列扬声器系统 4 只音箱和 12 只音箱中、高频声压级衰减曲线(包括温度影响,相对湿度在 40%)。

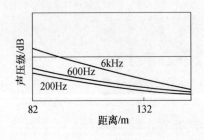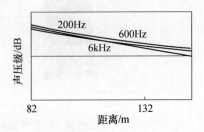

图 2.16.7　线阵列扬声器系统 4 只音箱(左图)
和 12 只音箱中、高频声压级衰减曲线

这样可以看到一个有趣的现象,对一个线阵列扬声器系统来说,随着距离的增加,不同频率的声压级都会衰减,这自然没有什么疑问。但是当线阵列箱体增加时,200Hz、600Hz、6000Hz 声压级下降的速度大体相同,这对性能是有利的。另外,音箱数量越多,线阵列长度越长,分界距离也越长。

2.16.3　多单元线阵列扬声器系统(MLA)

在 2010 年 10 月的伦敦专业灯光、音响展(PLASA2010)上,马田公司推出一种多单元线阵列扬声器系统(Multi – Cellular Loudspeaker Array,缩写为 MLA)。表明人们对线阵列扬声器系统的认识与研究在继续和深入。

一方面,线阵列扬声器系统在世界范围得到广泛应用,另一方面,还存在一些问题,这些问题困扰着那些头脑清醒的设计师和使用者。例如,在观众席不同点的频率响应是不同的;在距阵列距离不同处声压级是不同的。

图 2.16.8 是不同距离的频响曲线,图 2.16.9 是 MLA 音箱的立体剖面图。

从图 2.16.9 可以看出,这是一个精心设计的三分频音箱。图 2.16.10 是 MLA 音箱的正面图和频响曲线。

MLA 音箱由两只 12 英寸低频扬声器(采用钕铁硼磁体)、两只 6.5 英寸中频扬声器(采用钕铁硼磁体)、3 只 1 英寸压缩驱动单元(采用钕铁硼磁体)组成。

图 2.16.11 是两只中频扬声器的排列方式。

可见,两只中频扬声器是上下排列的。图 2.16.12 是两只中频扬声器的频响曲线。图 2.16.13 是 MLA 音箱高频波导的剖面图。图 2.16.14 是 MLA 音箱高频波导的平面图。

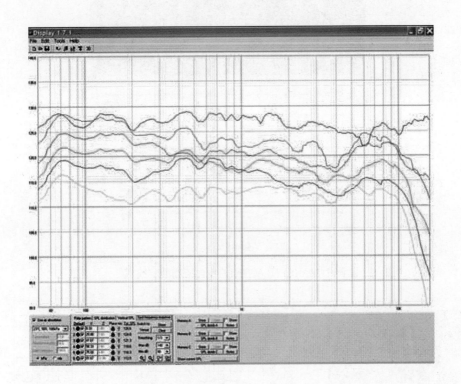

图 2.16.8　不同距离的频响曲线

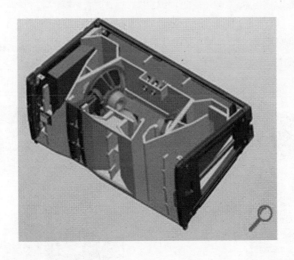

图 2.16.9　MLA 音箱的立体剖面图

207

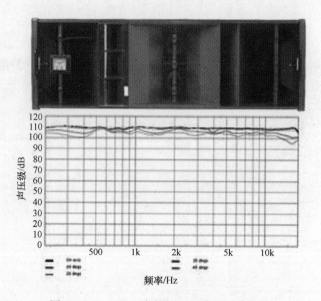

图 2.16.10　MLA 音箱的正面图和频响曲线

图 2.16.11　两只中频
扬声器的排列方式

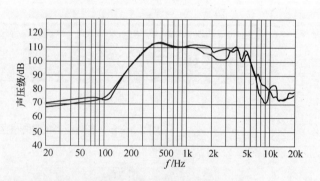

图 2.16.12　两只中频扬声器的频响曲线

图 2.16.13　MLA 音箱
高频波导的剖面图

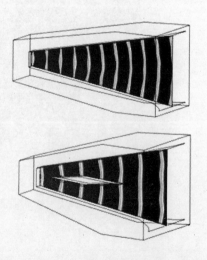

图 2.16.14　MLA 音箱高频波导的平面图

这种波导与一些线阵列用波导大同小异,达到使号筒口得到近似的平面波。这是一种有源音箱,每只音箱有 6 通道的 D 类放大器。

马田公司为 MLA 音箱设计了一套优化软件,采用 DSP 和网络技术对音箱进行控制。和一般的用 DSP 对音箱控制不同,它是一种更精确、更精细的控制。一个音箱分成 6 点控制,低频 1、中频 2、高频 3。图 2.16.15 是 24 只音箱的线阵列扬声器系统(有 144 个控制点)。

图 2.16.15　24 只音箱的线阵列扬声器系统
(有 144 个控制点)

因此它被称为多单元线阵列扬声器系统(MLA),这也是它与其他线阵列扬声器系统不同之处。多单元控制可以使线阵列扬声器系统性能更为理想。当然就软件设计和控制方法就会更复杂、更困难。

MLA 采用了网络、计算机优化软件、DSP 等多重控制,是一个全方向控制系统。

它可以在 150m 以外对悬挂的 24 只音箱进行功率和性能控制。MLA 紧凑的尺寸和可扩展的内部性能,可用于剧场扩声等场合。利用 D 类放大器、U - NET 数字音频网络和 DSP 来控制每一只音箱,MLA 阵列通过计算机无线传输来控制 VU - NET 软件的界面,和其他一些线阵列系统不同,控制的监管通过音频网络进行。

2.17　K－F公司的线阵列扬声器系统

德国 Kling－Freitag 公司(简称 K－F 公司)设在汉诺威市。生产各种音箱、声柱,包括线阵列扬声器系统。我们发现它对线阵列扬声器系统的音箱所提供的测试数据比较详尽(与国内外其他音箱公司比较),其他公司提供的曲线、参数,K－F 公司都有。而 K－F 公司还提供其他公司所未提供的参数与曲线。这点可供参考与借鉴。

这里以 K－F 的线阵列产品 212－6 为例予以说明。图 2.17.1 是 K－F212－6 的外形。

图 2.17.1　K－F 212－6 的外形

首先为用户提供了音箱的频响曲线。图 2.17.2 是 212－6 音箱的频响曲线和阻抗曲线。

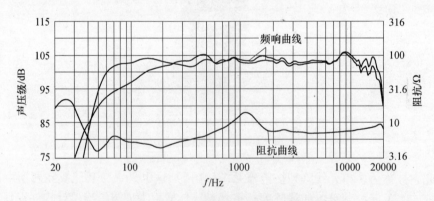

图 2.17.2　212－6 音箱的频响曲线和阻抗曲线

下部曲线为阻抗曲线。上部较平坦的曲线是经修正后的频响曲线,K－F 的线阵列扬声器系统在使用中另外加一控制器(内含 DSP),对低频与高频适当补偿,特别是对低频补偿。

图 2.17.3 是 212－6 音箱的水平、垂直波束宽度,上部曲线是水平波束宽度,下部曲线是垂直波束宽度。图 2.17.3 表示的是音箱波束宽度随频率变化的图形。波束宽度是指比最大值下降 6dB 的宽度。可以看到在高频区域,水平和垂直波束宽度变化都比较小。

210

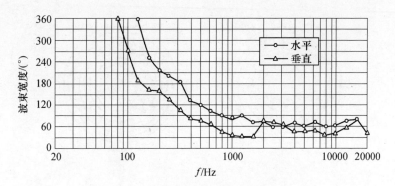

图 2.17.3　音箱波束宽度随步频率变化曲线

图 2.17.4、图 2.17.5 是 212 – 6 的水平指向性图和垂直指向性图,分别显示了 200Hz ~ 16kHz 的水平指向性和垂直指向性。图中,由外至内,图(a)对应 200Hz、250Hz、315Hz、400Hz, 图(b)对应 500Hz、630Hz、800Hz、1kHz,图(c)对应 1.25kHz、1.6kHz、2kHz、2.5kHz,图(d)对应 3.15kHz、4kHz、5kHz、6.3kHz,图(e)对应 8kHz、10kHz、12.5kHz、16kHz。

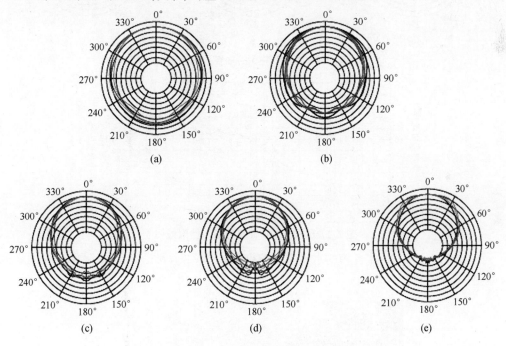

图 2.17.4　212 – 6 的水平指向性图

只要配置一个转台,此项测试并不困难。图 2.17.6 是 212 – 6 音箱的指向性因数图。

图 2.17.6 中,横坐标是频率,纵坐标右边是指向性因数(Directivity Factor)。纵坐标左边是指向性指数(Directivity Index)。在自由场条件下,某一给定频率或频带,在指定的参考轴上选定的测试点处所测得的扬声器声强与在同一测试点测得的点声源声强之比即为指向性因数。它是频率的函数。用 dB 表示的指向性因数称为指向性指数。

声强是指,声场中某点上一个与指向方向垂直的单位面积上,在单位时间通过的平均声能。在自由球面波的情况下,声强与声压平方成正比。

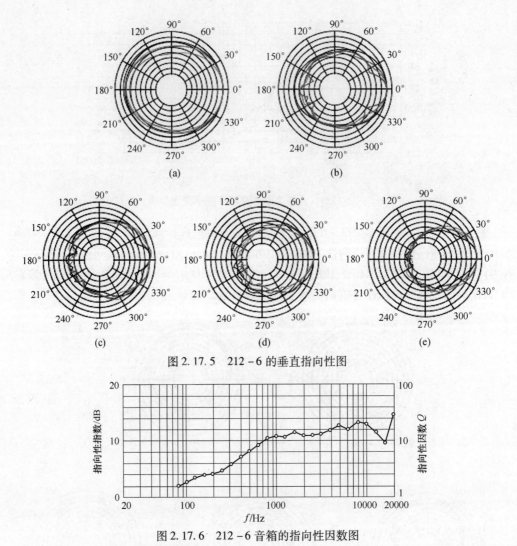

(a)   (b)

(c)   (d)   (e)

图 2.17.5　212－6 的垂直指向性图

图 2.17.6　212－6 音箱的指向性因数图

　　图 2.17.7 是 212－6 音箱的水平覆盖渲染图。图 2.17.8 是 212－6 音箱的垂直覆盖渲染图。

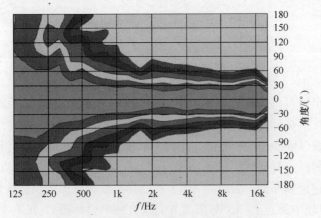

图 2.17.7　212－6 音箱的水平覆盖渲染图

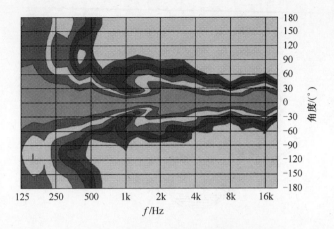

图 2.17.8　212−6 音箱的垂直覆盖渲染图

这两种覆盖渲染图可借助 CLIO 等设备测量,只可供参考,不能作为标准。它有形象、直观的优点。在没有严格验证的情况下,难以断定其可靠性。

2.18　SLS 公司的线阵列扬声器系统

SLS 公司设在美国密苏里州,生产各种音箱和线阵列扬声器系统。它的特点是采用平膜高频扬声器充当线阵列音箱的高频单元,这是它与众不同之处。图 2.18.1 是 SLS 线阵列音箱 SL9900 外形。可以看到,其中部为两只平膜高频扬声器。平膜扬声器的特点是振膜与音圈一体。音圈以印刷电的方式印制在平面振膜上。图 2.18.2 是平膜扬声器音圈图。

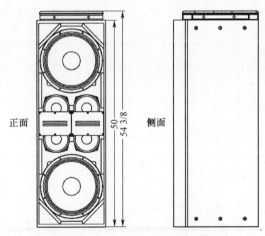

图 2.18.1　SLS 线阵列音箱 SL9900 外形

平膜扬声器有其独特的优点,就是它的脉冲响应较好。图 2.18.3 是一只 2 英寸压缩驱动单元的脉冲响应。图 2.18.4 是一只 SLS PRA1000 平膜高频单元的脉冲响应。

此两条曲线是用 MLSSA 所测得。纵坐标是振幅,横坐标是时间。从图中不难看出,平膜高频扬声器的脉冲响应是良好的。这意味着平膜扬声器同压缩驱动单元相比,不论

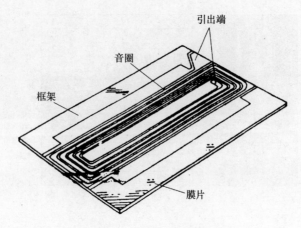

图 2.18.2 平膜扬声器音圈图

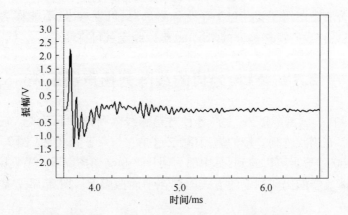

图 2.18.3 一只 2 英寸压缩驱动单元的脉冲响应

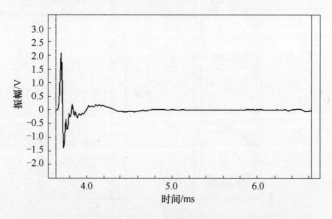

图 2.18.4 一只 SLS PRA1000 平膜高频单元的脉冲响应

前沿瞬态响应与后沿瞬态响应都是较好的。

与一般的线阵列系统高频部分相比,平膜扬声器更容易形成平面的波形。图 2.18.5 是几只高频号筒、压缩单元的波形与几只平膜高频扬声器波形的比较。

SLS 公司有多种线阵列箱体,其中 LS9000 如图 2.18.6 所示。

214

其低频由两只直径为 380mm 的低频扬声器组成。中频由 4 只直径为 165mm 的中频扬声器组成。高频由两只 PRD1000 的平膜扬声器组成。图 2.18.7 是 PRD1000 的外形。图 2.18.8 则是 PRD1000 的频响曲线。

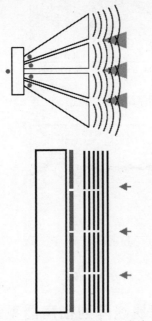

图 2.18.6　LS9000 线阵列音箱

图 2.18.5　几只高频号筒、压缩单元的波形与几只平膜高频扬声器波形的比较

图 2.18.7　PRD1000 的外形

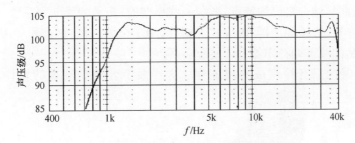

图 2.18.8　PRD1000 的频响曲线

人们更感兴趣的是线阵列的实际测试数据。SLS 公司提供了两组数据可供参考。

图 2.18.9 是第一组 SLS 线阵列扬声器系统的测试数据。

这是 8 只音箱组成的线阵列扬声器系统。这 8 只音箱间没有间隔。测试的距离是 66 英尺(20m)。图 2.18.10 是第二组 SLS 线阵列扬声器系统的测试数据。

第二组是 8 个单元组成 5° 的弯曲,形成 J 形线阵列。从这两幅曲线图比较而言,第二组线阵列优于第一组。

但是 SLS 公司没有讲清使用的测试设备。低频部分的测试数据显然是不准确的,而且这几条曲线的相互关系也没而交待清楚。

SLS 公司还有一个 LASS(Line Array Simulator Software,线阵列模拟软件),将在另节介绍。

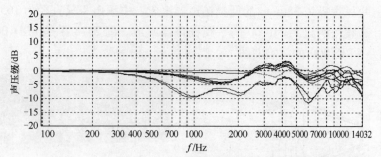

图 2.18.9　第一组 SLS 线阵列扬声器系统的测试数据

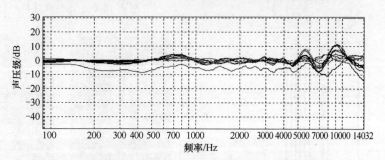

图 2.18.10　第二组 SLS 线阵列扬声器系统的测试数据

2.19　ECLER 公司(西班牙)的简易线阵列扬声器系统

　　ECLER 公司是西班牙巴塞罗那的一家专业音响器材公司。在线阵列扬声器系统席卷全球时,这家公司也不可能置身于事外,但是这家公司并没有试制生产那些大型的线阵列扬声器系统,而是结合自己的特点,试制一些小型的、简易的线阵列系统。ECLER 公司本来生产小型音箱、吸顶扬声器、墙内式音箱等,用于公共广播、小面积扩声,结合这些特点,小型的、简易的线阵列扬声器系统便应运而生。

　　图 2.19.1 是两只音箱组成的线阵列。这样两个音箱是现成的设计,用一个如图

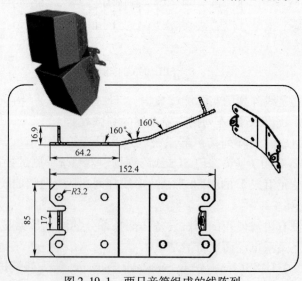

图 2.19.1　两只音箱组成的线阵列

2.19.2 所示的金属板,再用螺钉固定就可以了。4 只音箱亦可以如法炮制,图 2.19.2 是 4 只音箱组成的线阵列系统。

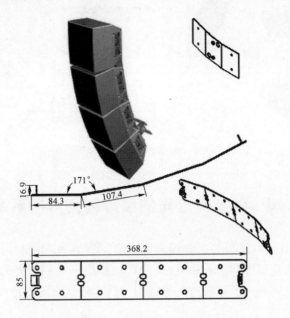

图 2.19.2　4 只音箱组成的线阵列系统

　　这也是用一个专用的金属板,用螺钉固定即可。不用过多框架、连接板、销钉等。当然也有一个缺点:调节困难且不能随意调节。

　　如果箱体较重,也有牢固一点的办法。图 2.19.3 是 4 只音箱较牢固的连接成线阵列。

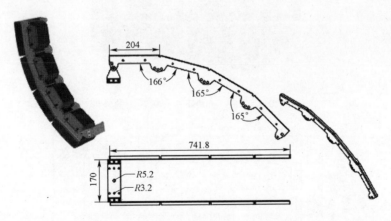

图 2.19.3　4 只音箱较牢固的连接成线阵列

　　有时为了向几个方向扩声,可以使几个音箱向不同方向扩声。图 2.19.4 是向多方向辐射的并列结构。

　　ECLER 公司的做法给我们的启示是:线阵列结构可以多样化。

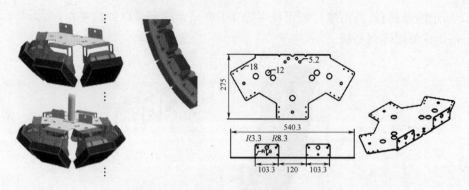

图 2.19.4   向多方向辐射的并列结构

2.20   特宝声公司的线阵列扬声器系统

特宝声公司(Turbosound Ltd)是英国一家有名的专业音响器材公司。该公司位于英格兰东南部的西苏塞克斯郡(West Sussex),公司也推出一系列线阵列扬声器系统。我们关注的是特宝声线阵列扬声器系统与其他同类产品有什么不同的特点。

2.20.1   Flex Array 系列

这种 Flex Array 系列是由若干 TFA – 600H 三分频音箱组成。图 2.20.1 是 TFA – 600H 三分频音箱的外形,图 2.20.2 则是 TFA – 600H 三分频音箱的频响曲线。

图 2.20.1   TFA – 600H 三分频音箱的外形

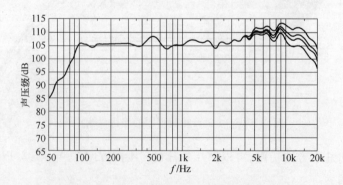

图 2.20.2   TFA – 600H 三分频音箱的频响曲线

这条曲线在中、低频是一致的,在高频部分却有4组曲线,这是用DSP调节的。在辐射距离较远时,高频部分会有所衰减,利用DSP调节成为一种有效的方法。它可以内置D类放大器及内置DSP系统(或外置DSP系统遥控)进行调节。

谈到音箱指向性,有一项参数即波束宽度频率响应,波束宽度是指此最大值下降6dB的宽度。提供这种数据的厂家并不多,图2.20.3是特宝声提供的TFA-600H音箱的波束宽度频率响应。

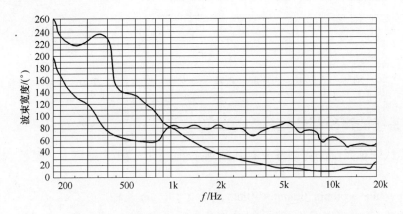

图2.20.3 特宝声TFA-600H音箱的波束宽度频率响应

人们更关心多个箱体,即组成一个线阵列扬声器系统时,它的垂直面的波束宽度频率响应如何变化? 图2.20.4是多只音箱(每只音箱之间的夹角为零度)的垂直面波束宽度频率响应。

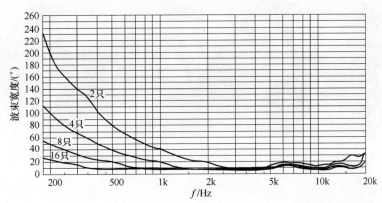

图2.20.4 多只音箱(每只音箱之间的夹角为零度)的垂直面波束宽度频率响应

这组测试数据(可惜特宝声没有提供更多细节)是有价值的。它证实了线阵列扬声器系统,垂直面波束宽度变窄,线阵列的箱体越多,波束宽度越窄。而且在频率较高的范围,波束宽度的变化幅度较小。这组曲线很好地验证了线阵列扬声器系统的作用。

图2.20.5是单只箱体的指向性指数。图2.20.6则是Flex Array阵列连接的状况。

这种音箱还有一个特点是,箱体上设有垂直和水平两种吊挂系统。水平吊挂系统使用一种简单而有效的下降链环机械。

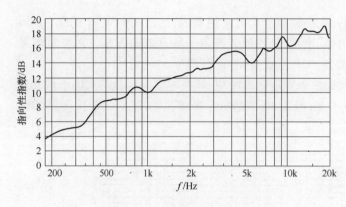

图2.20.5　单只箱体的指向性指数　　　　　图2.20.6　Flex Array 连接的状况

2.20.2　系统的高频部分

特宝声线阵列系统的高频部分有其独到之处。图2.20.7是特宝声树枝状波导的剖面图。

号筒有 90mm×60mm、60mm×40mm、90mm×40mm 几种尺寸。

由图2.20.7中可以看出,声从树枝状波导喉口出发,到号筒的距离,经过不同途径,距离大致相等。在这里惊叹一种智慧,各个公司有异曲同工之妙。也再一次证实了扬声器殊途同归的原则。

图2.20.8则是这种树枝状号筒的剖面图。

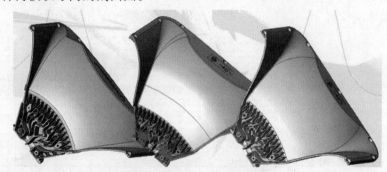

图2.20.7　特宝声树
枝状波导的剖面图

图2.20.8　树枝状号筒的剖面图

2.20.3　特宝声公司的多号筒

特宝声公司还研制了一种特殊的模制高频、中频多号筒(Polyhorn)。图2.20.9是这种特殊的模制高频、中频多号筒,或称可编阵列无接缝多号筒(ASPECT)。

这种号筒的目的也是为了改变从号筒口发出声波的相位,能使从喉口发出的声波到号筒口所有通路的长度相同,使号筒口声波波阵面较为均匀一致。图2.20.10所示为两只传统号筒,由于有害的干涉造成波阵面不一致。如图2.20.11所示,当采用模制乙烯号筒时其波阵面较一致,而且采用这种模制乙烯号筒的扬声器瞬态响应亦得到改善。图2.20.12显示瞬态响应的改善声压级。

220

图 2.20.9 特殊的模
制高频、中频多号筒

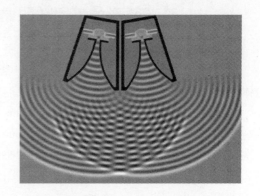

图 2.20.10 由于两只传统号筒
的有害的干涉造成波阵面不一致

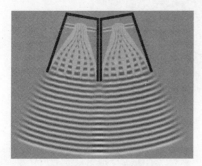

图 2.20.11 当采用模制
乙烯号筒时波阵面较一致

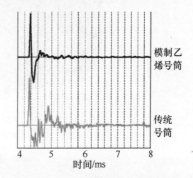

图 2.20.12 瞬态响应的改善

图 2.20.13 为模制乙烯号筒的侧面图。这种模制乙烯号筒可用于各类音箱。

图 2.20.13 模制乙烯号筒的侧面图

2.21 薄形的 K 型(眼睛蛇)线阵列扬声器系统

线阵列扬声器系统由一只只音箱组成,每一组有几只到十几只不等。悬吊起来成为一个庞然大物。设计师为了减轻线阵列扬声器系统的重量,采取许多措施,如采用钕铁硼磁体磁路、采用轻质盆架等。但效果是有限的。

意大利佛罗伦萨的 HP Sound Equipments 公司,推出一种薄形线阵列扬声器系统,被称为 K 型(眼睛蛇)阵列。由于它只有 160mm 的厚度而引起人们的格外注意。当作者第一次在法兰克福看到它时,真有一种惊艳的感觉。图 2.21.1 是这种 K - 15 音箱的外形。图 2.21.2、图 2.21.3 是在法兰克福展会上拍摄的这种 K 型阵列的悬挂图。

图 2.21.1 K - 15 音箱的外形

图 2.21.2 在法兰克福展会拍   图 2.21.3 在法兰克福展会
摄的 K 型阵列的悬挂图(一)   拍摄的 K 型阵列的悬挂图(二)

可以看到这种线阵列与一般的线阵列确有不同。这种 KH - 15 音箱有以下一些特点:

(1)它是有源音箱。

(2)采用 DSP 和远程控制。

(3)箱体变窄、体积变小,必然会影响它的性能。而利用电子技术、计算机技术,即利用 DSP 处理的方法,可以在一定程度改善箱体的低频性能。表 2.21.1 所列为 KH - 15 的技术性能。

222

表 2.21.1　KH - 15 的技术性能

名　称	参　数	名　称	参　数
额定功率	160W	垂直覆盖角	15°
最大功率	250W	分频	DSP 控制,1.2kHz
运行频率范围	60Hz ~ 19kHz(±3dB),预先调零	中、低频单元	2 只 8 英寸钕铁硼锥形场扬声器,3 英寸音圈
频率范围	60Hz ~ 19kHz(±3dB),预先调零	高频单元	2 只 1 英寸平膜单元
声压级(1W1m)	99dB(低—中),113dB(高)	外形尺寸	560mm × 250mm × 160mm
频率最大声压级	130dB(连续),136dB(峰值)	重量	12kg
水平覆盖角	120°		

可见这是一种轻(12kg)而薄(160mm)的线阵列箱体。图 2.21.4 是 KH - 15 水平指向极坐标图。图 2.21.5 是 KH - 15 垂直指向极坐标图。图 2.21.6 是 KH - 15 的频率响应曲线。图 2.21.7 是这种薄形阵列的悬吊。图 2.21.8 是这种薄形阵列的悬吊方式。

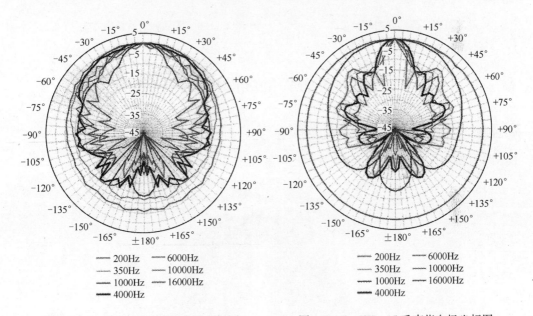

图 2.21.4　KH - 15 水平指向极坐标图　　　图 2.21.5　KH - 15 垂直指向极坐标图

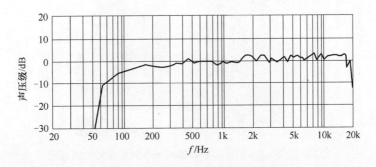

图 2.21.6　KH - 15 的频率响应曲线

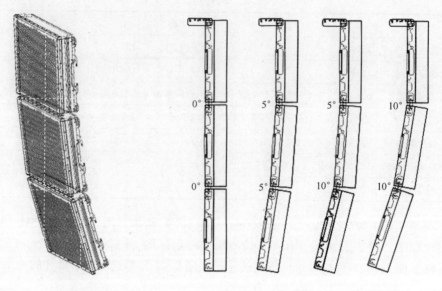

图 2.21.7　薄形阵列的悬吊　　　　　　　　图 2.21.8　薄形阵列的悬吊方式

2.22　E-V公司的线阵列扬声器系统

2.22.1　X系列线阵列扬声器系统

图 2.22.1 是 E-V 公司的线阵列扬声器系统悬吊的情况。

图 2.22.1　E-V公司的线阵列扬声器系统悬吊的情况

E - V 公司线阵列的箱体是 X^{LC}127。图 2. 22. 2 是 X^{LC}127 箱体的 3D 图。由图中可见,它是一个三分频系统。低频单元是 12 英寸(300mm)扬声器,中频单元是两只 6.5 英寸(165mm)扬声器。另外,还有钕铁磁路的高频单元。三分频呈不对称排列。有的公司采用轴对称布置,就专讲轴对称的优点;有的公司采用轴不对称模式,就专讲轴不对称的优点。

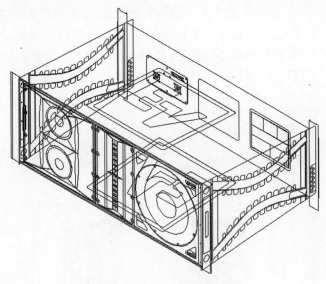

图 2. 22. 2　X^{LC}127 箱体的 3D 图

其实这两种说法都不完全对。轴对称、轴不对称布置都有各自的优点与缺点,取决于怎样平衡与选择。

图 2. 22. 3 是轴对称排列(左)与轴不对称排列(右)。

图 2. 22. 3　轴对称排列(左)与轴不对称排列(右)

线阵列扬声器系统的音箱中扬声器的布置,分轴对称布置和非轴对称布置。大多数音箱采用轴对称布置,也有采用非轴对称布置的。

对一般的音箱而言,几乎不产生对称与否的问题。多是竖放,基本上是对称的。

而线阵列扬声器系统是横放的,横放就产生左、右对称的问题。这种对称有物理的重心问题,因为线阵列扬声器系统通常是悬吊的,重心平稳很重要。另一个对称有声辐射问题,扬声器单元的不同位置,会有不同的辐射效果。

扬声器轴对称布置的优点在于左、右声像对称,对轴向辐射的效果良好。而且音箱的重心在正中,这样对线阵列这样的悬吊系统较为有利,悬吊系统平衡是可靠的有利因素。

对称布置的缺点是偏轴方向的干涉。在偏轴方向,不论是低频单元还是中频单元,在某些频率由于波程差导致相位相反,而出现干涉。表现在水平指向性图是一些凹凸的图形。

而不对称布置的优点是减少了上述干涉。不对称布置中频单元、低频单元都是靠在一起的,因此由于波程差导致的相位差比较小,因此干涉抵消小。不对称结构最大的缺点是重量不均衡,重心倒向一边,在吊装、平衡、调节角度时都比较麻烦。因此,实际呈现的不对称音箱,通常是结构紧凑的,中、低频单元单只居多,但相应声压级较低。

根据上述的分析可以看到,对于大多数线阵列音箱,其扬声器是轴对称布置的。

由此可见,对称布置、非对称布置各有其优、缺点。选择的原则是:两害相权取其轻。对于大型、多单元音箱,悬吊的重心很重要,对称布置是首选。对声辐射的不利影响尽量消除。对于小型的音箱,想不对称也不行。但因为体积小,结构紧凑,重心平衡的问题相对比较容易解决。

2.22.2　E－V 公司的多孔波导

E－V 公司设计的多孔波导,称为 Hydra™ 波导式平面波产生器。图 2.22.4 是这种波导式平面波产生器外形,其剖面示意图如图 2.22.5 所示。

  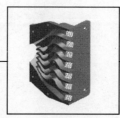 

图 2.22.4　波导式平面
　　波产生器外形

图 2.22.5　波导式平面波产生器的剖面示意图

由图不难看出,这种波导是通过几何学的方法,使声波从喉口到波导口的距离大致相同形成一个平面波。

在这里再次验证了"殊途同归"的原则,即用不同的方法去达到同一目的。

2.22.3　对线阵列扬声器系统波瓣方向的解读

当线阵列扬声器系统排列方法不同时,在垂直平面其声波的主瓣方向有所不同。这可以直观地看出,E－V 公司也对此有简单的解读。图 2.22.6 是垂直而立线阵列扬声器系统的声波瓣方向。这是一个由 12 只箱体组成的阵列,其声波瓣中心直指正前方。图 2.22.7 是向前倾斜的线阵列扬声器系统的声波瓣方向。由图可见,线阵列扬声器系统向前倾斜一个角度,其声波瓣也向下倾斜一个相同角度。

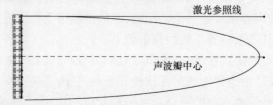

图 2.22.6　垂直而立线阵列扬声器系统的声波瓣方向

226

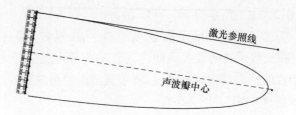

图 2.22.7　向前倾斜的线阵列扬声器系统的声波瓣方向

图 2.22.8 是当线阵列扬声器系统组成 J 形时,形成两个声波瓣中心。

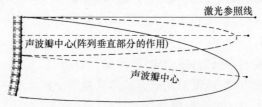

图 2.22.8　当线阵列扬声器系统
组成 J 形时形成两个声波瓣中心

在 J 形阵列上部,直立部分箱体形成一个声波瓣中心,而整个 J 形阵列又会形式一个倾斜的声波瓣中心。图 2.22.9 是一个弯曲形的线阵列扬声器系统的声波瓣方向。

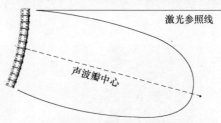

图 2.22.9　一个弯曲形的线阵列
扬声器系统的声波瓣方向

由图可见,弯曲形的线阵列扬声器系统,会形成一个向下倾斜的声波瓣方向。

2.23　Duran Audio 公司的线阵列扬声器系统和可控指向性声柱

Duran Audio 公司是荷兰的一家音响公司,成立于 1981 年,它产品的商标为 AXYS。公司的名字就是以老板 Gerrit Duran 的名字命名的。

Duran Audio 公司是世界最早研究、生产可控指向性声柱的公司之一。推出了数字指向性控制(Digital Directivity Control, DDC)技术,还推出了数字指向性合成(Digital Directivity Synthesis,DDS)技术。

Duran Audio 公司的产品很多,我们关心的是它的可控指向性声柱和有关的指向性控制技术。

2.23.1　可控指向性声柱

Duran Audio 公司生产的可控指向性声柱有多种型号,下面分析其中一种型号为

227

DC – 115 的产品。图 2.23.1 所示为 DC – 115 的外形。

这个声柱由 6 只直径为 100mm 的全频带扬声器组成，箱体尺寸为 1149mm × 134mm ×92mm。它和一般声柱的最大不同之处在于声柱内设 DSP 和 D 类放大器,在设计软件的配合下,声柱的指向性得以控制,控制垂直指向的角度和方向。

DSP 的型号:浮点 900 MFLOPS 32bit。

内存:64Mb SDRAM + 3Mb 非稳定。

信号处理:21s(预延时) + 2 × 10s(输入通道延时)、均衡和滤波补偿、压缩、音量、外噪声的自适应处理、输出滤波和再次延时、双输入结构。

同一般声柱相比,这种指向性声柱从扩声角度来讲的优点如下:

(1) 有较高的语言清晰度。

(2) 减少了不必要的声反射,减少失真,声场也较均匀。

(3) 提高了信号噪声比,降低对非扩声范围的噪声干扰。

(4) 在一定程度上增加扩声保密性。

除此以外,它还有使用上的优点,同线阵列扬声器系统相比,这种使用上的优点使指向性声柱在某些特殊场合得到广泛应用。

这些优点是:指向性声柱由于外观纤细,能与建筑结构的风格与美学要求良好配合,如图 2.23.2 所示,指向性声柱在美国肯特基州卡温德大教堂(Covington Cathedral),声柱与建筑融为一体。

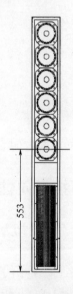

图 2.23.1　DC – 115 的外形　　　　图 2.23.2　指向性声柱在美国肯特基州卡温顿大教堂

可以将声柱垂直安装而不用倾斜。图 2.23.3 是声柱垂直安装的实例。

指向性声柱也可做嵌入式（墙内式）安装。指向性声柱的颜色可根据要求而改变。图 2.23.4 是声柱外形、颜色与建筑融合的实例。因此，这种指向性声柱得到广泛应用。

228

图 2.23.3　声柱垂直安装的实例　　　　　　　图 2.23.4　声柱外形、颜色与建筑融合

2.23.2　Duran Audio 公司的 DDC

　　Duran Audio 公司对数字指向性控制(Digital Directivity Control, DDC)只有一个大致的介绍,很多内容语焉不详。关于可控指向性声柱更详细的内容可参看文献。图 2.23.5 是 DDC 的框图。

　　图 2.23.5 中,延迟、滤波等内容皆由 DSP 按控制软件完成。图 2.23.6 是 DDC 的控制效果图。

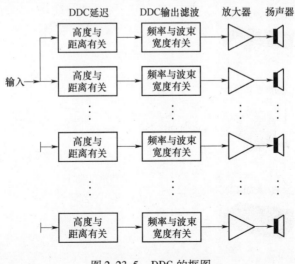

图 2.23.5　DDC 的框图

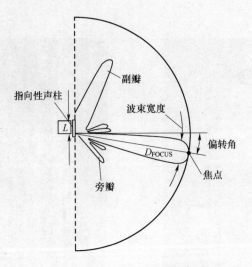

图 2.23.6 　DDC 的控制效果图

由图 2.23.6 可见,经过对声柱的指向性控制,声柱的垂直面指向图产生一系列变化。主波瓣变窄,而且偏下一个角度,直指听众。副波瓣的旁瓣减少。

要达到上述要求,除 DDC 软件设计外,对声柱长度、声柱扬声器间距等都有相应的要求。

2.23.3　Duran Audio 公司的 DDS

当可控指向性声柱用于某个具体扩声环境时,其最后的扩声效果,不仅与可控指向性声柱本身的指向性等性能有关,而且与扩声环境性能有很大关系。这样一个数字指向性合成(Digital Directivity Synthesis,DDS)系统,不仅考虑、设计可控指向性声柱的指向性和性能,同时考虑实际扩声环境的声性能,并将两者结合起来,达到所希望的扩声效果。图 2.23.7 是这种 DDS 的示意图。

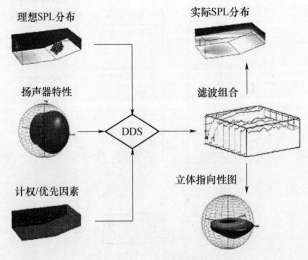

图 2.23.7　DDS 的示意图

这种 DDS 是一个软件系统,输入部分包括预先设想的厅堂声压级分布、所选用的可控指向性声柱的指向性特性等、其他根据需要的加权因子。

输入经 DDS 处理,经过滤波组合,一方面得到厅堂实际声压级分布,另一方面得到实际的可控指向性声柱的立体指向性图。如果实际声柱与要求有差距,还可修改重新计算,直到满意为止。图 2.23.8 是表示厅堂理想声压级数据进入 DDS 安装实例。

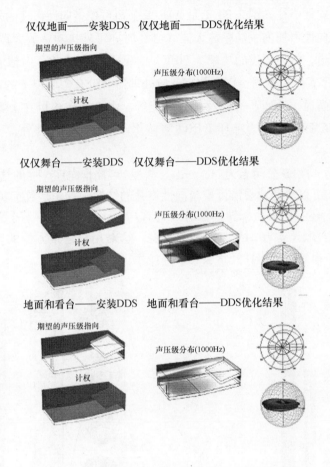

图 2.23.8　厅堂理想声压级数据进入 DDS 安装实例

厅堂理想声压级输入 DDS 分 3 步:

（1）仅仅输入地面期望的声压级分布,再加上计权因子。

（2）仅仅输入舞台期望的声压级分布,再加上计权因子。

（3）仅仅输入地面和看台期望的声压级分布,再加上计权因子。

对于所有软件,都有一个证实问题,即要知道这个软件是否通过验证? 可信度有多高? 对于 DDS 软件,Duran Audio 公司的技术人员 Evert Star 等写了一篇关于 DDS 的论文,利用 DDS 软件分析心形扬声器阵列,不仅有理论的分析,还有实测的验证。

2.24 ATELS公司的指向性声柱

2.24.1 ATELS公司的指向性声柱的结构

ATELS公司是总部设在瑞士的一家电声器材公司,生产多种音响器材,在这里主要关心它的可控指向性声柱。图2.24.1是ATELS公司可控指向性声柱的外形。

这种可控指向性声柱内置功率放大器(必要时亦可外接功率放大器),每一只扬声器有一个独立通道,每一通道的功率为70W。信噪比大于90dB。内建DSP控制,亦可外接24CH的数字音频控制器。DSP数字音频处理器至少有7段以上的数字均衡、噪声门、限幅,具有高通、低通、带通及延时功能等。水平指向角可在145°以上。垂直指向角可在10°~45°间调节。为求环境空间整体化,除指向性声柱外,不再放置其他扬声器系统。

图2.24.2是ATELS公司名为Messenger(先驱)可控指向性声柱的结构。

从图2.24.2可以清楚地看清可控指向性声柱的结构。首先是数字功率放大器,通常选用D类放大器,还有一个功率转换部分。具有一个主输入,还有一个辅助输入。电源有230V的交流电源,还备有24V直流备份电源。这对用户是很方便的。扬声器选用防水扬声器,这是考虑到这种声柱经常会在户外使用。

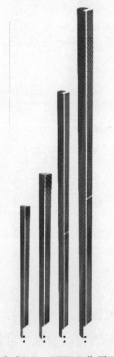

图2.24.1 ATELS公司可
控指向性声柱的外形

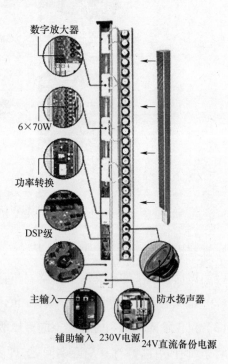

图2.24.2 ATELS公司的Messenger
(先驱)可控指向性声柱的结构

2.24.2 Messenger(先驱)可控指向性声柱的软件

Messenger 可控指向性声柱,按扬声器数量可分为 5 种,分别是 12、18、24、36、48 只扬声器。声柱的指向性控制通过计算机软件完成,将 Messenger 软件装入计算机,利用 USB 转 RS-485 转换器,进行远距离传输。

图 2.24.3 是 USB 转 RS-485 转换器,而图 2.24.4 是 Messenger(先驱)界面,图 2.24.5 是 Messenge Control 1.21A 软件均衡控制。

图 2.24.3　USB 转 RS-485 转换器

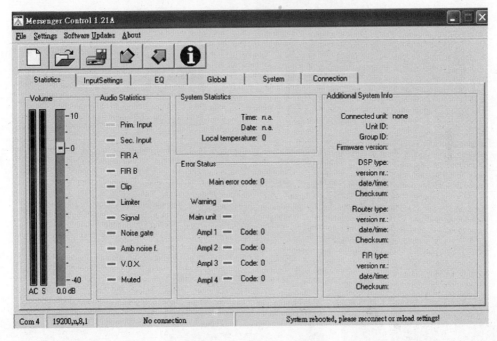

图 2.24.4　Messenger 界面

图 2.24.6 是软件控制的垂直面 45°波束图,图 2.24.7 是软件控制的垂直面 10°波束图。

图 2.24.8 是软件控制的双波瓣,图 2.24.9 是软件控制的 3 波瓣,图 2.24.10 是软件控制的波束向上偏转 45°,图 2.24.11 是软件控制的波束向下偏转 45°。

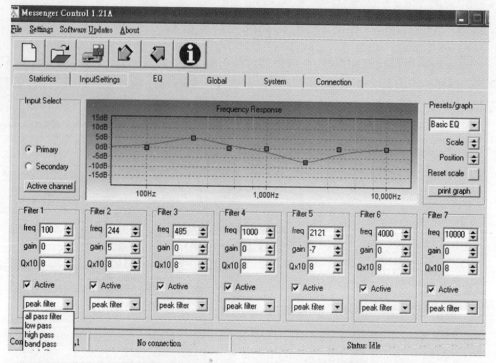

图 2. 24. 5　Messenge Control 1. 21A 软件均衡控制

图 2. 24. 6　软件控制的垂直面 45°波束图

图 2. 24. 7　软件控制的垂直面 10°波束图

图 2. 24. 8　软件控制的 3 波瓣

图 2. 29. 9　软件控制的 3 波瓣

图 2. 24. 10　软件控制
的波束向上偏转 45°

图 2. 24. 11　软件控制
的波束向下偏转 45°

234

2.25 Community 公司的特殊线阵列产品

Community 公司是美国一家生产扬声器、音箱等电声产品的公司,在美国宾夕法尼亚州的港口城市切斯特(Chester),成立于1968年,已有44年的历史,这在国内外都算历史悠久的公司。

在它众多产品中,一种被称之为线阵列的声柱口阵列式号筒扬声器值得关注。我们仍然照例只分析其特殊的与众不同之处,对共性的内容略去,以节省读者的时间。

2.25.1 ENTASYS 声柱

ENTASYS 声柱,Community 公司称之为 High – Performance Indoor/Outdoor Column Line – Array System,可译为高性能室内/室外线阵列声柱。

一般的声柱已流行多年,但 ENTASYS 声柱是在2008年推出的,而全球第一套正式的线阵列扬声器系统出现于1996年。ENTASYS 声柱标注线阵列,说明受到线阵列扬声器系统理论和实际的影响。图2.25.1是两种 ENTASYS 声柱的外形,图(a)是全频带声柱,

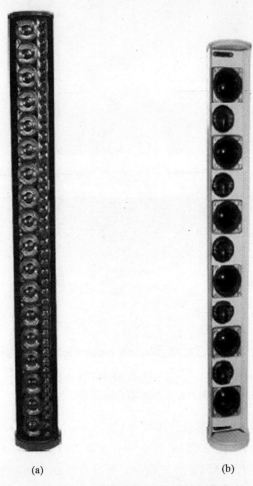

(a)   (b)

图 2.25.1 两种 ENTASYS 声柱的外形

235

图(b)是低频声柱。

图(a)是一个无源的三分频线阵列声柱,其频率上限可达16kHz(广告上讲不产生任何畸变,这显然是不可能的)。

ENTASYS 声柱首先通过机械的方法、声学的方法控制声柱的指向性,在扬声器布器和箱体结构上采取了许多措施。一般的可控指向性声柱是有源的,再用 DSP 控制。ENTASYS 声柱是无源的。

但是 ENTASYS 声柱采用了外加的辅助程序、数字信号处理器及 200Hz 的高通滤波器。这一部分实际上就是 DSP 数字处理器。在 ENTASYS 声柱的技术指标中规定,在1kHz ~ 16kHz 的范围内,其水平指向角为120°,而垂直指向角为12°及6°,单靠物理、声学的办法,垂直指向角是做不到这样小的,Community 公司说明附加数字信号处理器。但更多的内容没有透露一个字,好在大家都已明白。

图2.25.2 是全频带 ENTASYS 声柱在50m 处的垂直指向性图。图2.25.2 是用EASE SPEAKERLAB 表示的。图2.25.3 是一只全频带 ENTASYS 声柱和两只低频声柱在50m 处的垂直指向性图。

图2.25.2　全频带 ENTASYS 声柱在50m 处的垂直指向性图

图2.25.3　一只全频带 ENTASYS 声柱和两只
低频声柱在50m 处的垂直指向性图

ENTASYS 声柱的指向性控制软件采用 EASE Focus,国内、外多家生产线阵列扬声器系统的公司采用这种软件。图2.25.4 是一只全频带 ENTASYS 声柱在500Hz 的指向图,图2.25.5 是一只全频带 ENTASYS 声柱和一只低频声柱在500Hz 的指向图,图2.25.6 是一只全频带 ENTASYS 声柱在2000Hz 的指向图,此时波瓣高度为8 英尺。

图 2.25.4　一只全频带 ENTASYS 声柱在 500Hz 的指向图

图 2.25.5　一只全频带 ENTASYS 声柱和一只低频声柱在 500Hz 的指向图

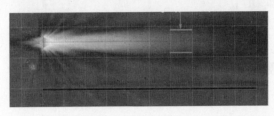

图 2.25.6　一只全频带 ENTASYS 声柱在 2000Hz 的指向图

图 2.25.7 是 3 只全频带 ENTASYS 声柱在 2000Hz 的指向图,此时波瓣高度为 14 英尺。图 2.25.8 是 6 只全频带 ENTASYS 声柱在 2000Hz 的指向图。此时波瓣高度为 24 英尺。

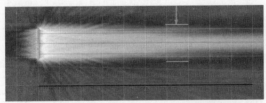

图 2.25.7　3 只全频带 ENTASYS 声柱在 2000Hz 的指向图

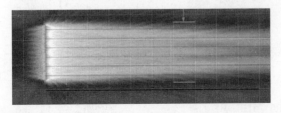

图 2.25.8　6 只全频带 ENTASYS 声柱在 2000Hz 的指向图

ENTASYS 声柱在声学设计、结构上也有一些特点。ENTASYS 声柱一共有 6 只 3.5 英寸的钕铁硼低频单元,18 只 2.35 英寸中频单元,21 只 1 英寸宽 7 英寸长的平膜高频扬声器。图 2.25.9 是 ENTASYS 声柱的正面图。

ENTASYS 声柱还有一种直线、弯曲结构。图 2.25.10 是 ENTASYS 声柱的直线、弯曲结构。

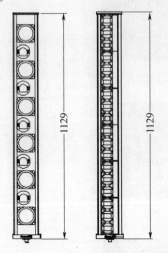

图 2.25.9　ENTASYS 声柱的正面图

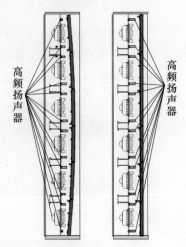

图 2.25.10　ENTASYS 声柱的直线、弯曲结构

2.25.2　类阵列号筒扬声器系统

Community 公司还有一种很有特色的产品,称之为三分频 3 轴号筒扬声器系统。其型号为 R6−51BIAMP。看其结构有点线阵列的意思,可称之为类阵列号筒扬声器系统。图 2.25.11 是 R6−51BIAMP 的外形。

它的组成包括:6 只 12 英寸低频扬声器,要求扬声器有抗环境性能,并加注磁流体冷却;6 只中频扬声器,采用金属振膜;6 只喉口 1 英寸的高频钛振膜扬声器。图 2.25.12 是其 R6 的结构正面图,图 2.25.13 是 R6 的结构顶视图、侧面图,其上箭头指为高频扬声器,下箭头指为中频扬声器,背后为低频扬声器。

图 2.25.11　R6−51BIAMP 的外形

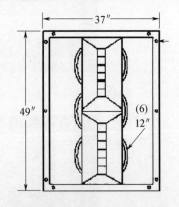

图 2.25.12　R6 结构的正面图

可以看到 R6 这种号筒扬声器系统的高频扬声器、中频扬声器、低频扬声器都是依次排列的。而且在使用中 R6 也可以排列使用,图 2.25.14 是这种 R6 扬声器系统排列使用的状况,所以加上一个准线阵列系统的称呼。图 2.25.15 是 R6 扬声器系统的波束宽度曲线,从图中的波束宽度看,这种说法有一定道理。

238

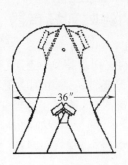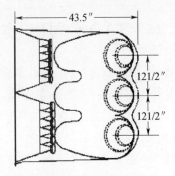

图 2.25.13　R6 结构的顶视图、侧面图

图 2.25.14　R6 扬声器系统排列使用的状况

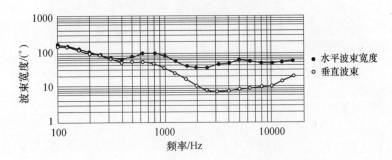

图 2.25.15　R6 扬声器系统的波束宽度曲线

图 2.25.16 是 R6 扬声器系统的频率响应曲线。

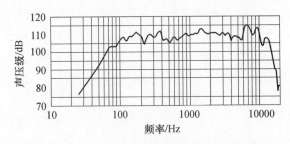

图 2.25.16　R6 扬声器系统的频率响应曲线

2.26　TAO 公司(日本)的线阵列扬声器

TAO 是日本一家生产扬声器、音箱等电声器材的公司。特别是生产多种规格的共公广播设备,曾在中国有一定市场,具有一定影响。只是近年来在中国少见。在 2008 年 11 月东京音响器材展览会上,再次看到众多的 TAO 公司产品,特别注意到 TAO 公司推出几款线阵列扬声器系统及线阵列声柱。在 TAO 公司的展板上,看到他们对线阵列扬声器系统的介绍,说线阵列扬声器系统可以辐射柱面波,距离增加 1 倍衰减只有 3dB 等。看来模糊、误导宣传是不分国籍的,日本有、中国有,欧州也有。

但是在仔细观察 TAO 公司的线阵列扬声器系统,认真研究了 TAO 公司的资料,后发现,TAO 公司的线阵列扬声器系统还是有自己的优点和特色的,TAO 公司的技术人员亦有相当的创造性。

分析其中一种线阵列扬声器系统,图 2.26.1 是这种线阵列扬声器系统的音箱 SR - A12L 的正面图。

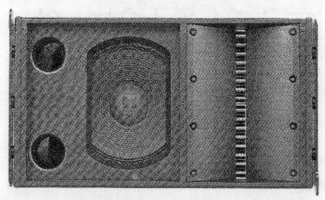

图 2.26.1　线阵列扬声器系统的音箱 SR - A12L 的正面图

SR - A12L 是开口箱,是二分频系统。低频是 300mm 的锥形扬声器,高频有两只压缩驱动单元和波阵面控制波导。

对于线阵列扬声器系统,首先是理念正确,再决定设计箱体,将箱体悬吊使用。悬吊的方法大同小异,主要是保证安全,结构材料对各音箱公司皆不是问题。

音箱设计与制造主要表现在水平高低上,其设计亮点在高频部分,如何在高频场扬声器出口部分形成一个近似的平面。而其中关键是从高频喉口发出的声波到出口处的距离大体相同。从 L - ACOUSTIC 开始已有多种办法,但是一些大公司、有自信心的公司,不愿买别家公司的专利,要自行研究一种与众不同的方法。在本书中已介绍了十几种方法,真是八仙过海,各显神通,体现了各自的创造力,再次证明了扬声器殊途同归原则。

我们看到 TAO 公司也研制出一种方法。

图 2.26.2 是音箱 SR - A12L 的结构,其中关键部件是波阵面控制波导。图 2.26.3 则是波阵面控制波导的原理图。

240

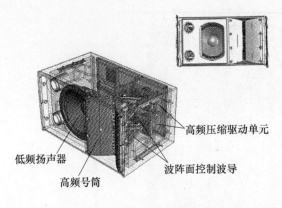

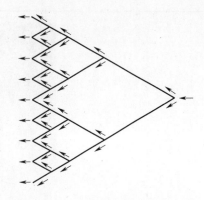

高频压缩驱动单元

低频扬声器

高频号筒

波阵面控制波导

图 2.26.2　音箱 SR－A12L 的结构　　　　　图 2.26.3　波阵面控制波导的原理图

由图 2.26.3 可见,设计这样一种通道,使各通道长度大体相同,到号筒口相位就会一致。图 2.26.4 是整个高频部分的剖面图。

图 2.26.5 是波阵面控制波导的不同视角的剖面图。从图中就可以比较清楚地看到声波的走向与途径。

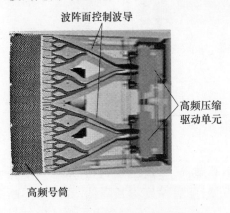

波阵面控制波导

高频压缩
驱动单元

高频号筒

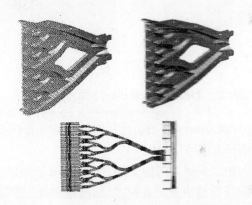

图 2.26.4　整个高频部分的剖面图　　　　图 2.26.5　波阵面控制波导的不同视角的剖面图

2.27　各种特殊的线阵列扬声器系统和线阵列声柱

除了一些正规的大公司设计和研究线阵列扬声器系统和线阵列声柱以外,还有一些中、小公司也在研制线阵列扬声器系统和线阵列声柱。他们的某些特色、某些思考,有时会拓宽人们思路,打开同行眼界,对他们描述和了解也是有益的。

2.27.1　Scaena 公司的 ISO 线阵列声柱

图 2.27.1 是 ISO 线阵列声柱的外形。

在红色子弹头外壳内装有 100mm 中、低频扬声器,高频是平膜扬声器。灵敏度为 93dB。这种 ISO 声柱产于美国,被称为外观最有吸声力的音箱产品之一。据称其子弹头外壳由石英、玻璃、特殊纤维等用特殊工艺制成。

图 2.27.1　ISO 线阵列声柱的外形

2.27.2　Definitivetech 公司的 SSA

Definitivetech 公司是一家美国音响器材公司,生产各种扬声器和音箱。在中国广东设有研发、生产基地。

由于平板电视的发展,平板电视机的厚度不断减薄,目前已减到 6.5mm(3 个硬币厚),压得扬声器无容身之地,传统的电动式扬声器,随着厚度不断降低,音质也不断下降。只有另辟新路,除开发墙内嵌入式音箱以外,Definitivetech 公司等开发横式声柱是一个办法。Definitivetech 公司称之为 SSA(Solo Surround Array,单个环绕阵列声柱)。

图 2.27.2 是 SSA 声柱的外形。

图 2.27.2　SSA 声柱的外形

SSA-50 声柱由 9 只扬声器组成,其中有 3 只 114mm 的同轴扬声器(高频是 25mm 的铝球顶扬声器),2 只 114mm 的扬声器,4 只 83mm 的扬声器。

这样放在平板电视机下,可形成直达声与环绕声。图 2.27.3 是这种 SSA-50 声柱的声场示意图。

这种 SSA 声柱和阵列式声柱还是有差别的,但也是一种可用的结构。

图 2.27.3 SSA－50

2.27.3 LOBO 线阵列多单元扬声器

香港雅登公司(Acton)开发了 LOBO 线阵列多单元扬声器,应该说是一种特殊的线性声柱,据说用了日本 FPS Inc. 的专利技术。图 2.27.4 是这种声柱的外形。

据说在张艺谋执导的《印象 刘三姐》大型演出中,全部使用这种声柱。

根据介绍,这种声柱应是一种由平膜扬声器组成的线性声柱。图 2.27.5 是这种声柱的结构。这种平膜上印有印制电路的音圈,其下有排列的磁路。

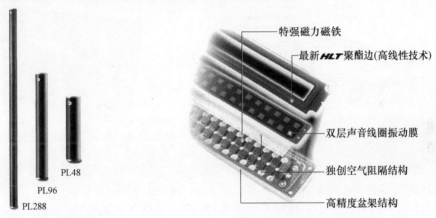

图 2.27.4 LOBO 声柱的外形   图 2.27.5 LOBO 声柱的结构

这种线性声柱最长为 1790mm,直径为 75mm。因此,可以具有线性声柱的一些特点,重放时有较好的清晰度。

厂家介绍其频响为 140Hz~20kHz,重放距离可达 40m,水平辐射角为 110°,这是可信的。而垂直角为 3°,但没有测试报告。

这种线性声柱的缺点是不耐大功率,在室外使用应有防风措施。

2.28 Eighteen Sound 公司的扬声器单元与线阵列扬声器系统

Eighteen Sound 是意大利一家专业扬声器公司,组建于 1997 年,生产的扬声器也进入中国,受到一定好评。不知他们公司为什么叫 18 声? 这倒使笔者想起了蔡文姬吹的《胡笳十八拍》,"蔡女昔造胡笳声,一弹一十有八拍,十八拍兮曲虽终,响有余兮思无穷"。

在本节内,我们思无穷的不是 Eighteen Sound 公司的扬声器单元,而是 Eighteen Sound 公司对线阵列扬声器系统的研究与探索。Eighteen Sound 公司于 2009 年 10 月 AES 在美国纽约举行的 127 次年会上发表了一篇《垂直阵列高指向性波导的设计与优化》(*Design and Optimization of High Diectivity Waveguide for Vertical Array*)论文值得关注。

Eighteen Sound 公司是专门生产专业扬声器的公司,在线阵列扬声器系统的设计与研究中,它并不起主导作用。但是它却将线阵列扬声器系统的设计与研究转到自己身上。这无论对线阵列扬声器系统的设计与研究本身来讲,还是提高自身产品的水平来讲,都是有利的。对一般规模的生产企业来说,如果从事一些高水平的研究,单靠本企业的技术力量是不够的,要借助相关声学研究机构。中国这样做,意大利 18 声公司亦是这样。18 声公司的文章是由 18 声公司、意大利一家声学试验室、研究机构共同研究撰写的。

同所有线阵列扬声器系统的研究者一样,18 声公司同样关注声系统垂直面的指向性,为此选用 J 形线阵列。18 声称之为垂直阵列(Vertical Array),使垂直面的指向性良好,对准观众。

18 声公司同样提出保证线阵列高频出口处波阵面的一致性,也在于改变波导的形状。图 2.28.1 是 18 声公司创立的波导截面,图 2.28.2 是 18 公司声创立的波导 3D 截面。

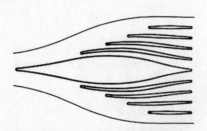

图 2.28.1　18 声公司创立的波导截面

图 2.28.2　18 声公司创立的波导 3D 截面

这种波导的设计原则,和大多数公司波导设计原则相同,使从喉口到号筒口的路途相同,因此可以得到相同相位的波阵面。具体讲是用结构使短途径加长。

18 声公司不仅提出了这种式样的波导,而且提供测试和模拟的结果,提出一些分析的方法,有助于对线阵列扬声器系统的认识。图 2.28.3 是具有这种波导的号筒扬声器在

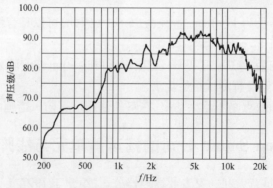

图 2.28.3　号筒扬声器在消声室所测的频响曲线

消声室所测的频响曲线。图 2.28.4 是这种号筒扬声器 1kHz ~ 20kHz 的多频分析。

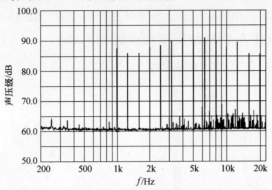

图 2.28.4　号筒扬声器 1kHz ~ 20kHz 的多频分析

这种扬声器多频分析并不多见,其多频分析与频响曲线大体是一致的。而图 2.28.5 是这种号筒扬声器的时间脉冲响应的小波分析。

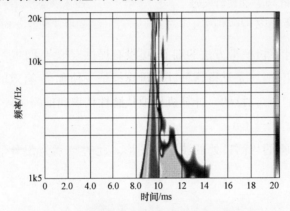

图 2.28.5　号筒扬声器的时间脉冲响应的小波分析

这是用 CLIO 测试的,可以看到内部反射相当小。其纵坐标为频率,横坐标为时间 (ms)。

图 2.28.6 是这种波导号筒扬声器的指向性图。

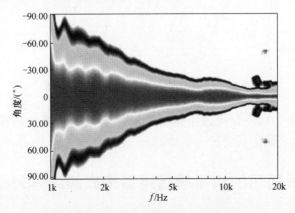

图 2.28.6　波导号筒扬声器的指向性图

其纵坐标为角度,中部为 0°,横坐标为频率(1/6 倍频程)。这也是用 CLIO 测量的。

图 2.28.7 是由 16 只箱体组成的 J 形阵列在 5kHz 的波束图。

图 2.28.8 是波导波阵面结构的计算机模拟图(5kHz)。

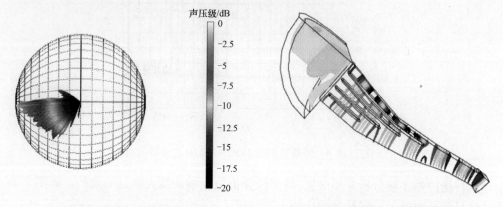

图 2.28.7　由 16 只箱体组成的
J 形阵列在 5kHz 的波束图

图 2.28.8　波导波阵面结构
的计算机模拟图(5kHz)

虽然没有提供计算机模拟方法的细节,更没有提供模拟结果的验证,因此对模拟结果的可信程度无法判定,但还是觉得这种计算机模拟是一种有益、有效的思路。因为开始对波导的认识是感性的、常识性的。计算机模拟从感性认识向前跨了一大步,而且此前还没有看到类似的报道。

图 2.28.9 是计算的号筒口处的波阵面图形。此时频率为 5kHz,喉口采用凸球顶驱动器。

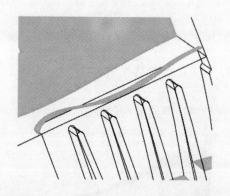

图 2.28.9　计算的号筒口处的波阵面图形

由此可见,18 声公司不仅提出一种新式波导,而且采用系统测量、CLIO 测量及计算机模拟等方法,对本公司的波导进一步验证。

2.29　军民两用的由平膜扬声器构成的线阵列扬声器系统

我们对美国的扬声器、音箱企业还是比较熟悉的。不论是专业的扬声器、音箱企业,

246

还是 Hi – Fi 类扬声器、音箱企业,一直是中国电声业界的关注对象。但是军用的扬声器、音箱企业,我们了解的比较少。在撰写本书时,笔者对全世界生产线阵列扬声器系统的企业扫描搜索,了解到美国加里福尼亚的 HPV 公司。这家生产平膜扬声器公司,用平膜扬声器构成线阵列扬声器系统及其他扬声器系统,可用于民用扩声,也可用于军事、公安、海事、公共安全等场合。

平膜扬声器是一种振膜为平面的扬声器,图 2. 29. 1 是平膜扬声器的外形,图 2. 29. 2 是平膜扬声器的原理。音圈以印制电路的方式敷在薄膜上。HPV 公司用这种平膜扬声器组成一种停止信号阵列。图 2. 29. 3 所示为军用停止信号阵列。图 2. 29. 4 是由平膜扬声器组成的军用扬声器阵列系统。

图 2. 29. 1　平膜扬声器的外形

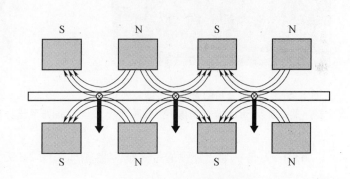

图 2. 29. 2　平膜扬声器的原理

图 2. 29. 3　军用停止信号阵列

图 2. 29. 4　平膜扬声器组成的
军用扬声器阵列系统

HPV 公司用平膜扬声器构成线阵列扬声器系统。平膜扬声器被 HPV 公司定名为 MAD(Magnetic Audio Devlces)。图 2.29.5 是 HPV 公司的线阵列扬声器系统及 SB112C 低频扬声器线阵列。图 2.29.6 是 HPV 公司的 MTM－1 线阵列扬声器系统及 SB112C 低频扬声器线阵列的结构。

图 2.29.5　HPV 公司的 MTM－1 线阵列扬声器系统及 SB112C 低频扬声器线阵列

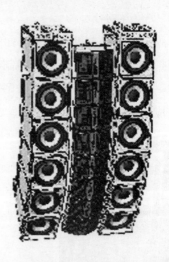

图 2.29.6　HPV 公司的 MTM－1 线阵列扬声器系统及 SB112C 低频扬声器线阵列的结构

MTM－1 是一个二分频的带式扬声器箱体。图 2.29.7 是 MTM－1 带式扬声器箱体外形。

这个 MTM－1 带式扬声器箱体的技术指标如下：

（1）水平辐射角 90°。

（2）垂直辐射角 10°(在 10kHz)。

（3）额定功率 200W,最大功率 500W。

（4）有效频率范围 120Hz ~ 20kHz(±3dB)。

（5）声压级(100 ~ 103)dB/(1m1W)。

（6）最大声压级 122dB(10m)。

图 2.29.7　MTM－1 带式扬声器箱体外形

这种平膜扬声器灵敏度较高,而且是平面振膜。这对于线阵列扬声器系统来说,不需要采取任何其他措施,即可得到相位一致的波形。对于一般的平膜扬声器,其缺点是功率承受能力较差、可靠性较差、在室外工作抗风力较差。

为此 HVP 公司采取一系列措施：

（1）加大振膜辐射面积,这样就可以分担功率承受压力,以提高可靠性。

（2）采用二分频的带式扬声器,也可将可靠性压力分散。

（3）对防风也采用透声防风网及防风面板。

2.30 ADAMSON 公司的线阵列扬声器系统

ADAMSON 公司是加拿大佩里港(Port Parry)一家专业电声器材公司,生产扬声器、音箱及线阵列扬声器系统等。图2.30.1 是 ADAMSON 公司的外观,这种公司厂房结构还是有点特色的。

图2.30.1　ADAMSON 公司的外观

图2.30.2 是 ADAMSON 公司生产的 y 轴线阵列扬声器系统,图2.30.3 所示为 y 轴音箱的正面结构。

图2.30.2　ADAMSON 公司生产的 y 轴线阵列扬声器系统

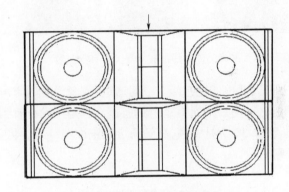

图2.30.3　y 轴音箱的正面结构

音箱是一个三分频系统。低频单元是两只18英寸的扬声器,振膜由 Kevlar 组成。中间是高频扬声器单元,在高频扬声器后面是两只中频扬声器。中频扬声器是两只10英寸 Kevlar 振膜,磁体采用钕铁硼。

关键是高频扬声器单元,按 ADAMSON 公司的介绍,这种高频单元可以产生平面的等相位波形。Y－18 的音箱采用两只 JBL 的 2451 压缩驱动单元。图2.30.4 是这种压缩驱动单元加波导的外形。

从这个外形图中看不出这种波导如何能获得平面、等相位的波形。

249

图 2.30.4   压缩驱动单元加波导的外形

图 2.30.5 是这个波导压缩驱动单元的装配过程。可以看到,最近边是一个带缝的相位塞,最后将压缩驱动单元装上。但是仍然没有看出如何得到平面的、等相位的波形。图 2.30.6 是将波导切开一部分的视图。

高频   中频

图 2.30.5   波导压缩驱动单元的装配过程   图 2.30.6   波导切开一部分的视图

可以看出波导有两个空间通道,或者说有两个声通道。进一步可以看出,一个通道是高频通道,另一个通道是中频通道。但是还没有看到为什么能获得平面的、相位一致的波形。图 2.30.7 是中频、高频通道的正面图。最后将盖子打开,图 2.30.8 是将波导打开后的视图。

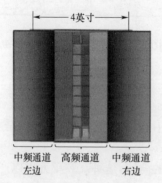

4英寸

中频通道   高频通道   中频通道
左边   右边

图 2.30.7   中频、高
频通道的正面图

图 2.30.8   将波导
打开后的视图

在号筒口想获得平面的、相位一致的波形,因为从喉口到号筒口的路程是不同的。思路就是使从喉口到号筒口的路程由不同变成相同。具体就是想办法使长的不动、短的变长。各公司想各公司的办法,大同小异,殊途同归。群星闪烁,各自发出智慧的光芒。

2.31 B&C 公司的线阵列扬声器系统的高频单元

线阵列扬声器系统的核心技术之一就是高频部分的设计与制造,对于一些大型的、著名的音响公司来说,通常是自行设计、自行制造。有时还申请专利,写成论文,体现出与众不同,独具特色。但也有些音箱企业,想直接采购线阵列扬声器系统的高频单元。适应这种需求,有些扬声器单元制造企业,如意大利的 B&C 公司,就直接向用户提供线阵列扬声器系统的高频单元,称之为线阵列声源(Line Array Srouces)。现有的型号为 WG7、WG400 和 WG800。

B&C 公司是意大利一家有名的扬声器单元生产企业,成立于 1944 年,设在意大利的佛罗伦萨。图 2.31.1 是 B&C 公司的扬声器生产线。图 2.31.2 是 WG400 的外形,图 2.31.3 是 WG7 的外形。图 2.31.4 是 WGX800 的外形。但是厂方没有提供号筒的剖面图,从正面看号筒有某种隔栅,以保证在号筒出口处获得近似的平面波。

图 2.31.1　B&C 公司的扬声器生产线

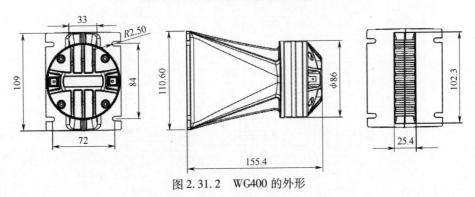

图 2.31.2　WG400 的外形

图 2.31.5 是 WGX800 的频率响应曲线和阻抗曲线,图 2.31.6 是 WGX800 水平指向性和垂直指向性渲染图。由图可见,基本符合要求。

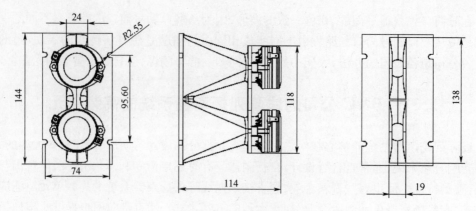

图 2.31.3　WG7 的外形

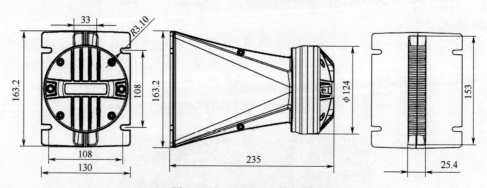

图 2.31.4　WGX800 的外形

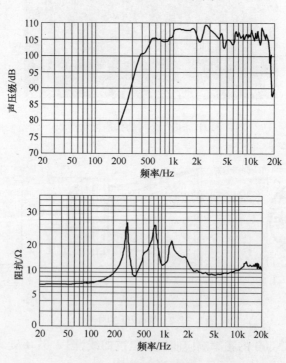

图 2.31.5　WGX800 的频率响应曲线和阻抗曲线

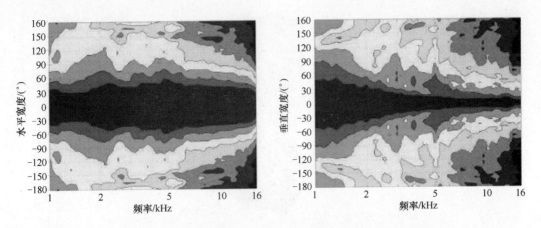

图 2.31.6　WGX800 水平指向性(上)和垂直指向性(下)渲染图

2.32　APG 公司(法国)的线阵列扬声器系统

APG 公司是法国一家专业音响公司,已有 30 年历史。图 2.32.1 是 APG 公司的外观。给人一种异样的感觉。

图 2.32.1　APG 公司的外观

在 2010 年的英国伦敦国际灯光音响展上,APG 公司推出新款的线阵列扬声器系统,UNILINE SYSTEM(单列系统)。法国是线阵列扬声器系统的发源地,又有 L – ACOUSTIC 公司和 NEXO 公司,APG 的线阵列扬声器系统自然不能与它们雷同,要走与众不同的路子,果然 UNILINE SYSTEM 有自己的特色。图 2.32.2 是 UNILINE 线阵列扬声器系统。

这个线阵列扬声器系统分两部分:一部分是主音箱 UL210,这是一个三分频的有源音箱;另一部分是低频箱 UL115B,这是 UNILINE 专用的低频箱。

2.32.1　主音箱 UL210

图 2.32.3 是主音箱 UL210 的外形。它的中、低频重放用两只 10 英寸钕铁硼磁路的锥形扬声器,3 英寸音圈,为了磁体散热采用强迫通风。一个 6.5 英寸的扬声器与一只 1 英寸高频场扬声器同轴安装,皆采用钕铁硼磁路。

图 2.32.4 是这种 UL210 音箱中、高频部分外形。

图 2.32.2　UNILINE 线阵列扬声器系统

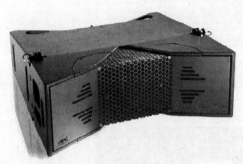

图 2.32.3　主音箱 UL210 的外形

波导

图 2.32.4　UL210 音箱中、高频部分外形

由图可见,后部是中频单元与高频单元的组合体。中间部分是一个等相位波导。前面部分是一个面罩。图 2.32.5 是 UL210 音箱的顶视图和侧视图。

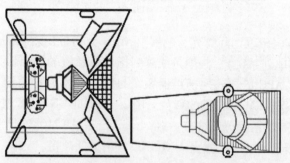

图 2.32.5　UL210 音箱的顶视图和侧视图

从这个图可以比较清楚地看到音箱的结构,两只低频单元倾斜放置使结构更为紧凑,而中频单元与高频单元同轴安装,有一举两得的作用,一是同轴装置声像定位更为精确,二是中频扬声器置于高频扬声器之前,在某种程度上起到相位调整的作用,再加上号筒的作用,可使到达号筒口的声波保持大体一致的相位,近似成为一个平面液。

2.32.2 UL1158 低频箱

图 2.32.6 是 UL1158 低频箱的外形。UL1158 低频箱装有一只 15 英寸低频扬声器。频率范围为 45Hz~110Hz,功率为 1150W,声压级为 132dB。图 2.32.7 是 UL1158 低频箱的原理示意图。这只低频箱前、后都有一个空腔(负载)。前由两板组成一个 K 形号筒。图 2.32.8 则是 UL1158 低频箱的顶视图。

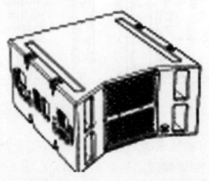

图 2.32.6 UL1158 低频箱的外形

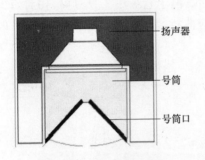

图 2.32.7 UL1158 低频
箱的原理示意图

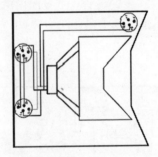

图 2.32.8 UL1158
低频箱的顶视图

另外 APG 公司有一套软件 UNILINE AIMING TOOL,可以对线阵列扬声器系统进行设计与控制。

2.33 RCF 公司(意大利)的线阵列扬声器系统

意大利 RCF 公司成立于 1949 年,是一家有 60 多年历史的专业音响公司,主要生产各种扬声器、音箱、放大器等产品,公司位于意大利的博罗尼亚,图 2.33.1 是 RCF 公司的外形。

可以看到这是一个大型工厂的样子。过去 RCF 以生产扬声器单元闻名于世。RCF 公司也推出自行研制的线阵列扬声器系统,主要有 TT31 - A、TT35 - A、TT55 - A 几种 TT 系列型号。图 2.33.2 是 TT35 - A 和 TT31 - A 音箱正面图,图 2.33.3 是 TTL33 - A 的剖面扬声器单元布置。

图 2.33.1 RCF 公司的外形

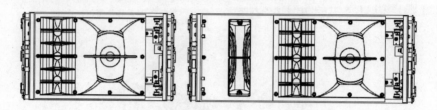

图 2.33.2 TT35 – A 和 TT31 – A 音箱正面图

低频单元是一只 10 英寸钕铁硼磁路扬声器,中频单元是两只 8 英寸钕铁硼磁路扬声器。高频单元是 3 只 1 英寸钕铁硼磁路压缩驱动单元。图 2.33.4 是 1 英寸钕铁硼磁路压缩驱动单元连带号筒图,图 2.33.5 是 3 只高频单元排列及剖面图。可以看到,在号筒中有一横片,多少改变一下号筒内声波传播的线,由于它采用 3 只号筒,相对减少了不利的影响。图 2.33.6 是 TTL – 33WP 的频率响应曲线,图 2.33.7 是 TTL – 33WP 的指向性指数曲线。

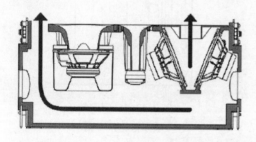

图 2.33.3 TTL33 – A 的剖面扬声器单元布置

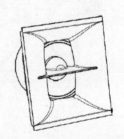

图 2.33.4 1 英寸钕铁硼磁路
压缩驱动单元连带号筒图

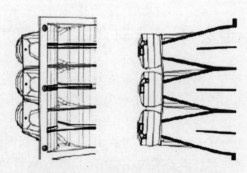

图 2.33.5 3 只高频单元排列及剖面图

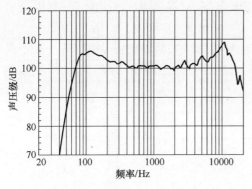

图 2.33.6　TTL－33WP 的频率响应曲线

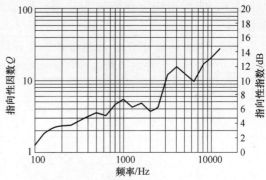

图 2.33.7　TTL－33WP 的指向性指数曲线

2.34　PAS 公司的线阵列扬声器系统

2.34.1　系统的一般情况

　　PAS(Professional Audio System,专业音响系统)公司建立于 1972 年,位于美国印地安那州。图 2.34.1 是 PAS 公司的外观。它生产各种专业音箱等,同时生产线阵列扬声器系统。图 2.34.2 是悬吊 10 只箱体的线阵列扬声器系统。PAS 的线阵列扬声器系统称为 RSLA 系统。其线阵列音箱有两个特点:

　　(1) 采用同轴扬声器。其低频单元为两只 15 英寸锥形扬声器,音圈直径为 3 英寸。中间有一只 1 英寸同轴高频单元。

　　(2) 采用 TOC 技术。TOC(Time Offset Correction,时间偏移补偿)技术是在音箱中加一个 TOC 处理器。对于这个处理器的结构 PAS 公司并没有透露。从其使用状态可以推测是一个有延时功能的 DSP(数字信号处理器)。它通过延时改变相位,减少反相相位引

图 2.34.1　PAS 公司的外观

图 2.34.2　悬吊 10 只箱体的线阵列扬声器系统

起的抵消,使音箱频响曲线更为均匀。如果处理得好,对高频出口处相位一直也是有利的。

图2.34.3是带有 TOC 处理器 RS－2 音箱的频响曲线和偏轴响应,图2.34.4是不带 TOC 处理器 RS－2 音箱的频响曲线和偏轴响应。由图可见,加 TOC 处理器后,可使频响曲线更均匀。

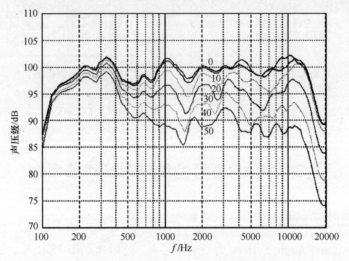

图2.34.3　带有 TOC 处理器 RS－2 音箱的频响曲线和偏轴响应

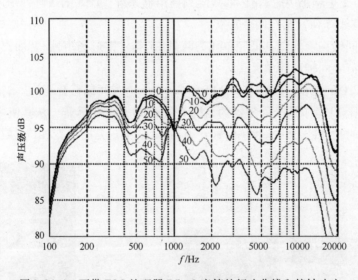

图2.34.4　不带 TOC 处理器 RS－2 音箱的频响曲线和偏轴响应

2.34.2　PAS 公司线阵列扬声器系统在教堂应用的实例

在教堂类建筑,由于混响时间较长,采用一般扬声器扩声其效果往往不好,采用线阵列扬声器系统是一个办法。PAS 公司提供了一个应用实例。图2.34.5是此教堂平面图。教堂共有 1200 个座位。PAS 在顶部设 3 组,每组两只线阵列扬声器系统,图

2.34.6 是其布置。利用 EASE 软件可大致看出声场分布和变化。图 2.34.7 是仅用中间两只音箱在 4kHz 的声场分布。图 2.34.8 是使用全部音箱在 4kHz 的声场分布。图 2.34.9 是使用中间两只音箱在 500Hz 的声场分布。图 2.34.10 是使用全部音箱在 500Hz 的声场分布。

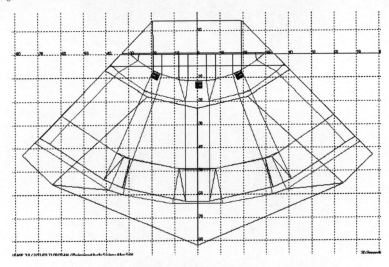

图 2.34.5　教堂平面图

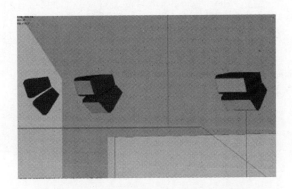

图 2.34.6　PAS 线阵列扬声器系统布置图

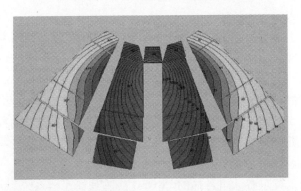

图 2.34.7　仅用中间两只音箱在 4kHz 的声场分布示意图

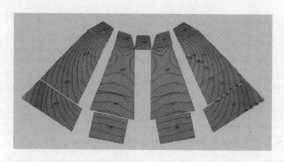

图 2.34.8　使用全部音箱在 4kHz 的声场分布示意图

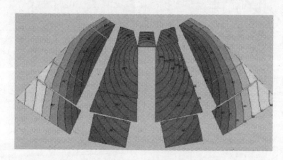

图 2.34.9　使用中间两只音箱在 500Hz 的声场分布

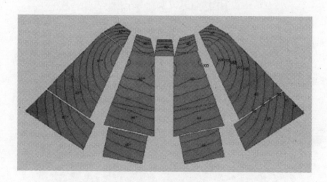

图 2.34.10　使用全部音箱在 500Hz 的声场分布

由此可见,采用全部音箱的布置基本满足要求。

2.35　北京达尼利华公司的线阵列扬声器系统

北京达尼利华公司(PROSO)是北京一家专业扩声工程公司和产品制造公司,已有十几年的历史。近年来以解决北京英东游泳馆的扩声语言清晰度等众多工程业绩,引起广泛关注,公司设计生产的线阵列扬声器系统,也在国内外强手如林的同类产品中脱颖而出,占有一席之地。北京达尼利华公司比较关注产品技术发展,同众多科研机构和专家合作,以实现"关注专业音响扩声的未来"。

图 2.35.1 为北京英东游泳馆悬挂的 PROSO 线阵列扬声器系统。

在这里主要关注两个问题:

(1)北京达尼利华线阵列扬声器系统高频部分的特点。

图 2.35.1 北京英东游泳馆悬挂的 PROSO 线阵列扬声器系统

（2）北京达尼利华线阵列扬声器系统对提高北京英东游泳馆语言清晰度的实践。

2.35.1 系统高频部分的特点

对于线阵列扬声器系统的核心技术,在于其高频部分的设计。国内外各公司设计,八仙过海各显神通,然殊途而同归。使喉口到号筒口声波近似为平面波,办法就是采取措施,使喉口发出的声波以大致相同的时间到达号筒口。最后看来方法大同小异,但却表现了各位设计师的智慧与功力。更重要的是表明,该公司、该设计师对线阵列扬声器系统有一个正确理解。图 2.35.2 是 PROSO 高频波导的原理。

这种结构是采用 4 个出口,使从喉口发出的声波走过大致相同的距离到达 4 个出口。据说这项枝术已申请国家专利。图 2.35.3 是 PROSO 高频号筒波导的立体图, 图 2.35.4

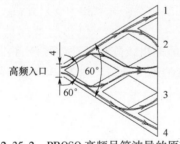

图 2.35.2 PROSO 高频号筒波导的原理

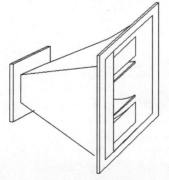

图 2.35.3 PROSO 高频号筒波导的立体图

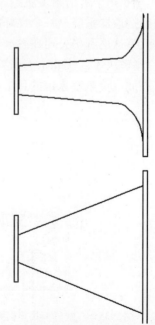

图 2.35.4 PROSO 高频号筒波导的两个视图

是 PROSO 高频号筒波导的两个视图。

2.35.2 北京达尼利华线阵列扬声器系统对提高北京英东游泳馆语音清晰度的实践

北京英东游泳馆原是北京亚运游泳馆,始建于 1990 年北京亚运会期间,当时作者参加北京亚运主会场北京工体的扩声工程建设。游泳馆试运行时,作者也应邀到现场试听。其清晰度极差,根本听不清楚。这包括设计、施工、材料、扩声等诸多问题。其混响时间长过 4.2s(500Hz)。

图 2.35.5 是北京英东游泳馆的一面。

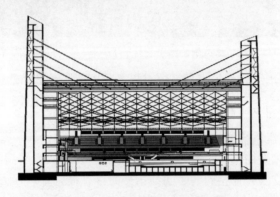

图 2.35.5　北京英东游泳馆的一面

北京达尼利华对提高游泳馆的清晰度理论和成功与失败的经验进行梳理与探讨。最后抓住关键点,这就是:在能满足全场声压级、均匀覆盖的前提下,用超强指向性的音箱数量越少,全场扩声语音清晰度就越高。而一组线阵列扬声器系统只相当一只音箱。因此,采用线阵列扬声器系统是一个良好的选择。

最后北京达尼利华公司在游泳馆大屏幕两侧悬吊两组线阵列扬声器系统,再加上其他措施,一举解决了困扰北京英东游泳馆多年的语音清晰度难题。图 2.35.6 是线阵列扬声器系统在北京英东游泳馆的悬吊与垂直覆盖示意图。

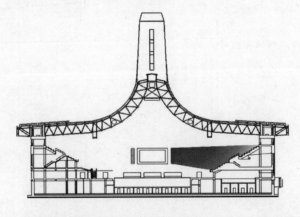

图 2.35.6　线阵列扬声器系统在北京英东游泳馆的悬吊与垂直覆盖示意图

而最后检测的扩声系统传输指数(即语音清晰度)平均值为 0.69(STIPA)。由第三方检测的具体数据如表 2.35.1 所列。超过奥组委规定 STIPA > 0.50。我也在北京英东游泳馆现场聆听扩声效果,对清晰度表示满意。

表 2.35.1　第三方检测的具体数据

测点位置	STIPA	测点位置	STIPA
第1点　南2区3排14号	0.63	第11点　南5区9排12号	0.74
第2点　南2区9排14号	0.79	第12点　南5区15排13号	0.77
第3点　南2区15排14号	0.66	第13点　南6区3排14号	0.63
第4点　南3区3排14号	0.67	第14点　南6区9排13号	0.67
第5点　南3区9排13号	0.75	第15点　南6区15排14号	0.71
第6点　南3区15排14号	0.67	第16点　南7区3排14号	0.59
第7点　南4区3排13号	0.64	第17点　南7区9排14号	0.68
第8点　南4区9排12号	0.74	第18点　南7区15排14号	0.69
第9点　南4区15排13号	0.70	平均值	0.69
第10点　南5区3排13号	0.63		

2.36　广州声扬公司的线阵列扬声器系统

广州声扬科技是一家开办不久的专业音响公司。它设计制造了多款线阵列扬声器系统。其中的 ZSOUND LA212 有一定特色。和一般音箱研发者的思路不同,ZSOUND LA212 考虑的不光是音箱的设计,在设计音箱的同时就已经考虑该音箱的系统配套,更多地从使用者的角度出发去考虑整个音箱系统的设计。

设计者使用一种中、高频同轴的结构,实现了左、右对称,声、像居中,而且扬声器单元数量少,左、右低频扬声器单元无需分开功放通道驱动的优点。具体做法是使用 1 个 $\phi260\text{mm}(10\text{in})$ 的中频扬声器单元安装在 2 个 $\phi75\text{mm}$ 的高频扬声器单元的后面,组成一个中、高频同轴模块,在中、高频同轴模块两边各放置一个 $\phi300\text{mm}(12\text{in})$ 的低频扬声器单元。结构如图 2.36.1 所示。图 2.36.2 是 ZSOUND LA212 的正面图,图 2.36.3 是同轴部分图。

图 2.36.4 是 ZSOUND LA212 的结构,这样就可以清楚地看到箱体内中、高频的同轴布置。

可见这种结构是有其特色的,确实达到声像居中、左右对称的目的。当然会带来一些干涉和阻挡。这可借助音箱电子调节来解决。

为了将音箱的外形尺寸尽量缩小,低音的布置方式为 V 形摆放。由于低音的工作频率在 250Hz 以下,因此 V 形摆放的方式并不会导致低音工作频率响应的变化。在 V 形摆放的同时,导声管的开口在音箱正面已经没有很大位置,只能在低频扬声器的两侧开 4 个三角形的导声孔,结果是音箱在大声压级状态下出现严重的气流声。解决办法是加大导

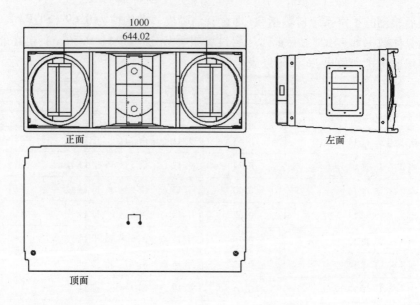

图 2.36.1　ZSOUND LA212 的结构

正面

左面

顶面

图 2.36.2　ZSOUND LA212 的正面图

图 2.36.3　ZSOUND LA212 的同轴部分图

声管的开口面积,将开口安排在低频扬声器旁做成与箱体高度相同的出口,可以大幅增加开口面积,但会导致箱体宽度增加,超过 1m 的宽度。常见的双 12 英寸线阵列的宽度大部分都在 1.2m 左右。

为了最大限度地缩小音箱宽度,设计者考虑将导声管开口移到箱体后部两侧,这就带来另外一个问题:当在户外多只音箱组成弯曲阵列时,音箱后面的开口是朝上的,很容易导致雨水进入箱体内部。设计者使用了一个倒梯形槽,导声管开口安排在梯形槽的侧面,巧妙地解决了这个问题。图 2.36.5 是这种导声管示意图,图 2.36.6 是 LA212 音箱经过处理后的频响曲线,图 2.36.7 是 LA212 音箱水平频响及偏轴曲线(0°、15°、30°、45°),图 2.36.8 是 LA212 音箱垂直频响及偏轴曲线(0°、5°、10°、15°)。

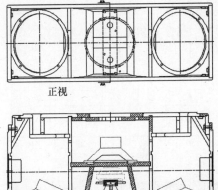

图 2.36.4　ZSOUND LA212 的结构

图 2.36.5　导声管示意图

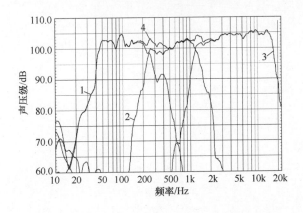

图 2.36.6　LA212 音箱经过处理后的频响曲线

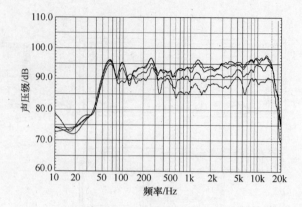

图 2.36.7　LA212 音箱水平频响及偏轴曲线(自上而下为 0°、15°、30°、45°)

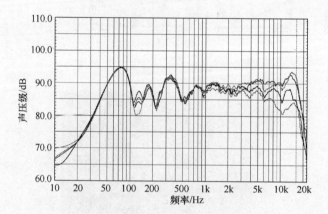

图 2.36.8　LA212 音箱垂直频响及偏轴曲线(自上而下为 0°、5°、10°、15°)

第3章　线阵列扬声器系统设计、制造与使用

3.1　设计的基本内容

音箱是线阵列扬声器系统的基础。理论较为成熟,经验也十分丰富。但是仍有一系列问题要正确、恰当、妥善地解决。而线阵列扬声器系统对音箱提出的要求,则是特殊的。因此,在设计中要给予特别的关注,并完满解决。而且要经过试验,反覆多次验证。

这些问题是:箱体的结构与尺寸;单元的选择与配置;分频段的选择与确定;单元的布局;分频点与单元尺寸的关系;高频部分的设计;结构与吊件的设计。

这些问题并不是独立、孤立存在的,它们之间还有复杂的关系。牵一发而动全身,此起彼伏、此消彼长,还要平衡、统筹兼顾,达到各方满意。

在本书中对于一般闭箱、开口箱的设计的理论与分析少讲或不讲。此部分内容可参看有关资料。本书只讲与线阵列相关的音箱设计。

3.2　设计的基本依据

线阵列扬声器系统由于发展时间短,理论研究落后于实践。未知问题、模糊问题不少。经过对线阵列扬声器系统理论的学习、梳理、研究,再加上实践的摸索和体会,有几个要点是比较明确的。这几条也成为线阵列扬声器系统设计的基本依据。

(1) 线阵列扬声器系统能改变垂直方向指向性,减小垂直平面指向角。垂直平面指向角可达 $9° \sim 12°$。

(2) 线阵列扬声器系统在临界距离前(近场),近似辐射柱面波。在临界距离后(远场),辐射球面波。

临界距离有多种相近公式,建议采用

$$d = 1.5fh^2$$

式中,d 为临界距离;f 为频率;h 为线阵列高度。

(3) 线阵列扬声器系统的上限频率与扬声器单元的垂直距离成反比。

建议采用

$$f_h = \frac{1}{3} \frac{c}{D}$$

式中,f_h 为上限频率; c 为声速; D 为阵列中两扬声器垂直距离,(m)。

(4) 线阵列扬声器系统的下限频率取决于阵列总高度。

(5) 阵列的各独立声源产生的波阵面表面积之和,应大于填充目标表面积之和的 80%。

（6）为了避免声干涉，必须对高频扬声器的驱动器和号筒相应设计，以使有效产生近似的平面波。

这几条应为线阵列扬声器系统设计的依据和设计制造要遵守的原则。经过理论的推算和实践的验证，是可行的。

3.3　音箱垂直方向的间距

通常认为，线阵列扬声器系统音箱垂直方向单元之间的间距，直接影响到该单元垂直方向工作频率的上限。

根据赵其昌教授的研究：假定两波频率相同、振动方向相同、相位差固定，这两列波称为相干波，要考虑它们叠加。设

$$p_1 = p_{1a}\cos(\omega t - \phi_1)，\ p_2 = p_{2a}\cos(\omega t - \phi_2)$$

式中，$\phi_2 - \phi_1 = k(r_2 - r_1) = \omega(t_2 - t_1)$ 不随时间改变；r_1、r_2 分别为观测点到两声源的距离；t_1、t_2 分别为两列波到达观测点的时间。

两列波的叠加结果是

$$p = p_1 + p_2 = p_a\cos(\omega t - \phi)$$

式中

$$p_a^2 = p_{1a}^2 + p_{2a}^2 + 2p_{1a}p_{2a}\cos(\phi_2 - \phi_1)$$

$$\phi = \arctan\frac{p_{1a}\sin\phi_1 + p_{2a}\sin\phi_2}{p_{1a}\cos\phi_1 + p_{2a}\cos\phi_2}$$

为了方便而简化，令 $p_{1a} = p_{2a}$，考虑两列波叠加情况。

（1）两列波同时到达，或相位差为零，即 $\phi_1 - \phi_2 = 0$。

$$p_a^2 = p_{1a}^2 + p_{2a}^2 + 2p_{1a}p_{2a} = (p_{1a} + p_{2a})^2 = (2p_{1a})^2$$

$$L_{p_a} = 10\lg\left(\frac{p_a}{p_0}\right)^2 = 10\lg\left(\frac{2p_{1a}}{p_0}\right)^2 = 10\lg\left(\frac{p_{1a}}{p_0}\right)^2 + 10\lg4 = L_{p_{1a}} + 6\text{dB}$$

同频率、同相位的两列波叠加的结果是增加6dB。

（2）两列波的相位差是 $60°$，$\phi_2 - \phi_1 = \dfrac{\pi}{3}$。

$$p_a^2 = p_{1a}^2 + p_{2a}^2 + 2p_{1a}p_{2a} \times \frac{1}{2} = 2p_{1a}^2 + p_{1a}^2 = 3p_{1a}^2$$

$$L_{p_a} = 10\lg\left(\frac{p_a}{p_0}\right)^2 = 10\lg\frac{3p_{1a}^2}{p_0^2} = 10\lg\left(\frac{p_{1a}}{p_0}\right)^2 + 10\lg3 = L_{p_{1a}} + 4.8\text{dB}$$

同频率、相位差为 $60°$ 的两列波叠加的结果是增加4.8dB。

（3）两列波的相位差为 $90°$ 时，$\phi_2 - \phi_1 = \dfrac{\pi}{2}$。

$$p_0^2 = p_{1a}^2 + p_{2a}^2 + 2p_{1a}^2 p_{2a}^2 \times 0 = 2p_{1a}^2$$

$$L_{p_a} = 10\lg\left(\frac{p_a}{p_0}\right)^2 = 10\lg\frac{2p_{1a}^2}{p_0^2} = 10\lg\left(\frac{p_{1a}}{p_0}\right)^2 + 10\lg2 = L_{p_{1a}} + 3\text{dB}$$

同频率、相位差为90°的两列波叠加的结果是增加3dB。

（4）两列波的相位差为120°时，$\phi_2 - \phi_1 = \dfrac{2\pi}{3}$。

$$p_a^2 = p_{1a}^2 + p_{2a}^2 + 2p_{1a}p_{2a} \times \left(-\frac{1}{2}\right) = 2p_{1a}^2 - p_{1a}^2 = p_{1a}^2$$

$$L_{P_a} = L_{p1a}$$

同频率、相位差为120°的两列波叠加的结果是增加0dB。等于单列波的声压级。

（5）两列波的相位差为180°时，$\phi_2 - \phi_1 = \pi$。

$$p_a^2 = p_{1a}^2 + p_{2a}^2 + 2p_{1a}p_{2a} \times (-1) = 0$$

同频率、相位差为180°的两列波叠加的结果是抵消。而相位差为180°，相当两扬声器距离为 $\lambda/2$。

3.4　高频部分的设计

线阵列扬声器系统已得到广泛应用，由若干点声源或若干近似线声源所组成的阵列，实际情况与理论分析有一致性又有相悖之处。研究、设计、制造者有许多解读与分析。

3.4.1　设计要点

对于线阵列扬声器系统的设计与应用，总结各方面认识，提出5个要点。后来又补充3条，成为8条。这8条如下：

（1）线阵列扬声器系统能改变垂直方向指向性，减小垂直平面指向角，使其可达 9°~12°。

（2）线阵列扬声器系统在近场近似辐射柱面波，在远场辐射球面波。

分界距离有多种相近公式，建议采用

$$d = 1.5f h^2$$

式中，d 为分界距离；f 为频率（kHz）；h 为线阵列高度。

（3）线阵列扬声器系统的上限频率与扬声器单元的间隔成反比。建议采用

$$f_h = 1/2\ c/D\ ,\ D < 1/2\ \lambda_h$$

式中，f_h 为上限频率；c 为声速；D 为阵列中两扬声器间隔（m）；λ_h 为上限频率的波长（m）。

（4）线阵列扬声器系统重放的下限频率与阵列总长度成反比。

（5）阵列的各独立线声源产生的波阵面表面积之和，应大于填充目标表面积之和的80%。

（6）为了避免声干涉，必须对高频扬声器的驱动器和号筒进行相应设计，以使有效地产生近似平面波。

各理想的波阵面（平面或曲面）之间的偏离必须小于最高工作频率的波长的1/4（相应的最高工作频率为16kHz时，偏差须小于5mm）。

（7）对于弯曲的阵列，阵列每部分倾斜的角度大体与听众的距离成反比变化。可分为远投、中投、短投、近场4个部分。

（8）在扩声系统中,正确使用线阵列扬声器系统,可有效提高语音清晰度。其中一个关键是:一个线阵列可被看成是一个单一声源。

这8条是对线阵列扬声器系统的基本认识与判断。其中(3)、(5)、(6)条又是独立声源达到要求的基本判断。

3.4.2　由各独立声源到独立线声源再到线声源

可具体再说明,即若干独立声源构成的波阵面能达到下述条件之一时,就可以视为等同于具有整个组合尺寸的线声源。这里更多地涉及高频声源。

（1）当独立声源发声部分为矩形时,要求有效发声的面积占独立声源总面积的80%。

（2）对圆形辐射面所组成的阵列,在高频频段因各独立声源之间的间距所限,不能满足第(3)条要求,同时其面积极限也只能达到78.5%(3.14/4 = 0.785),达不到第(5)条的要求。

为此有下述补救办法:

（1）采用矩形振膜声源。如采用带式扬声器、等电动式扬声器。像 SLS 公司的 RLA 带式扬声器阵列、ALCON 公司的 LR12 带式扬声器阵列。

当然采用带式扬声器又会带来相应的优势和麻烦。好处是音质良好,但带式扬声器对室外风力极为灵感,如采取一些技术上的措施又会使灵敏度降低。

（2）将圆形发声器件发出的声波集中到一个矩形口部辐射出去。

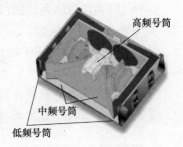

图 3.4.1　KE760 结构

EAW 公司的 KF760 采用这一方法。图 3.4.1 是其结构。其中两只 φ250mm 的中频扬声器位于箱体两侧,其中频信号经过矩形号筒辐射出去。而高频扬声器的号筒也在这个矩形号筒的内部,高频扬声器的信号也通过这个矩形号筒辐射出去。

图 3.4.2 是 KF760 的外形。这种结构确是新颖,但有一利就有一弊,中频扬声器与高频号筒将容易产生不必要的反射,会影响正常辐射。

（3）圆形扬声器加耦合板的方法,这是最早由法国 NEXO 公司提出的方法,如图 3.4.3 所示。

图 3.4.2　KF760 外形

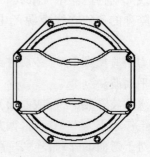

图 3.4.3　耦合板

270

加了这样一块耦合板,一个声源被分成两个声源。声源的间距因而缩小一半,工作上限频率因而也提高了1倍。这样一种说法只是半定性半定量。当然加上这样一块耦合板对声辐射也有些不利影响。

3.4.3 独立声源本身偏离的对策

前面提到,各理想波阵面之间的偏离小于波长的1/4。这里指的波长偏离,也就是首先线阵列中各独立声源各自辐射的声波的波阵面偏离要求。

简单来讲,就是声波在声源正面垂直方向的某平面上,各点之间的相位差不能超过90°。换句话说,从声源到正面垂直方向上的某个平面的距离大体相等。不相等要创造条件让它相等。

对于线阵列音箱,与低频扬声器相匹配的高频部分,通常是用压缩驱动器加号筒(波导)。其声波是由压缩驱动器的一个小尺寸的喉口发出的,在号筒内逐步扩张,最后到号筒口辐射出来,在扩散过程中,号筒内的波阵面是一个有曲率的波阵面。号筒中心的波阵面必然超前于其周边的波阵面。

而不同频率的影响与干涉是不同的,在高频部分情况尤为严重。因此,线阵列音箱的高频单元和号筒设计成为线阵列音箱设计的重中之重,成为设计的核心。在这方面,各国各大公司是八仙过海,各显神通。

图3.4.4是3只垂直排列的矩形号筒,它不会产生平面波。而我们希望它能产生相位一致的平面波形。

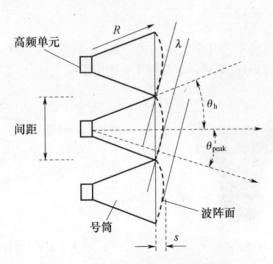

图3.4.4 3只垂直排列的矩形号筒

图3.4.5显示计算的SPL同频率的关系:线阵列有30个号筒,每个高0.15m,各自产生的曲面波阵面0.3m($s=10$mm)。

将线声源同线阵列相比较,从8kHz开始,随着频率的增加,线阵列曲线出现混乱。在16kHz从10m～100m约有4dB的损失。也就是说,如果不采取适当的措施是有问题的。

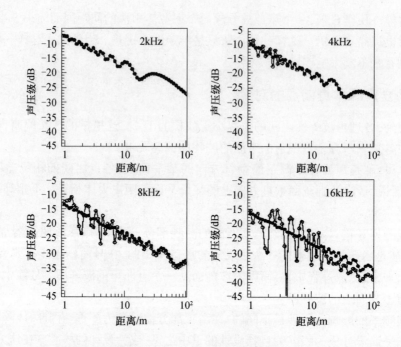

图 3.4.5　30 只垂直阵列号筒扬声器(总高 4.5m,波阵面曲率 $s=10\text{mm}$)声压级和距离的关系
（分别计算在 2kHz、4kHz、8kHz、16kHz 的情况）
∘ 线阵列；· 连续线声源。

3.4.4　锐丰公司的专利

锐丰公司关于号筒的专利是声道矫正式号筒(专利号:ZL 2007 2 0052269.X),其外形如图 3.4.6 所示,这种号筒原理示意如图 3.4.7 所示。

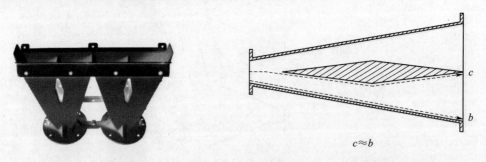

图 3.4.6　号筒外形　　　　　　　　图 3.4.7　声波路径近似等距

其原理与前述国外公司方法相同,目的是使从振膜发出的声波,到达号筒口平面距离大体相同。

为验证本文观点,也为了更进一步对线阵列扬声器系统了解,对线阵列扬声器系统进行一系列测试。线阵列音箱采用锐丰公司的 SW-12A,其高频部分采用了图 3.4.6、图 3.4.7 所示专利。

测试 4 只与单只均采用同样的音箱处理器、同样参数、同样功率。

272

图 3.4.8 是单只音箱 1m、2m、4m 测试的频响,图 3.4.9 是 4 只音箱 1m、2m、4m 测试的频响。

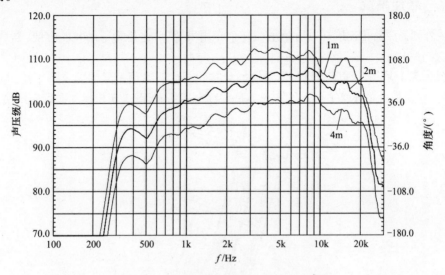

图 3.4.8　单只音箱 1m、2m、4m 测试的频响

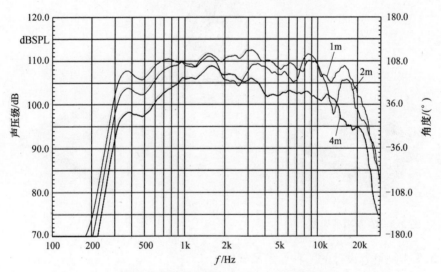

图 3.4.9　4 只音箱 1m、2m、4m 测试的频响

由测试曲线看,单只音箱 1 倍距离按 6dB 衰减,4 只音箱已成线阵列,1 倍距离按 3dB (12kHz 以下频率)衰减。专利号筒达到要求。

3.5　线阵列扬声器系统的机械结构

线阵列扬声器系统的机械结构包括悬挂系统、箱体连接及调整系统、运输包装系统。对线阵列扬声器系统的机械结构的要求:

(1) 安全、可靠。

(2) 在安全、可靠的前提下轻便、精巧。

（3）安装、拆卸方便。

3.5.1　悬挂系统

线阵列扬声器箱连接好以后是吊在一个专用吊架上，这是为了吊装的方便，也是平衡的方便。

图 3.5.1 是一个线阵列扬声器系统的悬挂状况。对专用吊架的要求是牢固，与箱体连接方便，与悬吊设备连接方便。图 3.5.2 是一种专用吊架，图 3.5.3 是又一种专用吊架。

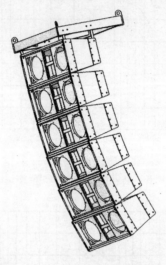

图 3.5.1　一个线阵列扬声器系统的悬挂状况

图 3.5.2　专用吊架图(1)

图 3.5.3　专用吊架图(2)

图 3.5.4 是笔者设计的一种专用吊架图。

3.5.2　连接系统

线阵列扬声器系统连接结构的作用是将各箱体连接在一起，而且可以进行必要的角度调节。同样要求牢固可靠、调节方便。

图 3.5.5 是 DB 公司线阵列吊挂和吊挂组件。各国各公司吊挂组件，大同小异、殊途同归。但必须与箱体配合。图 3.5.6 所示为作者设计的吊挂组件与箱体连接。

吊挂组件还包括图 3.5.7 的角度挂件、图 3.5.8 所示的小挂件、图 3.5.9 所示的大挂件和图 3.5.10 所示的前铝板等。除这些部件以外，图 3.5.11 所示的专用插柱是不可缺少的。这个插柱连接两个挂件，进而将箱体连接起来。在插柱前有一个带弹簧的钢球。插柱伸进去有钢球挡着不会松脱，稍用力即可拔出。

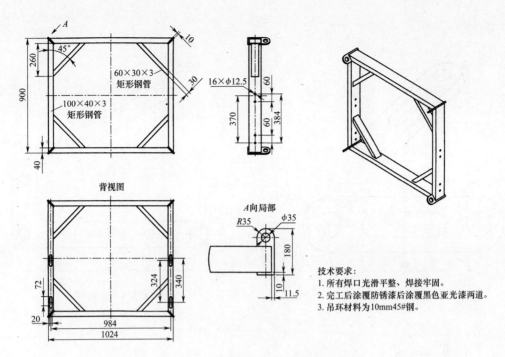

背视图

技术要求:
1. 所有焊口光滑平整、焊接牢固。
2. 完工后涂覆防锈漆后涂覆黑色亚光漆两道。
3. 吊环材料为10mm45#钢。

图 3.5.4　作者设计的一种专用吊架图

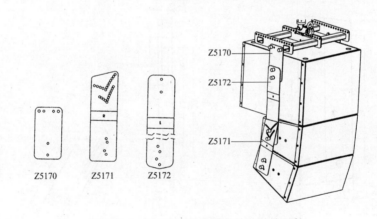

Z5170
Z5172
Z5171

Z5170　Z5171　Z5172

图 3.5.5　DB 公司线阵列吊挂和吊挂组件

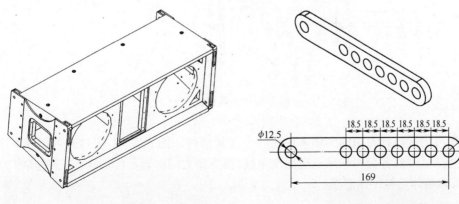

图 3.5.6　作者设计的吊挂组件与箱体连接　　　图 3.5.7　角度挂件

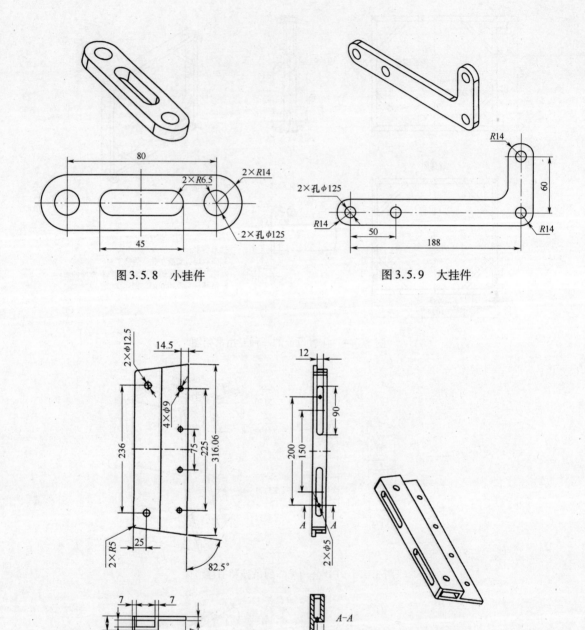

图 3.5.8　小挂件　　　　　　　　　　　图 3.5.9　大挂件

图 3.5.10　前铝板

　　这里再用线阵列音箱的实例来说明各个连接部件。图 3.5.12 是 QSC WL3082 的连接件示意图。当然各公司产品不会完全一致,然而却大同小异。而图 3.5.13 是 QSC WL-212 低频箱体连接件示意图。

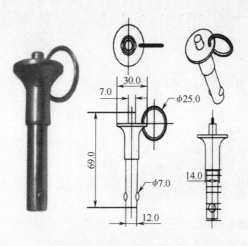

图 3.5.11 专用插柱

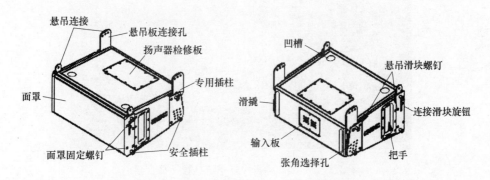

图 3.5.12 QSC WL3082 的连接件示意图

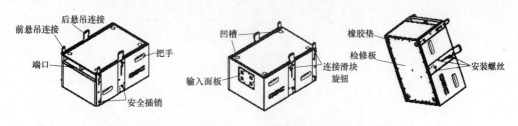

图 3.5.13 QSC WL-212 低频箱体连接件示意图

3.5.3 悬挂设备与工具

线阵列扬声器系统根据使用要求、场地的不同情况,有不同的悬挂方式。图 3.5.14 所示为悬挂在建筑物柱子上,图 3.5.15 所示为悬挂在舞台架上,图 3.5.16 所示为悬挂在专用三柱架上,也可以挂到如图 3.5.17 所示的专用线阵网架上,还可以挂到如图 3.5.18 所示的转角式龙门架上。

图 3.5.14 线阵列扬声器系统悬挂在建筑物柱子上

图 3.5.15 线阵列扬声器系统悬挂在舞台架上

图 3.5.16 线阵列扬声器系统悬挂在专用三柱架上

278

图 3.5.17　线阵列扬声器悬挂在专用线阵网架上

　　为悬挂可采用如图 3.5.19 所示的专用起重电机,或如图 3.5.20 所示的专用起重铰链或其他起重设备。有一种如图 3.5.21 所示单臂音箱电动吊架,可以悬吊线阵列音箱。图 3.5.22 是线阵列扬声器系统悬吊的状况。按 3 点固定一个面的原则,可 3 点悬吊。

图 3.5.18　线阵列扬声器悬挂在转角式龙门架上

图 3.5.19 专用起重电机

图 3.5.20 专用起重铰链

图 3.5.21 单臂音箱电动吊架

　　利用绳索的拉力及支架的作用,可以改变线阵列的角度。图 3.5.23 是线阵列改变角度的示例。

3.5.4 安全注意事项

　　线阵列扬声器系统在使用过程中,安全极为重要,已出现过安装架倒塌实例,因此对安全应极为重视,并建议如下:

　　(1)在放置、安装、悬吊线阵列扬声器系统之前,必须对所有部件、吊件、支架等相关设备仔细检查,看有无损坏、缺失、腐蚀、变形等,一经发现,立即纠正。

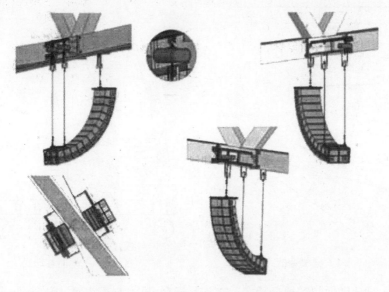

图 3.5.22 线阵列扬声器系统悬吊的状况

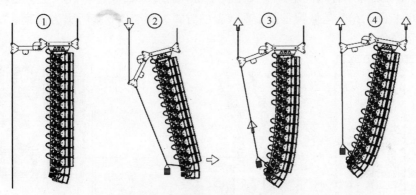

图 3.5.23 线阵列改变角度的示例

（2）安装前应有设计方案，不得临时加载任何重物。

（3）遵守使用所在地有关安全规定。

（4）对悬空附着点的承受能力要调查验证，并采取辅助保险措施。

（5）扬声器下方不应有观众停留，线阵列应远离观众进、出口。

（6）遇强风、暴雪等恶劣天气，应及时放下线阵列。

3.6 线阵列扬声器系统的摆放和布置

3.6.1 系统的布置

　　线阵列扬声器系统的摆放和布置，根据实际情况，可有多种形式。图3.6.1是框架悬吊式。这种方式是线阵列扬声器系统最常见的方式，线阵列音箱依次挂在一个框架上。音箱可按直线式、曲线式、J式、渐近线式排列。图3.6.2是地面移动式。有时现场缺乏悬挂的条件，或为了对某个方向补声，可采用地面移动方式，这种方式装有滚轮，移动较方便。

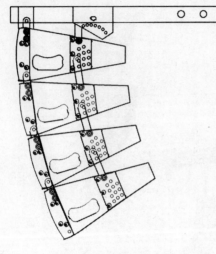
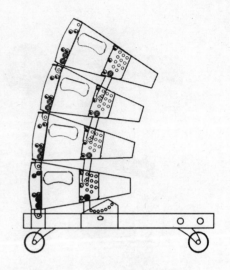

图 3.6.1　框架悬吊式　　　　　　图 3.6.2　地面移动式

　　图 3.6.3 是辅助低频音箱悬挂式。在某些场合,要求有更浓厚、频率更低的低频重放时,可以在原有线阵列音箱的基础上补充若干低频音箱。低频音箱放在上部是稳定的需要。图 3.6.4、图 3.6.5 是低频音箱下部放置的方式。而图 3.6.6 所示为低频下置式上部音箱倾斜不同角度。

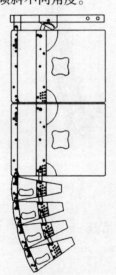
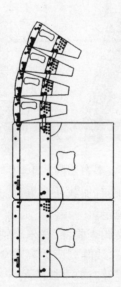
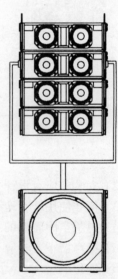

图 3.6.3　辅助低频　　　图 3.6.4　低频音箱下部　　　图 3.6.5　低频音箱下部
　　音箱悬挂式　　　　　　放置的方式(1)　　　　　　放置的方式(2)

3.6.2　系统的摆放实例

　　在不同使用场合,根据现场的实际建声状况,对扩声的要求、线阵列的性能有种种不同的摆放。图 3.6.7 是一种线阵列扬声器系统的一字形摆放,适合观众区较长的情况。
　　图 3.6.8 是线阵列扬声器系统在舞台两侧悬吊,是一种常见的曲形摆放布置方式。

282

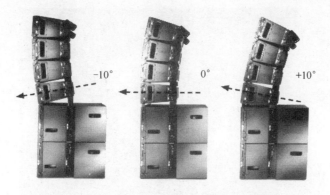

图 3.6.6 低频下置式上部音箱倾斜不同角度

在室外的演出,往往悬吊 3 组线阵列扬声器系统。图 3.6.9 是悬吊 3 组线阵列扬声器系统的现场。在一些室内小型演出现场线阵列扬声器系统的摆放相对随意。图 3.6.10 所示为线阵列扬声器系统在小型室内演出的摆放。

图 3.6.7 线阵列扬声器系统的一字形摆放

图 3.6.8 线阵列扬声器系统在舞台两侧悬吊

在一些大型会场、大型演出,可以几排线阵列扬声器系统并列。图 3.6.11 是左、右各 3 排线阵列扬声器系统并列摆放。在一些体育场馆,可将几组线阵列扬声器系统集中摆

图 3.6.9　悬吊 3 组线阵列扬声器系统的现场

图 3.6.10　线阵列扬声器系统在小型室内演出的摆放

放。图 3.6.12 为 5 组线阵列扬声器系统集中摆放。图 3.6.13 是多组线阵列扬声器系统集中摆放。

图 3.6.11　左、右各 3 排线阵列扬声器系统并列摆放

图 3.6.12　5 组线阵列扬声器系统集中摆放

图 3.6.13　多组线阵列扬声器系统集中摆放

3.7　线阵列扬声器系统使用的软件

3.7.1　线阵列扬声器系统软件的一般状况

　　线阵列扬声器系统必须在良好的使用状态下才能发挥作用,不仅要选择优良的线阵列音箱,并根据现场使用条件和要求,选择和确定音箱的数量;选择和确定吊挂方式;确定与判断声辐射的覆盖角度和声辐射距离。为使这一切设计、调整,能迅速、较为精确地进行,各种相应的计算机软件脱颖而出。

　　一些公司各自设计自己的独特软件,如 L - ACOUSTIC 公司的 SOUNDVISION、Meyer Sound 公司的 MAPP ONLINE PRO 2.8、E - V 公司的线阵列预测软件 LAPS、Martin 公司的 View Point、HK 公司的 CAPS、DB 公司的 ArrayCale 软件。

同时也由于这类软件并不复杂,同类软件大同小异,功能类似。一种采用开放式共用平台的软件应运而生。这就是 EASE Focus,它不但使用方便,而且具有兼容性和通用性,各公司只要付一些费用,输入本公司的音箱参数及相关信息,就可以冠名使用。这也是一种节省社会成本的好方法。有 30 个以上的国内、外音箱公司正在冠名使用。

图 3.7.1 所示的 EASE Focus 是一个计算二维空间声定向辐射的仿真软件,计算、显示线阵列扬声器系统工作时的声场状况。

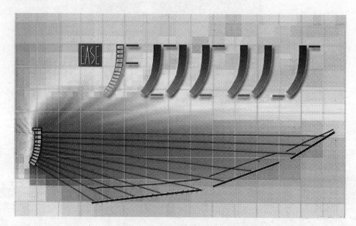

图 3.7.1　EASE Focus 软件

3.7.2　EASE Focus 概况

图 3.7.2 是 EASE Focus 打开后的界面。这个界面可分 A、B、C、D 4 个板块。

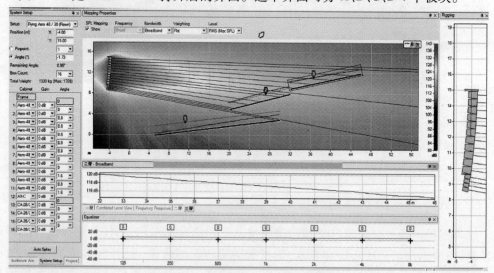

图 3.7.2　EASE Focus 打开后的界面

1. A 板块

A 板块如图 3.7.3 所示。A 板块为各种输入参数,包括:各层观众席对应的 X、Y 坐标;选择吊装或地面摆放;安装点 X、Y 坐标;顶部吊装角度(Angle);箱体数量(Box Count)、总重量(Total Weight)、单个音箱增益(Gain)、箱体间角度控制;音箱型号可从数

286

据库调入;音箱增益默认为0dB。对近场声压级可适当衰减。

2. B 板块

图 3.7.4 是 B 板块。B 板块表示线阵列吊架及吊挂状况及吊挂位置。中间粗黑线表示重心位置。

图 3.7.3　A 板块

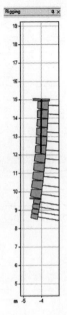

图 3.7.4　B 板块

3. C 板块

图 3.7.5 是 C 板块,即各选定频率下声压渲染图。上部有参数选择:频率(Frequency)可在 100Hz ~ 10000Hz 中选择;带宽(Bandwidh);加权(Weighting)。

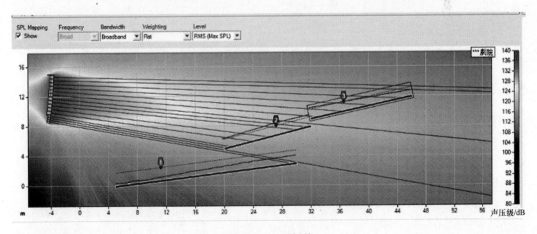

图 3.7.5　C 板块

声压级(Level)包括有效值(RMS)、节目(Program)、峰值(Peak)功率的选择小色点为模拟听音点,可以自行选定。

4. D 板块

D 板块可以显示在选定频率(宽带)每层看台声压级与距离关系的曲线。图 3.7.6 是一层看台声压级与距离关系的曲线,图 3.7.7 是 2 层看台声压级与距离关系的曲线,图 3.7.8 是 3 层看台声压级与距离关系的曲线,图 3.7.9 是均衡器界面图,均衡器的调节与系统调节相连,这样调节十分方便。

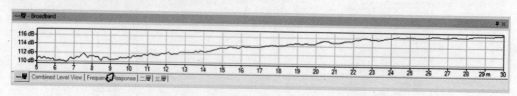

图 3.7.6　1 层看台声压级与距离关系曲线

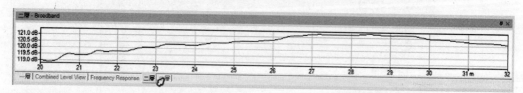

图 3.7.7　2 层看台声压级与距离关系曲线

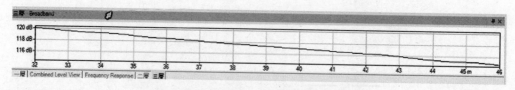

图 3.7.8　3 层看台声压级与距离关系曲线

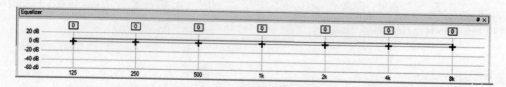

图 3.7.9　均衡器界面

3.7.3　DB 公司的 ArrayCale 软件

德国 DB 公司是一家生产音箱、线阵列、放大器等,公司开发一套名为 ArrayCale 的模拟工具软件,用于该公司 J、Q、T 系列线阵列扬声器系统的设计。

1. ArrayCale 的主页

图 3.7.10 是 ArrayCale 的主页。

在输入数据中,可输入房间布置数据。图 3.7.11 为房间布置数据框,主要指聆听平面的位置。其中包括 5 个区域。每个区域标注前面(Front)、后面(Back)的距离(X)、高度(Height)、宽度(Width)及聆听距离等。

图 3.7.12 是阵列(Array Setting)布置框。

布置框中的标记有:

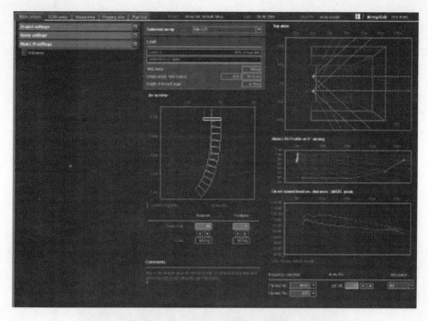

图 3.7.10   ArrayCale 的主页

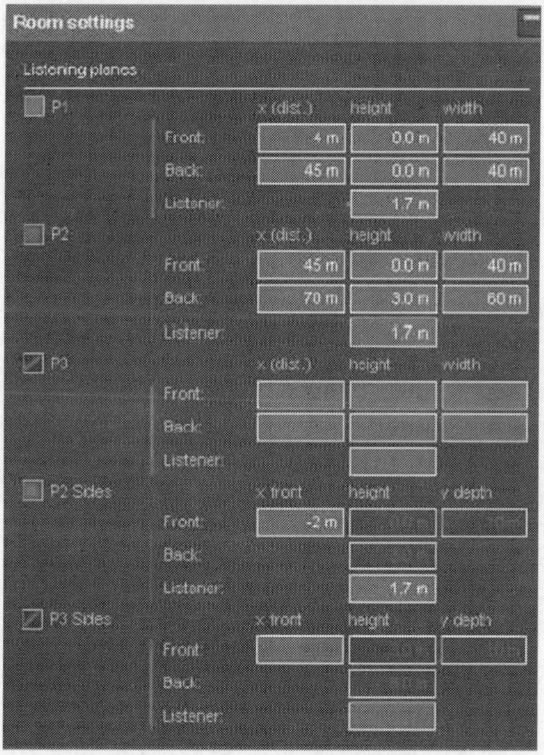

图 3.7.11   房间布置数据框

　　左/右声道(Main L/R Setting)布置;标注系统(System)是指 DB 公司的线阵列代号,如 J 系列,并可选择 Q 系列、T 系列;放置方式有悬吊(Flown)或堆放(Stacted);阵列的位置、瞄准和目录;位置 x(Position x)/位置 y(Position y)表示从线阵列到扩声边缘,在坐标

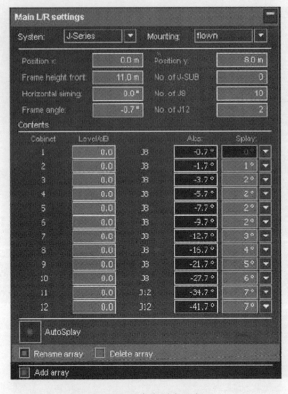

图 3.7.12　阵列布置框

上的位置；结构高度（Frame height front）指超过阵列悬吊末端到地面的高度；水平指向
（Horizontal aiming）指水平指向的偏移角度；结构倾斜角度（Frame angle）；超低频箱数量；
不同型号箱体的数量。

　　图 3.7.13 是倾斜的声级与角度。框内的目录有箱体序号、声级、箱体型号、倾斜角绝
对值、倾斜角。

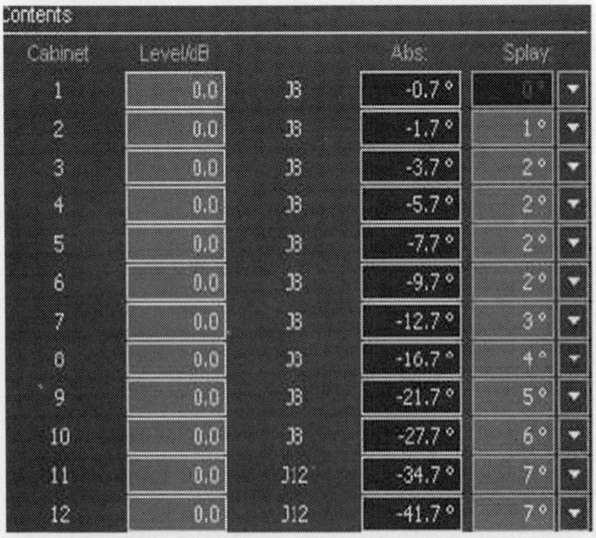

Contents

Cabinet	Level/dB		Abs.	Splay
1	0.0	J8	-0.7°	0°
2	0.0	J8	-1.7°	1°
3	0.0	J8	-3.7°	2°
4	0.0	J8	-5.7°	2°
5	0.0	J8	-7.7°	2°
6	0.0	J8	-9.7°	2°
7	0.0	J8	-12.7°	3°
8	0.0	J8	-16.7°	4°
9	0.0	J8	-21.7°	5°
10	0.0	J8	-27.7°	6°
11	0.0	J12	-34.7°	7°
12	0.0	J12	-41.7°	7°

图 3.7.13　倾斜的声级与角度

2. 阵列图和负载分布

图 3.7.14 是阵列图和负载分布。

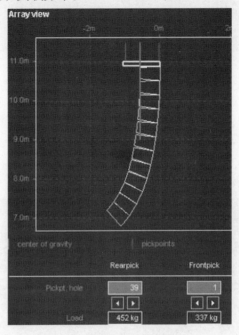

图 3.7.14　阵列图和负载分布

图中中心线表示重心,两侧线表示悬点。选择悬吊的位置,保持重心稳定。

3. 顶视图

图 3.7.15 是视听面和阵列的顶视图。这个顶视图包括有效的聆听面积、阵列的分布和水平覆盖面积(−6dB 的等压线)。

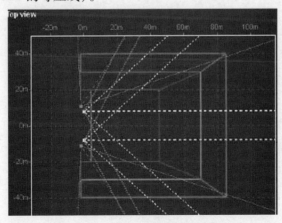

图 3.7.15　视听面和阵列的顶视图

线阵列指向的范围在色线以内,虚线是阵列的主轴方向(原图为彩色,请对照原图)。

4. 阵列的侧面图

图 3.7.16 是选定阵列的侧面图。这个侧面图是有效扩声平面的截面图,而且还显示了聆听者耳部的高度。图 3.7.16 中虚线为每个箱体的主轴。

图 3.7.16　选定阵列的侧面图

5. 声压级曲线

图 3.7.17 是声压级曲线。这个声压级曲线图是声压随距离的变化。这是两个频带的曲线,这里显示的都是峰值声压级。平均的连续声压级大约要低 12dB 点线是表示低频范围的声压级(500Hz、250Hz 或 125Hz,选定值),连续的曲线显示的是中、高频的声压级分布,选定的频带是 1000Hz ~ 8000Hz。

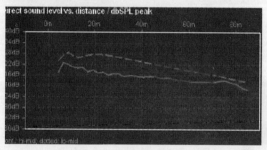

图 3.7.17　声压级曲线

6. 模拟实例

根据这个软件,结合 DB 公司产品的实际性能,可得出一些实例。图 3.7.18 是 T 系列的实例。

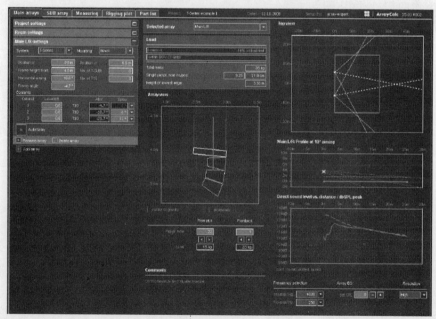

图 3.7.18　T 系列的实例

292

3.7.4 Renkus–Heinz 公司用于可控指向性声柱的 BeamWare 软件

Renkus–Heinz 公司为可控指向性声柱专门设计了一种 BeamWare 软件。图 3.7.19 是 BeamWare 软件的界面。

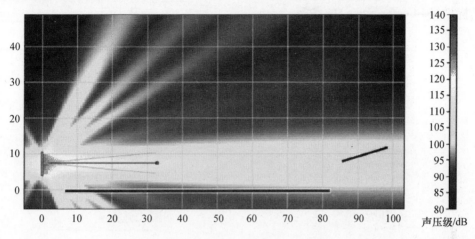

图 3.7.19 BeamWare 软件的界面

图 3.7.20 是启动、打开的 BeamWare 软件屏幕,再将已知、已测得的相关数据输入。图 3.7.21 是听众区数据的输入,包括两个听众区,分别输入起点位置(start)、高度 1(hight1)、长度(length)和高度 2(hight2)。

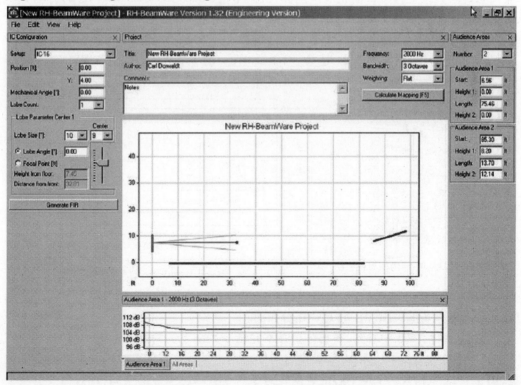

图 3.7.20 启动、打开的 BeamWare 软件屏幕

为了简化这一程序,BeamWare 软件提供了几种听众区的模板,除标准(Standard)外,还有小面积(Small Arena)、大面积(Large Arena)、开放面积(Open Air)、剧场(Theatre)。可单击 Edit 按钮从 Venue Preset 中选择。

图 3.7.22 是 5 种模板选择界面。再处理 IC 结构栏(IC Configuration),图 3.7.23 是 IC 结构栏(IC Configuration)的界面。

图 3.7.21　听众区数据的输入

图 3.7.22　5 种模板选择界面

首先选择可控指向性声柱的型号,Renkus – Heinz 公司的可控指向性声柱都是以 IC 起头的,如 IC – 8、IC – 16、IC – 24、IC – 32、IC – 16/8、IC – 32/16 等。

再选择:其位置(Position)的 x、y 坐标;机械角度(Mechanical Angle);波瓣计算(Lobe Count);波瓣参数中心(Lobe Parameter Center);波瓣尺寸(Lobe Size);波瓣角度(Lobe Angle);焦点(Focal Point);离地面高度(Height from floor);离听众距离(Distance from front)。

这是一个声中心,图 3.7.24 是 R – H BeamWare 的一个声中心辐射方案。

图 3.7.23　IC 结构栏界面

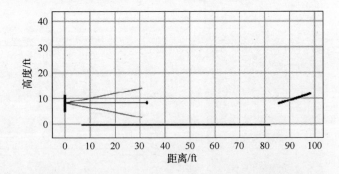

图 3.7.24　R – H BeamWare 的一个声中心辐射方案

单击 Calculate Mappin 按钮就可以得到声场分布的渲染图。图 3.7.25(a)是 R – H BeamWare 的声场渲染图,图(b)是声压分布图。

但是从图 3.7.25 中看到,声场分布并不完全令人满意。为此可以采用两中心法,将一个辐射中心改为两个。图 3.7.26 是将声中心由 1 改为 2。接着输入两个声中心的数据,图 3.7.27 是输入两个声中心的数据。对于一个有两层坐位的空间,声柱需要有两个

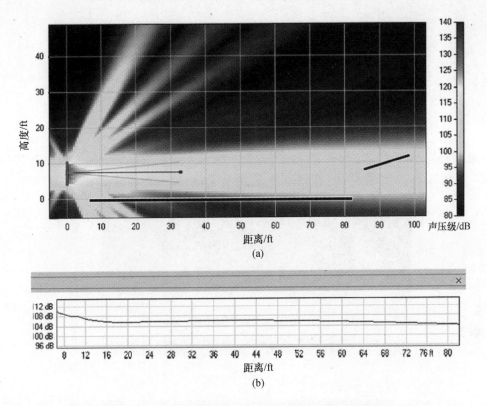

（a）

（b）

图 3.7.25　R – H BeamWare 的声场渲染图和声压分布图

（a）渲染图；（b）声压分布图。

辐射声中心，一个声中心对着上层空间，另一个声中心对着地面。图 3.7.28 是 R – H BeamWare的两声中心辐射方案。

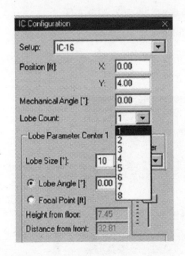

图 3.7.26　将声中心由 1 改为 2

图 3.7.27　输入两个声中心的数据

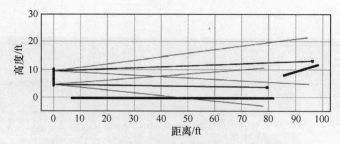

图 3.7.28　R - H BeamWare 的两声中心辐射方案

单击 Calculate Mappin 铵钮就可以得到两声中心声场分布的渲染图。图 3.7.29(a)是 R - H BeamWare 的两声中心声场渲染图,图 3.7.29(b)是声压分布图。

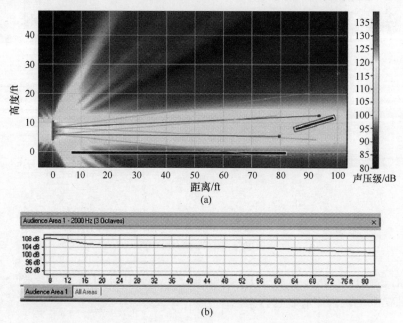

图 3.7.29　R - H BeamWare 的两声中心声场渲染图和声压分布图

(a) 渲染图;(b) 声压分布图。

如果改变声柱位置参数,如 $X = -10, Y = 24$,声场也会相应改变。图 3.7.30(a)是声柱位置提高后的声场渲染图。图 3.7.30(b)是声压分布图。

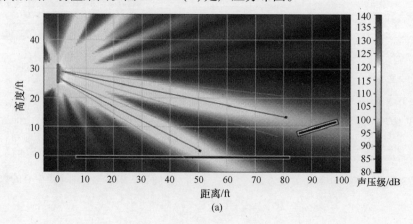

(a)

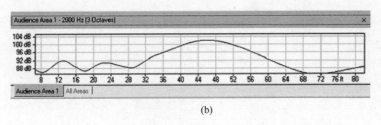

(b)

图 3.7.30　声柱位置提高后的声场渲染图和声压分布图

(a) 渲染图；(b) 声压分布图。

3.7.5　Martin(马田)公司的线阵列扬声器系统软件 ViewPoint 和 DISPLAY

英国 Martin Audio 公司开发完成了线阵列扬声器系统软件 ViewPoint 和 DISPLAY。这些软件可优化线阵列的计划，使听众区达到满意的效果。DISPLAY 不但适用于两维空间，还可以扩展到三维空间，可以模拟出线阵列的极坐标响应、声压级的覆盖和频率响应。图 3.7.31 是 Martin 的 ViewPoint3.07 的界面。

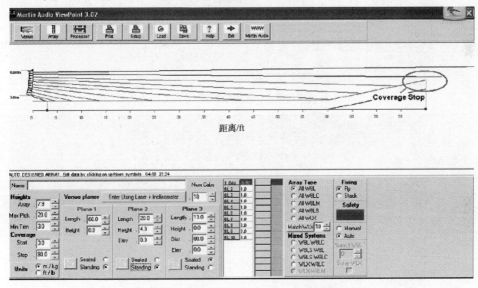

图 3.7.31　Martin 的 ViewPoint3.07 的界面

图 3.7.32 是用软件 DISPLAY 对 J 形线阵列不规则覆盖的模拟。图中，4 条曲线分别是 500Hz、2kHz、4kHz、8kHz 时声压级随距离的变化。而过分弯曲的阵列对远场的覆盖是不利的。图 3.7.33 是一个实例，当采用 16 只马田音箱的线阵列，用 DISPLAY 模拟，可得近乎平坦的声压级曲线。

ViewPoint 还可以显示线阵列扬声器系统对听众区的覆盖。图 3.7.34 是 ViewPoint 显示的对 3 个听众区的覆盖。每个听众区的高度、宽度数据皆可输入。图 3.7.35 是听众区数据的输入。图 3.7.36 是线阵列安装结构界面。图中，有线阵列安装形式、长度与高度、箱体数量与角度及线阵列总量等。DISPLAY 还可以显示立体覆盖。图 3.7.37 为 DISPLAY 显示的较窄的立体覆盖。图 3.7.38 是 DISPLAY 显示的多个线阵列的辐射。当然，Martin 的软件是为 Martin 公司的线阵列扬声器系统量身打造的。

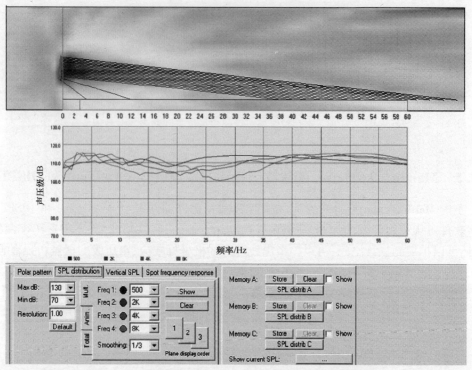

图 3.7.32　软件 DISPLAY 对 J 形线阵列不规则覆盖的模拟

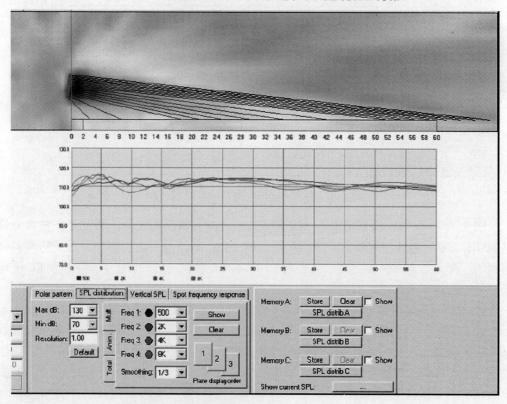

图 3.7.33　采用 16 只马田音箱的线阵列用 DISPLAY 模拟的声压级曲线

298

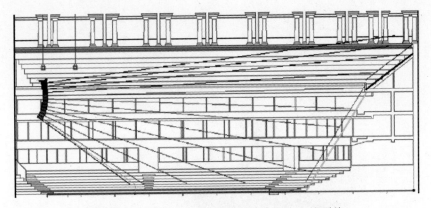

图 3.7.34　ViewPoint 显示的对 3 个听众区的覆盖

Plane 1	Plane 2	Plane 3
Length .60.0	Length .20.0	Length .13.0
Height .0.0	Height .4.0	Height .0.0
	Elev .0.0	Dist .80.0
		Elev .0.0
Seated ○ Standing ●	Seated ● Standing ○	Seated ● Standing ○

图 3.7.35　听众区数据的输入

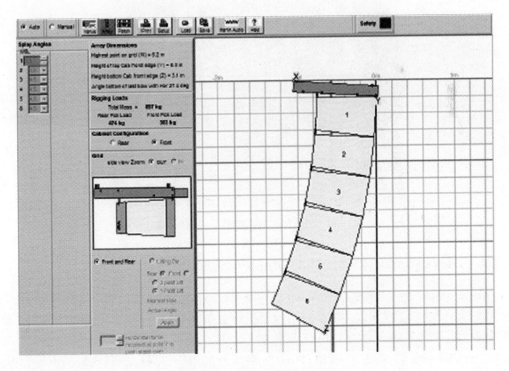

图 3.7.36　线阵列安装结构界面

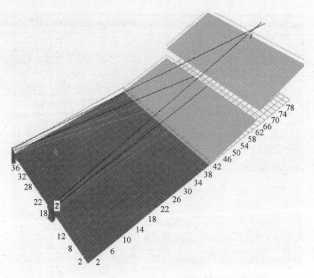

图 3.7.37　DISPLAY 显示的较窄的立体覆盖

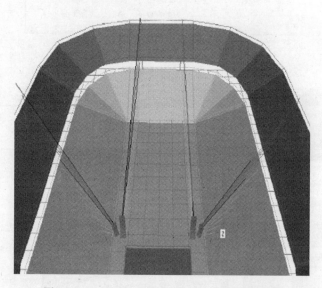

图 3.7.38　DISPLAY 显示的多个线阵列的辐射

3.7.6　Meyer Sound 公司的软件 Mapp Online Pro 2.8

　　Meyer Sound 公司开发的软件 Mapp Omline Pro 2.8,和其他公司的线阵列软件,其功能、目的大体相同,都是对线阵列扬声器性能进行分析和研究,并在实际工程中使用。软件大同小异,又各有独到之处。MAPP 软件的一个特点是可以预测声场分布。图 3.7.39 是 125Hz 的声场分布,图 3.7.40 是 500Hz 的声场分布,图 3.7.41 是 2000Hz 的声场分布。图 3.7.42 是模拟线阵列扬声器系统在剧场的声场。

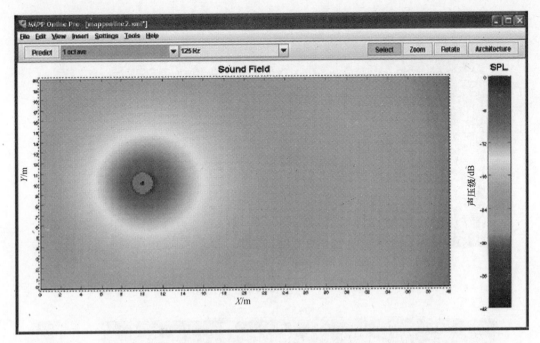

图 3.7.39　125Hz 的声场分布

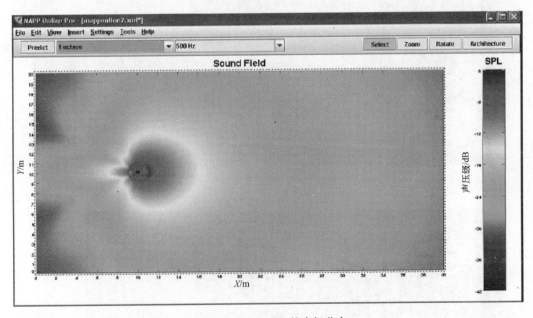

图 3.7.40　500Hz 的声场分布

　　Meyer Sound 进一步用这个软件来分析线阵列扬声器系统的原理与应用。图 3.7.43 是线阵列扬声器系统在 125Hz 的模拟声场和指向性特性。图 3.7.44 是线阵列扬声器系统在 500Hz 的模拟声场和指向性特性。图 3.7.45 是线阵列扬声器系统在 2000Hz 的模拟声场和指向性特性。图 3.7.46 是线阵列扬声器系统在 8000Hz 的模拟声场和指向性特性。

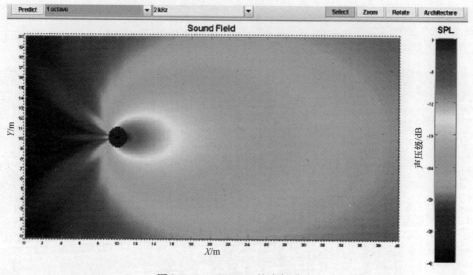

图 3.7.41　2000Hz 的声场分布

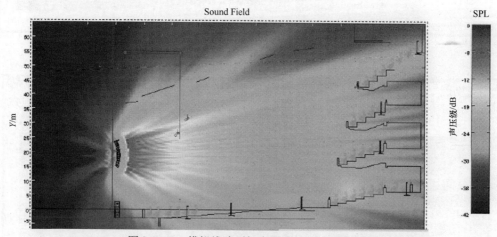

图 3.7.42　模拟线阵列扬声器系统在剧场的声场

图 3.7.43　线阵列扬声器系统在 125Hz 的模拟声场和指向性特性

302

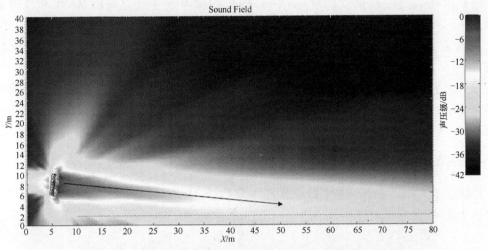

图 3.7.44　线阵列扬声器系统在 500Hz 的模拟声场和指向性特性

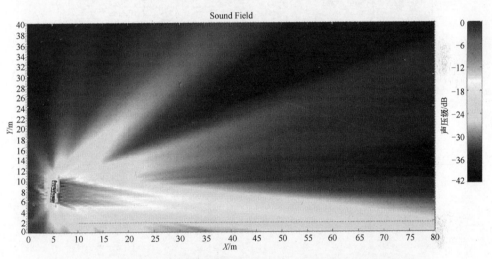

图 3.7.45　线阵列扬声器系统在 2000Hz 的模拟声场和指向性特性

图 3.7.46　线阵列扬声器系统在 8000Hz 的模拟声场和指向性特性

（1）在 Meyer Sound 的文件"Line Array Principles"中完全用这些由 MAPP 软件得来的图形去解释线阵列扬声器的原理、特点、与一般音箱的比较等，很形象、很直观。但是这种方式，Meyer Sound 自己用没有问题。但非 Meyer Sound 人员，引用起来比较麻烦。

（2）因为在公开场合应用 MAPP 时，即默认它是正确的。而任何一个软件，必须有相应的验证和适用范围。或者有相关单位验证，或者使用者验证，或者由软件制造者提供验证资料；否则对此软件不能肯定，同样不能否定。

3.7.7　K&F 公司的线阵列扬声器系统软件

K&F 公司的线阵列扬声器系统软件称为 CON:SEQUENZA。

图 3.7.47 是这个软件在 WINDOW 上的主界面。

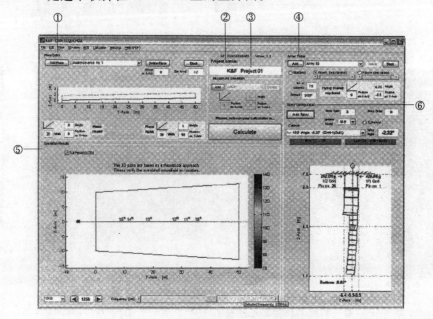

图 3.7.47　软件在 WINDOW 上的主界面

图中：

① ［Plane Editor］平面编辑，控制试听区的装配。

② ［Project Name］预测，负载预测命名。

③ ［Microphone Simulation］传声器模拟，模拟频率响应的控制。

④ ［Array Setup］阵列组成，阵列结构。

⑤ ［Simulation Results］结果模拟，模拟结果的区域显示。

⑥ ［Splay Configuration］展开结构，阵列结构的显示和改变。

图 3.7.48 是平面编辑，即听众区的建立、编辑和删除。由图可见，这是听众区 1，高 2m，长 50m。

图 3.7.49 是阵列结构的显示。此部分与其他公司提供的软件显示，大同小异。

304

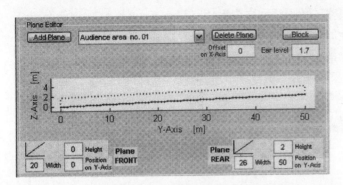

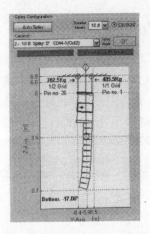

图 3.7.48　平面编辑（听众区的建立、编辑和删除）　　　　图 3.7.49　阵列结构的显示

K&F 公司不同之处有一个结果模拟，图 3.7.50 显示的是结果模拟，是一个三维模拟。右边表示声压级。这个软件表明，人们对线阵列扬声器系统性能关注，已从平面进入到立体，由两维进入到三维（3D）空间。图 3.7.51 则是结果模拟的图形。

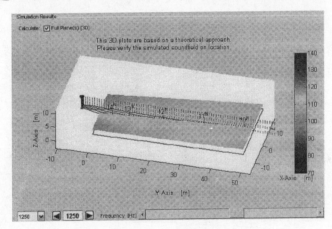

图 3.7.50　结果模拟

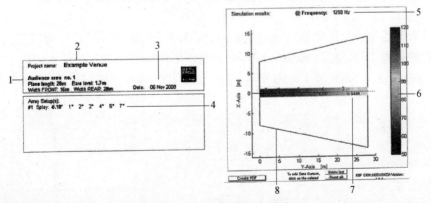

图 3.7.51　结果模拟的图形

3.7.8 SLS 公司的软件

SLS 公司设计了一套线阵列模拟软件,被称之为 LASS(Line Array Simulator Software)46.4,用于线阵列扬声器系统的性能分析。

图 3.7.52 是此软件系统配置的窗口。窗口下部设有听众区域栏(Listering Planes),有参数栏(Parameters),为线阵列音箱外形参数。图 3.7.53 是"参数"栏。

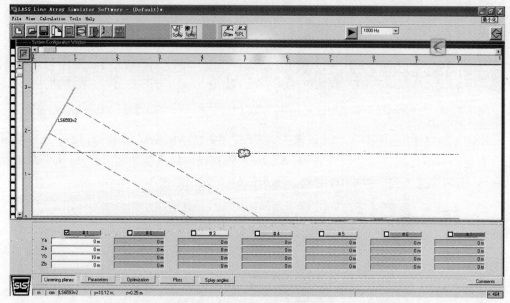

图 3.7.52　LASS46.4 系统配置的窗口

图 3.7.53　"参数"栏

窗口下部还有一个优化栏(Optimization),图 3.7.54 是"优化"栏。可以通过改变线阵列音箱的数量、倾斜角度(Inclination),来影响评估声压级的分布。单击 view 按钮可弹出极坐标图,图 3.7.55 是极坐标图窗口;单击 view 按钮可弹出阵列窗口,图 3.7.56 是阵列窗口。

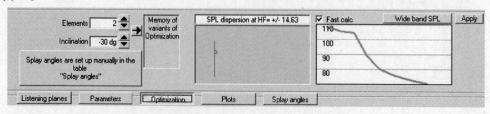

图 3.7.54　"优化"栏

306

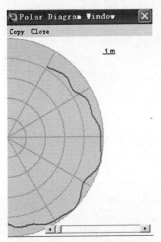

图 3.7.55 极坐标图窗口

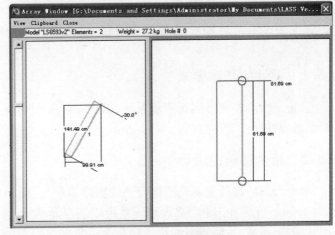

图 3.7.56 阵列窗口

从计算（Calculation）可求出声压级分布图（SPL mapping）。图 3.7.57 是声压级分布图。

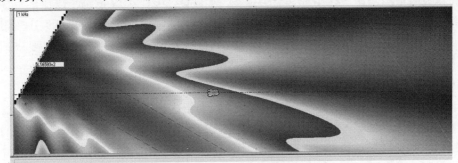

图 3.7.57 声压级分布图

单击"view array"铵钮还可看出多个箱体阵列的尺寸和悬吊结构。图 3.7.58 是阵列尺寸和悬吊结构。同时 LASS 软件还可与 EASE 软件联合使用。

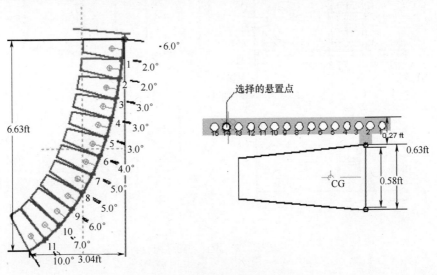

图 3.7.58 阵列尺寸和悬吊结构

3.8 线阵列扬声器系统设计实例(一)

3.8.1 设计的基本要求

这是一个小型线阵列扬声器系统,每个箱体采用两路分频的开口箱。线阵列结构可靠,音质良好,电声性能可靠。

3.8.2 单个音箱的设计

单个音箱的设计主要是选择合适的扬声器单元,确定箱体尺寸和外形。低频单元确定为300mm低频扬声器。高频单元采用压缩驱动单元,并配有专用的号筒,保证号筒口近似辐射平面波,并使辐射面积达到总面积的80%以上。

通常设计师掌握多个厂家的扬声器资源,在同规格的扬声器单元选择最接近的单元,根据其参数与指标及在箱体中的音质表现,大致确定采用什么单元。设计师手头扬声器单元的资源越多,选择的余地越大,当然耗去的时间也越多。选择的效果还取决于设计师的水平与经验。如果条件允许、时间允许,还可自行设计扬声器单元,或提出要求请扬声器单元制造厂家单独设计。除去性能以外,还要考虑单元的价格、批量产品质量的稳定性、后续供货的可能性及重量、安装条件等。

单个音箱的设计基本上与开口式音箱相同,为组成线阵列系统,箱体成扁平状,并做好相互连接设计。而箱体处于悬吊状态,要求在保证牢固可靠的条件下,保证重量较轻。图3.8.1是所设计的箱体图,图3.8.2是所设计箱体的立体图,图3.8.3是所设计的号筒图。

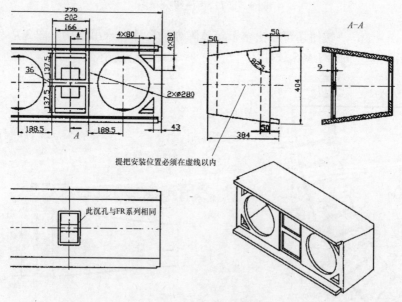

图3.8.1 设计的箱体图

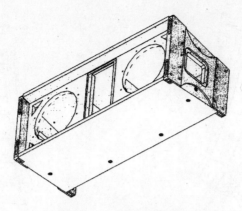

图 3.8.2 箱体的立体图

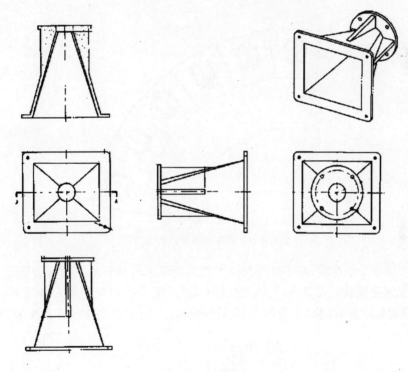

图 3.8.3 号筒图

3.8.3 线阵列结构的设计

线阵列结构设计,要求能很方便地将每个箱体连接起来,而且便于调节,还便于整体悬吊起来,而安全可靠要放在设计和制造的首要、重要位置。图 3.8.4 是线阵列悬吊示意图(1),图 3.8.5 是线阵列悬吊示意图(2),图 3.8.6 是线阵列箱体放置示意图。

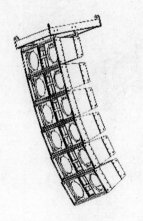

图 3.8.4　线阵列悬吊
示意图(1)

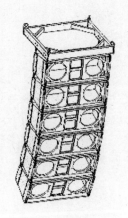

图 3.8.5　线阵列悬吊
示意图(2)

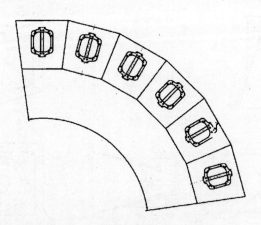

图 3.8.6　线阵列箱体放置示意图

　　通过上面 3 个示意图,对本线阵列扬声器系统悬吊可清楚地了解。为连接专门设计了十几种金属连接件。图 3.8.7 是大挂件(长)。图 3.8.8 是钢制箱体背板(后)。图 3.8.9 是钢制箱体背板(前)。图 3.8.10 是前铝板。其他连接件参见 3.5.1 节、3.5.2 节。

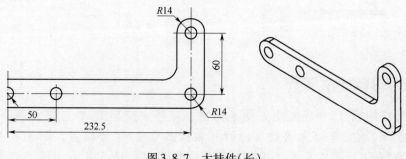

图 3.8.7　大挂件(长)

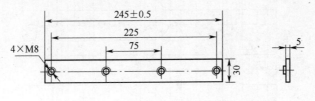

图 3.8.8 钢制箱体背板(后)

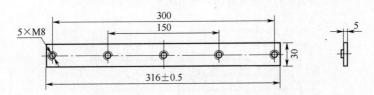

图 3.8.9 钢制箱体背板(前)

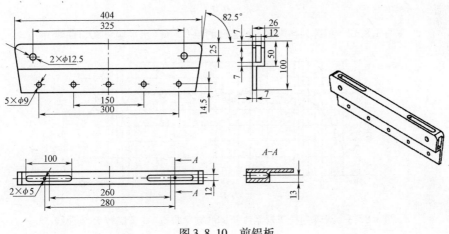

图 3.8.10 前铝板

3.8.4 线阵列扬声器系统的调节

　　线阵列扬声器系统在试制过程中要进行一系列调节,这些调节主要有:机械结构的调节;以频响曲线为主的调节;以阻抗曲线为主的调节;以试听为主的音质调节。这些调节往往要反复多次进行,直到大多数满意为止。

　　这种调节也是一种创新和积累的过程,这种探索与实践是独特的,只有切实做过才有体会。这种调试也是一种能力和经验的积累过程,为此在调试中每次只改变一个因数,你就会知道每个因数的作用和影响,同时做好资料记录。调试中有条件时还应向书本与有经验的人请教。图 3.8.11 是测得的线阵列扬声器系统箱体的频率响应曲线。图 3.8.12 是测得的线阵列扬声器系统箱体的频率响应(水平偏转 30°)曲线。图 3.8.13 是测得的线阵列扬声器系统箱体的频率响应(垂直偏转 15°)曲线。

311

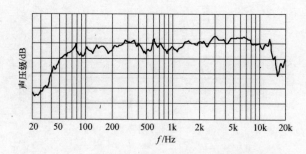

图 3.8.11　线阵列扬声器系统箱体的频率响应曲线

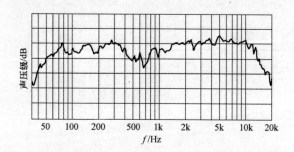

图 3.8.12　线阵列扬声器系统箱体的频率响应(水平偏转 30°)曲线

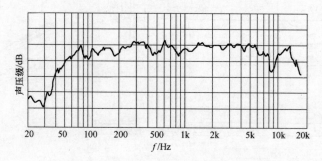

图 3.8.13　线阵列扬声器系统箱体的频率响应(垂直偏转 15°)曲线

3.9　线阵列扬声器系统设计实例(二)

用带式扬声器作为线阵列扬声器系统应该是一个创意。带式扬声器不仅音质优质、高频轻盈悦耳,而且由于其近似平面的特性,使有效辐射面积大于全部面积的 80%,其辐射近似一个平面波,特别适合作为线阵列扬声器系统的高频单元。

3.9.1　带式扬声器线阵列扬声器系统的设计

设计的中心是选定合适的带式扬声器,并解决由于带式扬声器带来的相关技术问题。图 3.9.1 是选定的带式扬声器外形,带式扬声器前装有特制号筒。图 3.9.2 所示为专用号筒外形。

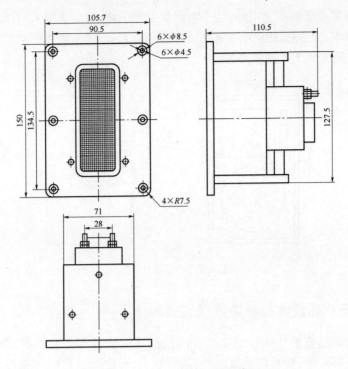

图 3.9.1　选定的带式扬声器外形

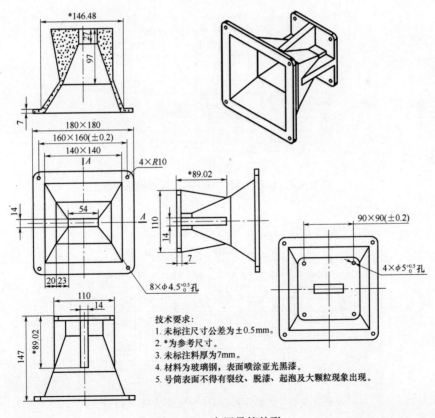

技术要求:
1. 未标注尺寸公差为±0.5mm。
2. *为参考尺寸。
3. 未标注料厚为7mm。
4. 材料为玻璃钢、表面喷涂亚光黑漆。
5. 号筒表面不得有裂纹、脱漆、起泡及大颗粒现象出现。

图 3.9.2　专用号筒外形

线阵列扬声器系统常用于室外,会不时遇到大风环境,为防止风力对带式扬声器金属振膜带来不利影响,要在振膜前外加防风层。有一利必有一弊,防风层必然会降低高频扬声器的灵敏度。图3.9.3是箱体外形。

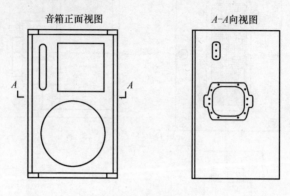

音箱正面视图　　　　　　　　A-A向视图

图3.9.3　箱体外形

3.9.2　带式扬声器线阵列扬声器系统的调整

图3.9.4是调整前箱体的频响曲线和阻抗曲线。从这两条曲线看,初步设计尚可。但频响曲线还不够平坦;而从阻抗曲线看,某频率会出现低点,这对可靠性极为不利。图3.9.5是调整后箱体的频响曲线和阻抗曲线。

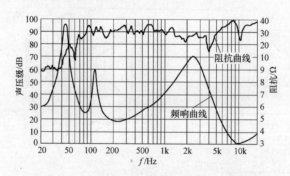

图3.9.4　调整前箱体的频响曲线和阻抗曲线

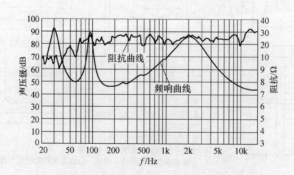

图3.9.5　调整后箱体的频响曲线和阻抗曲线

314

从调整后的图形可见,整个音箱频率曲线显著得到改善,趋于平坦,而阻抗曲线的低点也产生变化。

调节主要从分频电路、吸声材料等着手,当然不会一步到位,其中经验也是很重要的。此线阵列音质受到好评,并已申请专利。

3.10 气候对线阵列扬声器系统声传输的影响

环境的温度、湿度及风力皆会对线阵列扬声器系统声传输造成一定的影响。因此必须有所了解、有所准备,防患于未然。

3.10.1 大气的吸收

声波在空气中传播,能量会受到一定程度的损耗,这种损耗有的与空气湿度无关,有的与空气湿度有关。空气湿度不同,表明空气中水分子含量不同,同时这种损耗与频率有关。图3.10.1显示了不同频率时相对湿度对衰减的影响。图中,横坐标为频率,纵坐标为衰减系数。4条曲线相对湿度分别为20%、40%、60%、80%。由曲线可见,频率越高衰减越大(这里的频率坐标与习惯相反,从左到右频率降低);而相对湿度越大衰减越小。图3.10.2则是不同相对湿度下的衰减。

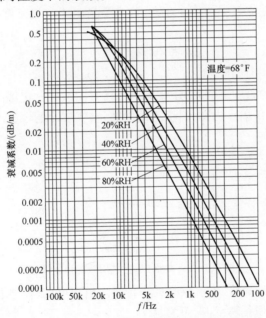

图3.10.1 不同频率时,相对湿度对衰减的影响

图3.10.2中,横坐标是相对湿度,纵坐标是衰减量。5条曲线分别代表10000Hz、8000Hz、6000Hz、4000Hz、2000Hz。由曲线可看出,相对湿度增加,衰减减少。在某个相对湿度下,衰减有一个峰值。频率增加时,衰减相应增加(某些音响爱好者认为,在潮湿条件下,听音效果较好,可能与声音衰减较小有关)。

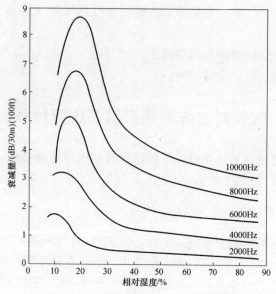

图 3.10.2　不同相对湿度下的衰减

3.10.2　温度的影响

温度会影响声波在空气中的传播速度,这主要是由于空气密度会因温度而改变。声速与温度的关系为

$$c = 20.6 \sqrt{273 + t}$$

式中,c 为声速(m/s);t 为温度(℃)。

当地面与空气层的温度不同时,还会对声传播方向造成一定偏离。图 3.10.3 所示为地面热、空气层冷的声传播。由图可见,当地面热、空气层冷的情况上,声传播方向向冷区域偏移,即向上偏移。

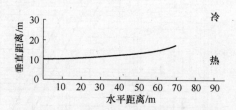

图 3.10.3　地面热、空气层冷的声传播

图 3.10.4 所示为地面冷、空气层热的声传播。由图可见,在地面冷、空气层热的情况下,声传播方向向冷区域偏移,即向下偏移。

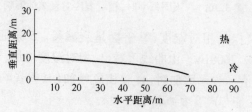

图 3.10.4　地面冷、空气层热的声传播

316

3.10.3 风云的影响

风对声传播,特别是传播的方向会造成一定的影响。图3.10.5表示风速对声传播方向的改变。

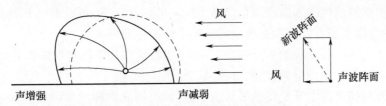

图3.10.5 风速对声传播方向的改变

由图3.10.5可见,声传播方向会偏向独风方向。对于线阵列扬声器系统,通常是悬挂在室外,为了防止强风的影响,悬吊必须足够牢固,要考虑到最恶劣的情况,必要时将线阵列扬声器落至地面。

风起于青萍之末,地形、温度、云雨皆会对风造成影响,会对线阵列扬声器系统造成影响,要有适当注意。图3.10.6是早上太阳会造成上升的风。图3.10.7是晚上冷空气下降造成下降的风。

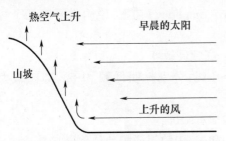

图3.10.6 早上太阳会造成上升的风

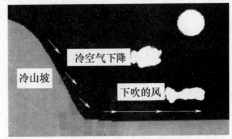

图3.10.7 晚上冷空气下降造成下降的风

甚至在室内,有的音响爱好者感到白天与晚上,在聆听音响器材时会感到音质不同。

云彩的移动、乌云的出现会影响风速或方向。图3.10.8是云彩移动对风的影响,图3.10.9是乌云对风速的影响。

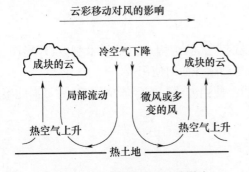

图3.10.8 云彩移动对风的影响

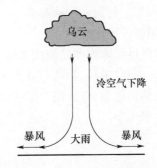

图3.10.9 乌云对风速的影响

这些气候条件会对线阵列扬声器系统在室外的演出产生相当大的影响,应有相应的预防措施。

3.11　线阵列扬声器系统的特性和基本技术指标

对于线阵列扬声器系统的单只音箱,一些主要特性和基本技术指标应该明白无误地告知用户。虽然目前线阵列扬声器系统尚无统一的国际标准,也没有见到其他国家的国家标准,国内也没有制定线阵列标准。但是单个音箱是有标准的。

对于线阵列扬声器系统的单只音箱,一些主要特性和基本技术指标如下所述。

(1)基本配置。应为全频带,两分频或三分频。

由于线阵列扬声器系统是在悬吊状态下工作的,因此常标有紧凑型(Compact)、超紧凑型(UltraCompact)字样。

(2)频率范围,通常再加上不均匀度,如 ±3dB。

(3)水平覆盖角,再加上限制条件,如 -6dB、-10dB。

(4)垂直覆盖角,再加上限制条件,如 -6dB。

(5)重量。

(6)扬声器单元的构成,包括低频、中频、高频扬声器单元的数量、类型、尺寸。

(7)额定功率,分别标明低频、中频或高频功率,并标明额定功率与峰值功率。

如有内置放大器,还要标明内置放大器(Bi - Amplified)功率,说明供给哪几个频段(高频、中频或低频),同时说明若无源时的功率。

(8)灵敏度(1m1W)。分别标明低频、中频、高频灵敏度。

(9)最大声压级。计算在 1m 处的最大声压级,分别标明低频、中频、高频最大声压级。

(10)额定阻抗。分别标明低频、中频、高频额定阻抗。

(11)分频频率。分别标明低频与中频分频频率、中频与高频分频频率。

(12)连接器。通常有两个卡侬插头及输入、连接的插座。

(13)箱体形状。线阵列箱体外形,与一般音箱有一定差异。因此,对其外形要适当描述。

(14)外观。油漆或其他防护措施。

(15)面罩。材料和形状。

(16)箱体外形尺寸。

厂家常提供线阵列产品使用手册,详细说明产品的结构、特点、技术参数、外形图、使用方法,如何安装、吊接,如何与放大器配接,控制软件如何使用等。

为便于用户使用,应让用户了解产品性能及使用方法。有经验的用户,更可据此鉴别该公司的技术水平。

第4章 线阵列扬声器系统的测量

线阵列扬声器系统,由于其产品的出现不过十几年的时间,它的理论在不断地探索,它的工艺在不断完善,它的使用方法在不断改进与扩展。它的测量几乎每个线阵列生产、研制单位都在做。由于还是在摸索,做得多,公布于众的少。至于线阵列扬声器系统的标准,也正在积累、探索之中。这一切都符合客观规律,一切事物都是在做中总结,在实干中完善。生产和使用单位,迫切期待关于线阵列扬声器系统的国内、国际标准早日出现。

4.1 线阵列扬声器系统频率响应曲线

线阵列扬声器系统频率响应曲线的测量显然是重要的,关系到系统的灵敏度、有效频率范围,和将要制定的线阵列扬声器系统标准密切相关。但它比单个音箱要增加多个可变因数,也增加了解决此问题的难度。

有人提供了几组线阵列扬声器系统的频率响应曲线。图4.1.1是NEXO GeoS频响曲线。NEXO GeoS属于线声源阵列产品,在频响范围内,振幅的偏离在±4dB。图4.1.2是DAS Aero28的频响曲线。

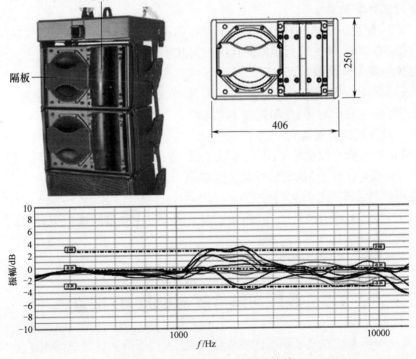

图4.1.1 NEXO GeoS 的频响曲线

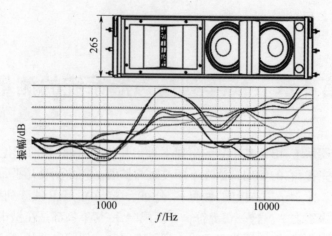

图 4.1.2 DAS Aero28 的频响曲线

这位作者认为图 4.1.1 的频响曲线,振幅的偏差在 ±4dB 之内,因此是合格的。而图 4.1.2 的频响曲线,振幅的偏差在 ±4dB 之外,因此是不合格的。这位作者的贡献是提出一个线阵列扬声器系统的指标,其振幅偏差应在 ±4dB 以内。

但是作为一个严肃的、可操作的、科学的、公认的标准仍有一系列有待统一、有待解决的问题。

1. 用什么测试仪器?

图 4.1.1 和图 4.1.2 所示的曲线,是用计算机辅助测试仪器所测,但是这种仪器品种很多,方便而不规范,在低频测量无参考价值。特别是这些测试仪器没有被 IEC 等国际标准认可。

2. 在什么环境测量?

现行标准,规定扬声器和音箱的测量都是在消声室内进行。对于线阵列扬声器系统,常希望了解它在 20m、30m 等远距离的状况。而几乎没有这样长的消声室。

3. 室外测量如何精确? 可比较?

在室外可远距离测量频响曲线等指标,但其测试结果将受到环境的影响。这种测量对某个具体现场是有用的,但是却失去了可比性。

4. 测几只音箱组成的阵列?

不同数量音箱阵列性能是不同的,是选 2 只、还是选 4 只? 看来选 4 只更接近线阵列工作状况。但选 4 只对于 3D 测试则又是困难的。

5. 在测量时线阵列音箱如何排列?

线阵列扬声器系统可呈直线式、曲线式、J 形排列,在测量时选取何种形式? 不同形式及细节都会影响性能。

以上问题有待在实践中解决。

4.2 线阵列扬声器系统的 3D 测量

线阵列扬声器系统改变了系统的垂直指向性,人们不但关注系统的水平指向性,更关注其垂直指向性。进而关注整个 3D 空间的指向性,在当今 3D 更成了一项时髦的东西。

意大利的 Audiomatica 公司在新推出的 CLIO10 中，可进行线阵列扬声器系统的 3D 测试。另一家意大利 Outline 公司提供了测试机械转台。

4.2.1 扬声器、音箱的指向性测量

指向性是扬声器、音箱的重要空间辐射特性。指向性特性包括指向性图、指向频率响应、指向性因数、指向性指数、辐射角、波束宽度频率响应、等压线、水平垂直偏轴响应等。显然这些指标参数都是频率与角度的函数。

扬声器系统水平指向性的测量如图 4.2.1 所示。

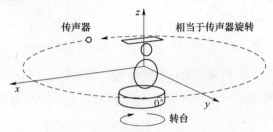

图 4.2.1　扬声器系统水平指向性的测量

被测量的扬声器系统放在转台上，可以由传声器接收，测出指向性图等。可见扬声器系统水平指向性的测量还是比较容易实现的。

图 4.2.2 是扬声器系统垂直指向性的测量。这种垂直指向性的测量与扬声器系统的实际使用状态有相当大的差别。

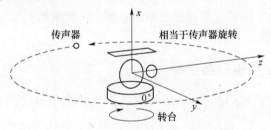

图 4.2.2　扬声器系统垂直指向性的测量

转台和转台台面都会产生反射，改变声波绕射状况。特别对于尺寸较大的扬声器系统，测试更为困难。当然可以让扬声器系统按图 4.2.1 所示摆放，使传声器上、下移动，不过角度变化较小。

4.2.2 AES 对三维测量的规定

AES56－2008：AES 声学标准—声源建模—扬声器极坐标辐射测量。AES 是美国标准，因为作为标准最早提到极坐标辐射测量问题（IEC、GB 尚无相应标准），因此可以作为一种参考。

AES56－2008 对极坐标测量做了一些规定。图 4.2.3 是 AES56－2008 对极坐标测量作的规定。这些规定使大家有一个统一的说法。

其中：

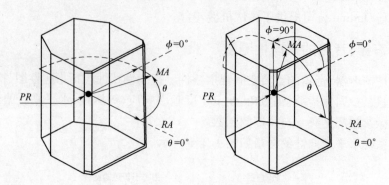

图 4.2.3　AES56 – 2008 对极坐标测量作的规定

（1）规定了转动点 *PR*、参考轴 *RA*、测量轴 *MA*、转动角 ϕ 和 θ。

（2）规定测量距离为 10m，但考虑到实际空间的限制及一些困难，变通到 4m ~ 8m 也可接受。

（3）测量要具可重复性，关于球测量的重复性，采用 $\phi = 0°$、$\theta = 0°$ 和 $\phi = 0°$，$\theta = 180°$ 两处的测量数据来确定。

（4）分辨率。

A 类测量，测量一般扬声器系统。θ 角度从 0° ~ 180° 每次增加 5°（37 组），ϕ 从 0° ~ 360° 每次增加 5°（72 组），共 2664 点，其中有 142 个点是被重复测量的，正好可以用来验证系统测量的可重复性。

B 类测量，测量全对称和半对称的扬声器系统。B 类测量包括低解析度测量、中解析度测量和高解析度测量。

4.2.3　扬声器的空间辐射与坐标

什么是扬声器？在《电声辞典》中曾经定义："能将电信号转换成声信号并辐射到空气中去的电声换能器"。

这个定义很明确地指出，扬声器可将声信号辐射到有空气的空间。为了分析定位，需要有一个坐标系统。图 4.2.4 所示的 CLIO 规定了一个球面坐标系。

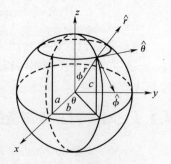

球面坐标系统有如图 4.2.5 所示的三维坐标及 θ、ϕ 角度。大体上与 AES56 – 2008 对极坐标测量作的规定一致。

人们通常了解的是扬声器正面轴的特性，进而了解扬声器水平面的声特性。对于线阵列扬声器系统，开始关心其垂直面的特性。但对空间其他位置的特性，会有理论的分析和感性的认识，但是缺乏实测的数据。这是因为测试的困难。如果每隔 5° 测量一点，整个球面要测 2664 个点。

图 4.2.4　CLIO 规定的一个
球面坐标系

图 4.2.6 所示为球面测试点。可见，耗费大量时间不说，如何固定每个测试点都是一个难题。

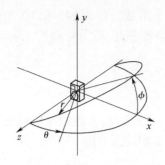

图 4.2.5　三维坐标及 θ、ϕ 角度

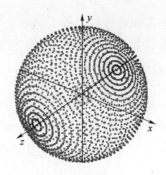

图 4.2.6　球面测试点

4.2.4　CLIO 的一个破解办法

对扬声器空间测试的难题,可以有多种解决办法。CLIO 提出,可以分别测出水平面和垂直面的特性,图 4.2.7 所示为水平、垂直特性示意图。

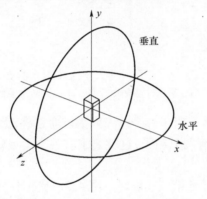

图 4.2.7　水平、垂直特性示意图

有了这两组水平、垂直数据,中间的数据如何解决? CLIO 解释可用插入和计算机软件处理。图 4.2.8 就是一个插入的例子。

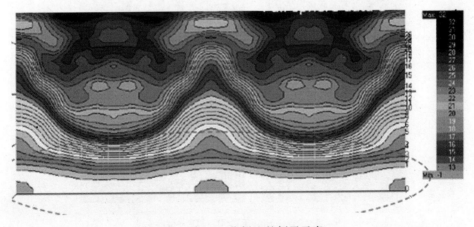

图 4.2.8　一个插入的例子示意

图 4.2.8 是将球面的形式转换为平面。但是这个图是怎样来的？ CLIO 却未作说明。是推算出来的？是实测出来的？或是半实测半推算出来？看来后一种可能性最大。

4.2.5 旋转设备

这种水平面的测量、垂直面的测量，要求音箱，甚至线阵列扬声器系统能够分别围绕极轴(y 轴)、z 轴旋转。图 4.2.9 是围绕极轴(y 轴)、z 轴旋转示意图。

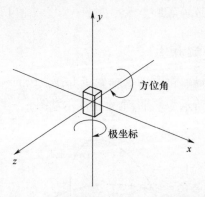

图 4.2.9　围绕极轴(y 轴)、z 轴旋转示意图

这种旋转要有一个转盘。对于一个线阵列扬声器系统，太多音箱一起旋转是很难办到的。但作为阵列至少要有两只箱子，这就要求有一个大型转盘。图 4.2.10 是 Outline ET250 – 3D 大型转台。

从图 4.10 可见，有 3 只音箱一起旋转。图 4.2.11 是小型转台。图 4.2.12 是 OUTLINE 公司的一个实际转台。它的轴向负载可达 1500kg，径向负载达 350kg。美国的 LinearX 公司也有一个类似的转台。图 4.2.13 是美国 LinearX 公司的 LT – 360 转台。

图 4.2.10　Outline ET250 – 3D 大型转台

图 4.2.11　小型转台

图 4.2.12　OUTLINE 公司的
一个实际转台

图 4.2.13　美国 LinearX 公司的 LT－360 转台

这家美国 LinearX 公司生产的 LEAP 扬声器系统软件、LMS 扬声器测试软件为国内电声界所熟知。这样一个大转台,既重,体积也不小。在消声室的钢丝网上,很难正常工作,这时半消声室是一种选择。

另外,对线阵列扬声器系统的测量要有一定距离,至少 4m。这样大的消声室也不多。另外一种选择方法就是在一个各墙强吸收的房间测量。

根据上述描述,这种测量有一定的近似性,再加上转盘、架子的反射,都会影响测量的精确性。图 4.2.14 是一个 3D 极图。还有另一种结构的转台,图 4.2.15 是 FOURAUDIO 公司的 ELF 转台。

FOURAUDIO 公司在德国亚琛,它这套 ELF 转台是为配合 EASE 等测试软件进行 3D 测量。它采用大功率、高精度的步进电机和直角梁结构。它可以最大承受 100kg 的扬声器系统,可接受最大直径为 1.5m 的扬声器系统。从图 4.2.15 中看到的结构,设备本身引起的反射较小,也不用一个大平面支持测试转台,相对测试误差较小。

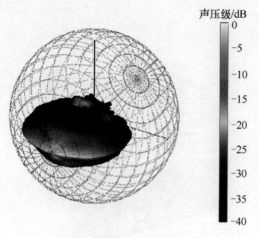

声压级/dB

图 4.2.14　3D 极图

图 4.2.15　FOURAUDIO 公司的 ELF 转台

4.2.6　测试环境与测试软件

　　线阵列扬声器系统的 3D 测量最好在消声室进行,这是较理想的环境。因为测试距离至少要 4m,必须选用大型消声室。但是大型消声室并不多。

　　更麻烦的是转台的摆放,转台本身有一定体积和重量,再加上带着扬声器旋转,在消声室的拉网上很难处理。

　　如果用半消声室,转台的摆放就比较容易。但是由于地面的反射,对测试结果的精确度会有很大影响。就国内情况而言,半消声室的数量很少,远少于消声室。

　　还有一个办法,是在普通大房间的六面铺设吸声材料,这种方法是代价不少,而且不够精确。目前能实行线阵列扬声器系统的 3D 测量的软件有 CLIO10 和 EASERA。

　　意大利 Audiomatica 公司的 CLIO10 测试软件有多种功能。线阵列扬声器系统的 3D 测量是其中一种新开发的功能。图 4.2.16 是 CLIO10 测试软件的界面。

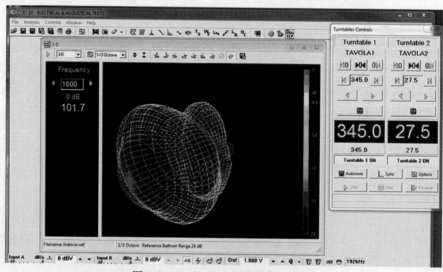

图 4.2.16　CLIO10 测试软件的界面

对于这种测量有以下特点：

（1）扬声器系统的 3D 测量是可以自动进行与完成的。

（2）这种测量相对比较简单，但必须在有充分吸收的环境中。

（3）这些测量的数据可进入到 EASE 或 CLF（Common Loudspeaker Format，通用扬声器格式）模式，成为技术文件或极坐标图。

EASERA（Electronic & Acoustic System Ealuation & Response Analysis，电声系统评估和响应分析）。这是德国柏林的 AFMG 公司开发的系列软件之一。它是集室内声场测试、扬声器声学测试和失真测量于一身的重要测量工具——MLS（最大长度序列）、TDS（时间延迟谱）和双通道 FFT（快速傅里叶变换）。EASERA 强大的功能、灵活的软件构造，可以进行详尽的后期处理，并对不同的测量和分析方法的结果进行比较。

图 4.2.17 是 EASERA 软件封面。

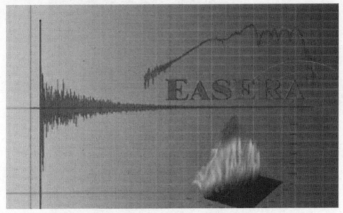

图 4.2.17　EASERA 软件封面

4.2.7　用传声器阵列测量扬声器系统的指向性

采用上述方法测量扬声器系统的指向性是传声器不动，按一定规律旋转扬声器系统。从理论上讲，亦可保持扬声器系统不动，按一定规律旋转传声器，同样可以测量扬声器系统的指向性（尽管实现起来有一定难度）。

传声器做 360°旋转有一定困难，NWAA 实验室尝试用传声器阵列的方法测量扬声器系统的指向性，如图 4.2.18 所示。

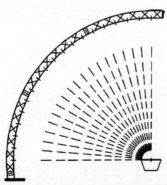

图 4.2.18　用传声器阵列测量扬声器系统指向性的原理

在离扬声器系统的圆弧上,等距离地摆放 n 只传声器(传声器数量越多,测量结果越精确),组成一个传声器阵列。通过 n 只传声器可测得此象限声压级分布。此弧线沿 y 轴做 180°旋转,可测出扬声器系统的水平指向性。

将扬声器系统横放,用同样的方法和步骤可测得垂直指向性。

图 4.2.19 是 NWAA 实验室采用的传声器阵列实物。传声器固定在一个圆形管上。圆管上包有较厚的吸声材料,可以减少反射。图 4.2.20 是传声器阵列中 0°的传声器。

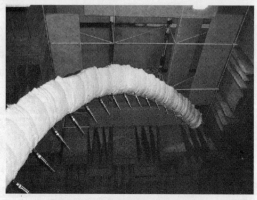

图 4.2.19　NWAA 实验室采用的传声器阵列实物

图 4.2.20　传声器阵列中 0°的传声器

4.3　线阵列扬声器系统调节、测量工具

在线阵列扬声器系统调节过程中,一些调节测量工具是不可缺少的。主要有以下几种:

(1)望远镜。线阵列扬声器系统悬挂比较高,投射比较远。借助望远镜可以看清楚些。

(2)激光测距仪。

(3)计步器。用于在来回行走中测距。

图 4.3.1 是一种计步器。图 4.3.2 是一种倾斜罗盘外形。精度可达 1°。用目力测倾斜度,误差极大。

图 4.3.1   一种计步器

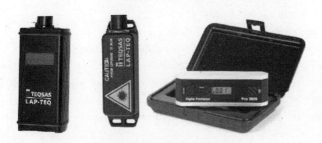

图 4.3.2   一种倾斜罗盘外形

(4) 倾斜罗盘。可以测角度。

(5) 水平仪。

(6) 声级计。

参 考 文 献

［1］王以真. 线阵列扬声器系统述评. 电声技术,2002.10.

［2］奥尔森 H F.声学工程.沈豪译. 北京:科学出版社,1964.

［3］Ureda M S. Line Arrays:Theory and Applications. AES 2001 5.

［4］沈豪. 扬声器组阵指向特性的设计. 电声技术,2001.10.

［5］沈勇,等.改善扬声器阵列辐射特性的几种方法. 电声技术,2007.7.

［6］沈勇,等.扬声器线阵列分析. 电声技术,2004.12 .

［7］Urban M,等. Wavefront Sculpture Technology. J. Audio. Eng. Soc. ,2003.10 .

［8］Ureda M S. Analysis of Loudspeaker Line Arrays. J. Audio. Eng. Soc. , 2004.5.

［9］赵其昌. 线阵列的柱面波及其发散. 电声技术,2003.11.

［10］MEYER J Large Arrays:Measured Free – Field Polar Patterns Compared to a Theoretical Model of a Curved Surface Source. J. Audio. Eng. Soc. , 1990.4.

［11］FIDLIN P F. Compartive Perfomance of Three Types of Directional Devices Used as Concert – Sound Loudspeaker Array Elements. J. Audio. Eng. Soc. , 1990.4.

［12］项钰,等编译.JBL's Vertical Technolog y^{TM}新一代线阵列系统. 电声技术,2002.7.

［13］曾山,等. 关于线阵列的问答. 电声技术,2002.4.

［14］Eargle Historical Perspectives and Technoligy Overview of Loudspeakers for Sound Reinforcement. J. Audio. Eng. Soc. , 2004.4.

［15］Kuttruff. 室内声学. 沈豪译. 北京:中国建筑工业出版社, 1982.

［16］Davis. Sound System Englneering. New York：HOWARD W. SAMS & CO. ,INC, 1975.

［17］GANDER R. , EARGLE J M. Measurement and Esimation of Large Loudspeaker Array Performance . J. Audio. Eng. Soc. , 1990.4.

［18］KLEEPER D L. Contatd Driectional Characteristics form a Line Source Array. J. Audio. Eng. Soc. , 1963.7.

［19］曾山. Meyer Sound M3D 线阵列音箱. 电声技术, 2002.5.

［20］赵其昌. 线阵列扬声器系统的远场条件. 演艺设备与科技,2008.1 .

［21］Lipshitz S P. The Acoustic Raditation of Line Sources of Finite Length. AES 81 st Convention, 1986.

［22］www. seeburg. net.

［23］祁家堃. GALEO 线阵列音箱测量与分析. 电声技术,2007.9.

［24］俞寿光. 线阵列扬声器及其几种专利. 音响技术,2007.5.

［25］www. meyersound. com.

［26］ Engebretson M. Radiation Characteristics of Articulating Lina Array Loudspeaker Systems. AES 111 st Convention, 2001.

［27］www. l – acoustics. com1.

［28］陈怀民. 国家体育场建筑声学及扩声系统的设计. 演艺设备与科技, 2008.3.

［29］曾山. 音箱阵列中的空隙与频率响应. 电声技术,2002.2.

［30］王以真. 线阵列扬声器系统(一). 演艺设备与科技,2007.6.

［31］王以真. 线阵列扬声器系统(二). 演艺设备与科技,2008.2.

［32］赵其昌. 声场的干涉与时间的迟延. 演艺设备与科技,2004.5.

［33］林海彬. 线声源扬声器阵列波阵面耦合原理(一). 电声技术,2005.4.

［34］林海彬. 线声源扬声器阵列波阵面耦合原理(二). 电声技术,2005.5.

［35］李志雄. 浅析线阵列扩声中的空气衰减及处理办法.电声技术,2004.1.

［36］杨宝根. 扬声器设计专利技术介绍. 电声技术,2004.4.

［37］马大猷,等. 声学手册. 北京:科学出版社,2004.

［38］王以真. 实用扩声技术. 北京:国防工业出版社,2004.

[39] 曹水轩,沙家正. 扬声器及其系统. 南京:江苏科技出版社,1991.

[40] 杜春洋. 可控指向性阵列扬声器 ICONYX. 音响技术,2008.8.

[41] 山本武夫. 扬声器系统(上、下). 王以真等译. 北京:国防工业出版社,1986.

[42] 阿诺特 M. 扩声技术原理及其应用. 王季卿等译. 北京:电子工业出版社,2003.

[43] EARGLE M. 铃木中译. ハンドブック・オフ・サウンドシステム・デザイン. 东京ステレオサウンド株式会社,2001.

[44] 徐柏龄,等. 折线形声柱垂直指向性的理论计算与计算机辅助设计. 电声技术,1983.2.

[45] 沙家正. 声柱在厅堂扩声系统中的应用及其设计. 电声技术,1983.6.

[46] 沙家正. 阶梯型声柱的理论计算与实验. 电声技术,1978.1.

[47] 沙家正. 不等阶梯间隔的阶形声柱. 电声技术,1979.3.

[48] 沙家正. 锯齿形声柱垂直指向性的理论计算. 电声技术,1981.1.

[49] Klepper D L. , Steele D W. Constant Directional Characteristics form A Line Source Array. J. Audio. Eng. Soc. ,1963, 11(3).

[50] 胡秉奇,曾山,王以真. 国家体育场("鸟巢")扬声器系统的研究·设计·制造·使用(一). 电声技术, 2009.5.

[51] 胡秉奇,曾山,王以真. 国家体育场("鸟巢")扬声器系统的研究·设计·制造·使用(二). 电声技术, 2009.6.

[52] 胡秉奇,曾山,王以真. 国家体育场("鸟巢")扬声器系统的研究·设计·制造·使用(三). 电声技术, 2009.7.

[53] 胡秉奇,曾山,王以真. 国家体育场("鸟巢")扬声器系统的研究·设计·制造·使用(四). 电声技术, 2009.8.

[54] 王以真. 线阵列扬声器系统设计要点. 演艺设备与科技,2009.3.

[55] 曾山,等编译. Christopher Holder. 线阵列综述(一). 电声技术, 2003.8.

[56] www. jblpro. com.

[57] www. nexo – sa. com.

[58] WWW. dasaudio. com.

[59] 汤磊. 线性阵列优化布局的解决方案. 电声技术,2009,33(S1).

[60] Scheirman D W. Practical Considerations for Field Deployment of Modular Line Array System. AES 121st Conference, 2002 .

[61] Mark S. Ureda "J" and "Spiral" Line Arrays. AES 111st Conference.

[62] www. codaaudio. com.

[63] Staff Technical Writer Loudspeaker Array Technology. J. Audio. Eng. Soc. 2005,153(11).

[64] www. dbaudio. com.

[65] www. alconsaudio. com.

[66] www. renkus – heinz. com.

[67] www. martin – audio. com.

[68] Staffeldk H, Thompson A. Line Array Performance Mid and High Frequencies. AES 117'st Convention, 2004.

[69] Staffeldt1 H, Thompson A Line ArrayPerformance at Mid and High Frequencies. AES 117th Convention,2004.

[70] Meynial X. DGRC:A synthesis of geometric and electronic loudspeaker arrays. AES 120th Convention, 2006.

[71] 杜功焕,等. 声学基础. 南京:南京大学出版社,2001.

[72] 约翰·尔格. JBL60 年音响传奇. 朱伟译. 北京:人民邮电出版社,2010.

[73] 约翰·尔格. 扬声器与音箱设计手册. 沈豪译. 福州:福建科学技术出版社,2008 .

[74] FIDLIN P, CARLSON DE. Comparative Performance of Three Types of Directional Devices Used as Concert – Sound Loudspeaker Array Elements. J. Audio. Eng. Soc. , 1990,4.

[75] MEYER J, SEIDEL F. Large Array:Measured Free – Field Polar Patterns Compared to a Theoretical Model of a Curver Surface Source. J. Audio. Eng. Soc. , 1990,4.

[76] JACO K D. BBIRKLE T K. Prediction of the Full – Space Directivity Charcateristics of Loudspeaker Arrays. J. Audio. Eng. Soc. , 1990,4.

[77] GANDER R. , EARGLE J M. Measurement and Estimation of Lagre Loudspeaker Array Performance. J. Audio. Eng. Soc. , 1990, 4.

[78] www. kling – freitag. de.

[79] www. slsaudio. com.

[80] www. lotusline. com. cn.

［81］ www. outline. it.

［82］ Bigi M. Automated Loudspeaker Balloon Measurement. ALMA 2009.

［83］ www. audipmatica. com.

［84］ www. arphongia. com.

［85］ www. ecler. com.

［86］ www. alconsaudio. com.

［87］ www. turbosound. com.

［88］ www. k – array. com.

［89］ www. electrovioce. com.

［90］ www. duran – audio. com.

［91］ 王以真,胡秉奇. 可控指向性声柱. 电声技术,2010,6.

［92］ Start E Desing and Application of DDS – Controlled Cardioid Lpudspeaker Arrays. Proe. I. O. A. Vol 25 Part 8(2003).

［93］ 王以真. 实用扬声器技术手册. 北京:国防工业出版社,2003.

［94］ Ponteggia D. How to Create Ease Loudspeaker Models Using CLIO (www. audiomatica. com).

［95］ AES56 – 2008：AES Standard on Acoustics – Sound Source Modeling – Loudspeaker Polar Radiation Measurements.

［96］ www. fouraudio. com.

［97］ www. outlinearray. com.

［98］ easara. afmg. eu.

［99］ www. nwaalabs. com.

［100］ www. excelsior – audio. com.

［101］ www. ateis – co. uk.

［102］ www. communitypro. com.

［103］ www. eaw. com.

［104］ Horbach U. Keele Jr D B. Application of Linear Phase Digital Crossover Filters to Pair – Wise Symmetric Multi – way loudspeakers, Part 2：Control of Beamwidthand Polar Shape. AES Preprints 32nd International Conference,2007.

［105］ Keele Jr D B. The Application of Broadband Constant Beamwidth Transducer(CBT) Theory to Loudspeaker Arrays. AES Preprints 109th Convention,2000.

［106］ Keele Jr D B, Button D J, Ground Plane ConstantBeamwidth Transducer (CBT) Loudspeaker Circular arc Line Arrays. AES Preprints 119th Convention, 2005..

［107］ www. master – audio. com.

［108］ www. toa. co. jp.

［109］ www. scaena. com.

［110］ www. definitivetech. com.

［111］ www. loboaudio. com.

［112］ www. fbt. it.

［113］ www. eighteensound. com.

［114］ Cola M D. Cinanni D, Manzini A,et al. Design and Optimization of High Directivity Waveguide for Vertical Array. Audio AES 127th Convention, 2009.

［115］ www. getmad. com.

［116］ www. adamsonsytem. com.

［117］ www. bcspeaker. com.

［118］ www. kling – freltag. biz.

［119］ www. apg. tm. fr.

［120］ www. rcf. it.

［121］ PAS – TOC. COM.

［122］ www. excelsior – audio. com.

［123］ www. prpso. cn.

［124］ www. PROZS. COM.